天下文化

BELIEVE IN READING

HUMANOCRACY

Creating Organizations as Amazing as the People Inside Them

人本體制

策略大師哈默爾激發創造力的組織革命

by

Gary Hamel

&

Michele Zanini

蓋瑞・哈默爾 & 米凱爾・薩尼尼——著

周詩婷——譯

HUMANOCRACY

Creating Organizations as Amazing as the People Inside Them

by

Gary Hamel
&
Michele Zanini

目錄

第三部

人本體制的工作原則

第四部

邁向人本體制

各界讚譽

*台灣本地推薦人依來稿順序排列

企業經營者莫不希望公司同仁都能全力以赴完成任務、以責任心對待客戶並展現熱情與創意，《人本體制》提供了很棒的實務指南，從人性的角度出發，引導讀者創造一個相互尊重而高效率的企業文化。

——陳棠
南山人壽董事長

「人本體制」，其實就是「以人為本」的組織文化。

每個人都是不同的個體，以人為本所展現出來的生物多樣性有多重要？想像島上有兩處森林，一處只有單一樹種，另一處則有不同樹種，哪一片森林會花團錦簇、鳥叫蟲鳴？甚至繁衍出更多新物種、豐富森林樣貌？

企業組織也是，藉由適才適所、深度學習、多元成長、不斷創新、多元發展的方式，解放同仁的想像與創意，時刻提升工作價值並樂在其中。

由「以人為本」建立的「人本體制」，讓人人都成為自己作業流程上的「微型創業家」，整體企業很自然會邁向卓越、生生不息。筆者畢生致力打造這樣的企業組織，也誠摯推薦此書給每一位有志於此的知識工作者。

——周俊吉
信義房屋創辦人

以人為本，組織才會有穩固基石；釋放潛能，企業才能夠邁向卓越。

人才是企業經營及國家競爭力的先行指標，也是關鍵指標。人本體制是企業深耕人才培育、激發人才熱情的過程、機制與具體呈現。如何打造一個讓人才能夠充分發揮潛能的工作環境，是領導者的責任，這也是玉山長期堅持的最重要基礎工程。

哈默爾與薩尼尼提出開創未來的管理思維與轉型指南，打造以人為中心，彼此信任、負責的組織，使人人都能成為最好的自己。在邁向人本體制的路途上，也許將遭遇試煉與挑戰，但透過書中的方法，用更細膩的觀察、更睿智的判斷，以及更果敢的心智，點燃個人與組織共同的熱情，自我實現的同時也形成推進組織前進的巨大力量，幫助組織做出更好的決策，實踐管理的真正本質。

——黃男州
玉山銀行董事長

劇場理論中有一句話：導演，是看不到目的地的嚮導。

舞台劇不同於電視劇，電視劇是演員拍攝一次，後面千百次的播放都只是第一次的重複（類似書中所提科層體制的日常），所以電視劇的導演是看得見目的地的嚮導。但是劇場導演卻不一樣，他的職責是創造出團隊最好的狀態，讓每個人都發揮他的能量，最後大家發現，過程比達成重要，「人本」比目的地重要，這樣的一個團隊，會把這個劇帶到最好的目的地。

人工智慧將取代全球 3 億個工作機會，這樣的時代浪潮下，如何讓每一位同仁懷抱熱情、勇於創新、締造價值，把企業帶到一個超乎所求所想的豐盛之地，後科層體制時代，這是《人本體制》一書給決策者最好的禮物。

——彭培業
台灣房屋集團總裁

互聯網、數位化、AI 加上 5G 的催化之下，企業將面對新的商業模式及交易秩序重組的考驗。《人本體制》一書指引企業從官僚體制的科層組織跳脫，進而發展具有創新及應變潛力的理性組織。本書提出 7 項工作原則，我認為企業必須將這些原則的 DNA 嵌入公司營運當中，方能保持永遠正向的力量。

——陳宏裕
味全董事長

本書提供充分的理由，說明必須以信任與徹底公開透明的做法來取代指揮式的管理方法。這是一劑有效處方，讓我們獲得改變市場遊戲規則的創新，以及發掘每個人的價值。

——馬克・貝尼奧夫（Marc Benioff）
Salesforce 董事長暨執行長、《開拓者》作者為了讓企業善盡職責，製造出改善人民生活的產品與服務，企業員工必須獲得充分授權，才能持續改善付出奉獻的能力。這需要企業賦予員工符合他們獨特能力的角色，並打造出嘉獎創新、合作，敢於質疑與挑戰的文化，以及所有符合原則的創業精神要素。本書闡釋得以實現這一切的基本條件，正是削弱科層體制的管理方式。這樣的變革不但是企業長遠成功的必要條件，對於一個自由開放、人人有機會晉升的社會來說，也是不可或缺。

——查爾斯・科赫（Charles G. Koch）
科氏工業集團（Koch Industries）董事長暨執行長
站在一起（Stand Together）創辦人、《好利潤》作者

哈默爾與薩尼尼立下兩項了不起的成就。他們提出我所讀過針對科層體制最令人信服的批評，解釋科層體制的組織在許多方面削弱人的自發性、適應力與創意；他們還發出激動人心的疾呼，告訴我們如何做得更好，並提倡打造可以釋放組織內部人員日常創造力的體制。《人本體制》充滿敏銳的洞察與務實的指引，是一本不可或缺的好書。

——丹尼爾・品克（Daniel H. Pink）
《紐約時報》暢銷書榜第一名作家
《未來在等待的銷售人才》、《動機，單純的力量》作者

哈默爾與薩尼尼寫了一本大膽、重要的指南，協助我們打造一種讓員工在工作時充滿創意與創業家精神的組織。他們對「後科層體制」工作的看法不但適時，而且令人充滿幹勁。

——艾瑞克·萊斯（Eric Ries）
《精實創業》作者

逐步廢除科層體制的案例不多，做得這麼有效率、熱情又徹底的案例又更少見。現在是逐步廢除科層體制的時候了，我們該讀的書就是《人本體制》。哈默爾與薩尼尼的實務指南可以營造出讓每個人都有機會蓬勃發展的工作環境，這對於振興組織與復甦經濟來說非常重要。

——班特·霍姆斯壯（Bengt Holmström）
麻省理工學院保羅·薩繆森經濟學教授、2016 年諾貝爾經濟學獎得主

如果曾經有組織粉碎你的希望與夢想，本書恰好能協助你恢復活力。對於打擊科層體制、並打造出不辜負內部員工潛能的職場，很難想像有比本書更好的指南了。

——亞當·葛蘭特（Adam Grant）
《反叛，改變世界的力量》與《給予》作者
《TED 職場生活》（WorkLife）podcast 節目主持人

《人本體制》是未來生存與成功的必讀之書。這是一本傑作。

——維傑·高文達拉簡（Vijay Govindarajan）
達特茅斯大學塔克商學院考克斯傑出教授（Coxe Distinguished Professor）、《三箱解決方案》（*The Three-Box Solution*）作者

《人本體制》周延的概述為什麼組織應該拋棄科層體制、讓人性重返職場的時機已經到了。我發現自己在讀這本書時，從頭到尾一直點頭，不斷覺得「沒錯！就是這樣」。這就是我們數十年來需要的全新管理方式範例。哈默爾與薩尼尼辦到了！

——吉姆・懷特赫斯特（Jim Whitehurst）

IBM 前總裁、《開放式組織》（*The Open Organization*）作者

創新對於我們如何建立組織，以及我們製造什麼產品而言同等重要。《人本體制》證明我們有可能釋放組織內部的熱情與創造的潛力，並且給我們一個戰鬥的機會，對付這個時代最重要的挑戰。

——提姆・布朗（Tim Brown）

IDEO 設計公司董事長、《設計思考改造世界》作者

幾乎所有事業都受到來自四面八方的創新做法所干擾。科層體制的階層結構做決策太慢又不夠創新，根本無法讓我們在 2030 年代從競爭當中脫穎而出。《人本體制》指明前方的道路，讓我們建立少一點科層體制、多一點創新與人性的組織。

——約翰・麥凱（John Mackey）

全食超市（Whole Foods Market）創辦人暨執行長

《品格致勝》共同作者

在《人本體制》裡，哈默爾與薩尼尼挑戰舊秩序，同時指明創造嶄新秩序的更好道路，來為他們服務的企業與社會，達成更

高的目標。

在數位革命改變人類生活的每一個面向之際，作者正確的警告企業，他們對變革的抵抗，以及經常造成破壞的科層體制架構，會拖累他們的成長。科層體制會消減員工的創造力，侵蝕他們的工作熱情，並成為他們職場幸福感的障礙。

因此，改革企業成為以人為中心的組織，已經變成比以往更加迫切的需求。我們要如何完成這項任務？我想沒有比《人本體制》更好的指南了，這是追求與促進變革的人必讀的好書。

——穆克什·安巴尼（Mukesh Ambani）
信實工業（Reliance Industries Limited）董事長暨總經理
2019 年《時代》雜誌百大人物

要打造一個有適應力的事業，人人都必須像業主一樣思考與行動。《人本體制》提供在組織內建立創業家精神的指南。

——謝家華（Tony Hsieh）
捷步（Zappos）執行長《紐約時報》暢銷作家
《想好了就豁出去》作者

想要快速達到技術與商業的創新，就需要徹底檢視並改善傳統科層體制組織。本書為組織未來的創新提供令人興奮、啟迪人心的框架。

——曾鳴（Ming Zeng）
阿里巴巴集團前總參謀長、《智能商業模式》作者終於出現一本對科層體制猛烈攻擊的作戰手冊。在數位時代，科層體制存在的理由早已消失，而它卻冥頑的留存至今。哈默爾與薩尼尼為我們介紹一個不同的選項，能讓員工精力充沛，而不是消磨他們的熱情，並以更精進的當責做法與更多影響力，賦予組織更多人性。

——戴安．葛森（Diane Gherson）
IBM人資長

幾乎所有大型組織都為了難以達到的安全感，創造出科層體制制度。實際上，科層體制卻會導致組織癱瘓、員工挫敗。《人本體制》是一本務實指南，指引你如何避開這個陷阱、釋放大型組織的潛能，以及最重要的，釋放他們最大的資產，也就是「員工」所隱藏的潛能。

——奧利佛．貝特（Oliver Bäte）
安聯（Allianz）董事長暨執行長

在現今瞬息萬變的世界裡，卓越的企業需要解放員工的力量，才能迅速提升價值與影響力。《人本體制》是一本令人信服的指南，提出大型組織可以削弱科層體制的方法，創造員工高度投入的職場，並打造為員工服務的領導人。

——萬思瀚（Vas Narasimhan）
諾華製藥（Novartis）執行長

哈默爾與薩尼尼主張，科層體制會消磨人們的熱情，他們說對了。全球 14 億全職勞工，只有 15% 對工作很投入，我們必須願意授權，否則人類將永遠不會蓬勃成長。這本書對世界產生多少改變，就看你了。

——吉姆·克利夫頓（Jim Clifton）
蓋洛普（Gallup）執行長

《人本體制》是近十年來以目標為驅動力、最具洞察力、最有教育意義的著作。所有追求成功、生存，以及最重要的是，追求團隊所渴望的人性影響力的組織，都應該強制閱讀這本書。

——安琪拉·阿倫茲（Angela Ahrendts）
Burberry 集團前執行長、蘋果公司（Apple）前資深副總裁

《人本體制》是一本談論以熱情與創意取代科層體制，並鬆綁員工潛能的著作。對於想要打造高效率、以人為中心的組織的人來說，本書是必讀書目。

——施傑翰（Jim Hagemann Snabe）
西門子（Siemens AG）董事長
埃彼穆勒—快桅集團（AP Møller–Mærsk A/S）董事長
《夢想與事實》（*Dreams and Details*）作者

透過影響所有組織裡的核心：人，本書為讀者提供幫助組織釋放創意、活力與適應力的工作方式。

——史坦利·麥克里斯托爾（Stanley Mcchrystal）
美國陸軍退休將軍、《美軍 4 星上將教你打造黃金團隊》作者

哈默爾與薩尼尼實際上描繪出一條出路，幫助我們擺脫科層體制的僵局，讓眾多在日常工作中受挫的人脫離苦海。《人本體制》作為一種改革運動，將帶領我們邁向更人性化的組織。

——尤斯・德布洛克（Jos De Blok）

鄰里照護（Buurtzorg）創辦人

獻給凱莉．杜哈默（Kelly Duhamel），因為妳教會我這麼多關於人生、愛與人性的一切。

——蓋瑞

獻給盧多維卡（Ludovica）、克拉拉（Clara）與路易吉（Luigi），你們的愛與言行模範鼓勵我每一天都要更上一層樓。

——米凱爾

前言

打造適合人、適合未來的組織

假如工作就像下列敘述，你覺得如何？

- 你有權設計自己的工作。
- 你的團隊可以自由設定目標，制定辦事規則。
- 鼓勵你增進技能，接下新挑戰。
- 你的工作夥伴不只是同事，反而更像家人。
- 絕對不會被毫無意義的規定與繁文縟節拖累。
- 每一次做出最佳判斷時，都感覺深受信任。
- 有義務向同事說明工作狀況，而不是要向主管解釋。
- 你不必浪費時間拍馬屁，或是搞辦公室政治。
- 你有機會幫助建立組織的策略與方向。
- 你的影響力與薪資取決於你的能力，而非職位。
- 永遠都不會在職位更高的人面前感覺矮人一截。

要是以上的狀況都能在你的職場中實現，會有多美好？我們認為，會美好到幾乎感覺不像在工作。遺憾的是，這不是大部分員工面對的實際情形。典型的中型或大型組織還是把員工當成小孩，實施乏味、一體適用的規矩，阻礙創業家精神；它們把人硬塞進狹隘的規則裡，妨礙個人成長，認為人不過是一種資源。

結果，組織的適應力、創意與活力，經常比組織成員更少。罪魁禍首就是科層體制（bureaucracy），以及它固有的獨裁主義權力架構、令人窒息的規章條例，以及有害的政治角力。有些人認為科層體制正在沒落，註定會與固網電話、天然氣動力車與免洗塑膠製品走上相同的命運。科層體制就像「馬力」（horsepower）這個詞，看起來彷彿過往時代的遺跡，而且在許多方面它們的確是舊時代的產物，但是可惜，科層體制至今依然隨處可見。我們將在第 3 章看到，科層體制一直在發展，並沒有萎縮。我們認為，這樣的事實與令人憂心的全球生產力成長速度放緩息息相關，都是不利於生活水準與發展經濟機會的現象。

科層體制的組織沿襲舊例、定期調薪，澆熄熱情。在科層體制下，發動變革的權力掌握在少數高階領導人手上。當這些位處高層的人落入抗拒、傲慢與留戀的窠臼時（而且他們多半會變成這樣），組織就會猶豫畏縮。這就是為什麼科層體制的深切改革往往來得太遲，而且多半很突然。此外，科層體制也害怕創新，厭惡風險，還吝於對那些意圖質疑現狀的人提供獎勵。身處科層體制裡，持不同意見就得面臨高風險。最糟的是，科層體制會消磨熱忱。一旦員工喪失真實的影響力，就會切斷對工作的情感連結，把自動自發、創意與勇於冒險等創意經濟的成功要件留在家裡。

幸好，科層體制不是大規模組織人類活動的唯一方法。在世界各地，都有一小群正在茁壯成長的後科層體制（post-bureaucratic）開拓者，他們能夠證明組織有望獲得科層體制的好處，例如控管力、順從與協同合作，同時避開僵化、平庸與冷漠懈怠等不利結果。這些先鋒與他們實施傳統管理的同業相比，更懂得先發制人、更善於創新，也更能夠獲利豐厚；各位讀者將在本書中看見許多這樣的例子。

這些企業都是對單一目標念念不忘而打造出來的組織，在某些案例裡則是重新打造的組織，致力於讓人員的貢獻達到最大。這樣的抱負帶來充滿生氣的人本體制，正好與沉迷於控管的科層體制形成赤裸裸的對比。儘管兩種體制的目標都很重要，但在大部分組織裡，比起努力拓展員工的影響力，人們花好幾倍的力氣在確保員工順從。這樣的嚴重失衡不只危害組織、拖累經濟，在倫理上也會造成問題。

科層體制對大型企業來說問題特別大。當組織成長、階層增加、員工人數變多，以及各種規章辦法迅速繁殖，要讓所有人服從的成本就會上升。一旦公司的複雜程度到達門檻，根據我們的經驗，大約是員工人數達到 200 ～ 300 人時，科層體制就會成長得比組織更快速。所以，平均而言，大公司會比小公司有更多繁文縟節，管理成本的負荷也會隨著規模而加重。

如果大型組織沒有占據這麼強的支配地位，「科層體制硬化症」的相關沉痾或許不會那麼令人擔憂。雖然大家都在談零工經濟，但是在美國，為大型企業工作的勞動人口占比卻比以往都還要高。在 1978 年，只有 28.8%的美國勞工受雇於 5,000 人以上的大公司；30 年後，占比變成 33.8%；然而如今，在萬人以上的大公司工作的勞工人數，已經超越了在 50 人以下的小企業工作的勞工人數。

捍衛現狀的人會告訴你，科層體制不可避免會與組織的複雜程度相關，但是我們的證據顯示並非如此。率先採納新制度的企業證實了，我們有可能打造規模大又快速、守紀律又有高自主權、有效率又有創業精神、大膽卻又謹慎的組織。

當人本體制高於科層體制

如果你懷疑，不妨先試一道「開胃菜」，我們將用下列的簡短案例說明，當組織致力於「人本體制高於科層體制」會帶來哪些可能性。「人本體制高於科層體制」是提供居家照護服務的頂尖荷蘭公司鄰里照護公司（Buurtzorg）的格言。這間公司由 1 萬 1,000 名護理師、4,000 名居家服務員，組成超過 1,200 個自我管理團隊。每一個照護團隊包含 12 名照護員，他們會負責特定地區，區域內通常涵蓋大約上萬名荷蘭居民。這些小巧的營運單位要負責找客戶、租辦公室、招募新成員、管理預算、為工作人員排班、達成困難的目標，並且持續提升他們所提供的照護品質與效率。

在大部分的組織裡，這些責任會落在區域經理或地方主管身上，但是在鄰里照護公司，當地的團隊成員會共同分擔責任。每個團隊都有一名「領班兼會計」、一名「績效班長」、一名「規畫師」、一名「開發者」以及一名「導師」。這些職務都由護理師兼任，他們日常大部分時間還是都花在與病患相處上。

為了支援這些超強的工作人員，鄰里照護公司訓練每一名員工，讓他們都具備集體決策、積極聆聽、解決衝突以及同儕互相指導的能力。團隊之間則是透過社交平台 Welink 來聯繫，護理師會在平台上提問與分享訣竅。鄰里照護並非由上而下的頒布居家照護方案，而是鼓勵團隊利用網絡上的集體智慧改善操作實務，並且在看見可以應用最先進方法的機會時，促進在地創新。此外，公司裡所有人都能看到每一個團隊的詳細績效指標，這種公開透明的做法創造了有利的誘因，督促同儕互相學習與持續進步。

鄰里照護的行政人員包括 52 名區域與總部教練、50 名後勤人員（多半隸屬於資訊技術部門），以及兩位資深董事，其中包括鄰里照護的創辦人尤斯・德布洛克（Jos de Blok）。以一間擁有高達 1 萬 5,000 名員工的公司而言，只有兩位部門經理與 100 名行政人員，這樣的組織可以說是相當精實。

鄰里照護幾乎在各方面的績效都設定了基準，詳見圖

P-1。公司與競爭對手得以拉開這麼大的差距，不是因為上行下效的英明策略、依循指示盲從的操作規則，或是著重數據處理的演算法，而是因為採用授權給員工並賦予他們能力的組織模式，讓員工成為能力卓越的問題解決者，以及精明了解業務的決策者。

鄰里照護已經五度被票選為荷蘭年度最佳雇主，這對於一間創立於 2006 年的公司來說算是不錯的成績。但是，我們接著將會看見，它不是唯一一間妥善利用員工日常創造力的公司。

圖P-1　鄰里照護與競爭對手的績效對比

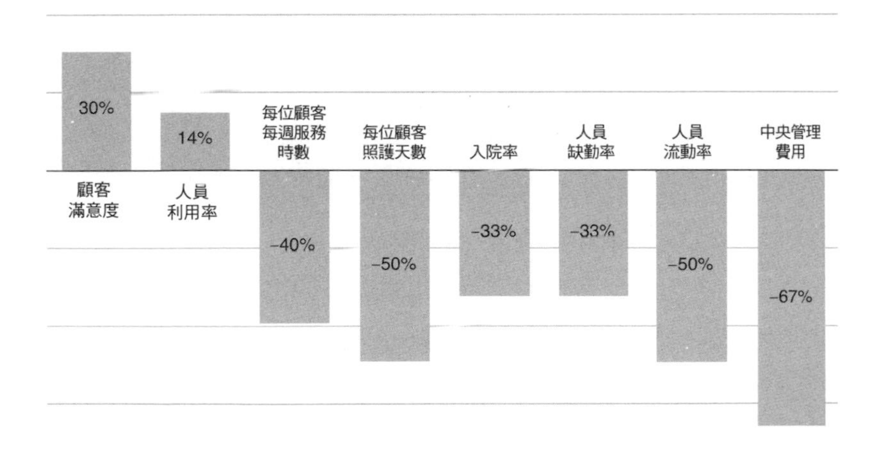

資料來源：Stefan Ćirkovi , "Buurtzorg: Revolutionizing Home Care in the Netherlands," Center for Public Impact Case Study, November 15, 2018。

科層體制帶給主管的好處

那麼，為什麼沒有更多企業比照辦理呢？為什麼現任領導人會欣然但徒勞的擔下重任，明明這樣的重責大任在本質上反而讓負擔加重，他們卻甘之如飴呢？因為說穿了，讓科層體制解體意味著讓傳統的權力結構解體。你可能已經注意到，掌權者多半不願意放棄權力，而且往往有辦法捍衛他們的特權。這是相當嚴重的阻礙，要是不推倒金字塔，就無從打造以人為本的組織。

公司執行長沒有在政策面上擔起剷除科層體制的艱鉅重任，反而設法透過追求市場力量（market power）與監管優勢來抵銷科層體制產生的成本。在 2015 年至 2019 年期間，全球併購交易金額總計達到 20 兆美元，相當於整個紐約證券交易所的市值規模。經濟學家古斯塔夫·古魯倫（Gustavo Grullon）、葉蓮娜·拉金（Yelena Larkin）與羅尼·麥可利（Roni Michaely）估計，在 1972 年至 2014 年期間，75％以上的美國企業變得更加中央集權了。[1]

時常可見的狀況是，當一家大公司受到創造性破壞風暴的連續猛擊而開始沉船時，執行長的第一個念頭不是拋下科層體制這個壓艙物，而是猛烈抨擊另一艘笨重的超大型油輪。

執行長經常以承諾提高營運效率來為超級併購案護航，但研究卻顯示，實質的利益與經濟規模的關聯不大，反而與寡占的優勢比較有關。[2] 在一份美國經濟綜合研究中，尚・德洛克（Jan De Loecker）、尚・伊考特（Jan Eeckhout）與加布羅・昂格（Gabriel Unger）發現，影響市場力量的「加價」（markup）因素可以透過計算邊際成本與價格之間的價差，衡量企業層級的差異，而加價金額在過去數十年裡急遽升高。在 1980 年，企業的平均定價比邊際成本高出 21%；到了 2016 年，加價金額平均值提高到 61%。不光是美國，其他已開發國家也有這個趨勢。[3]

擴張也會增進企業的政治力量。在華盛頓、布魯塞爾與其他權力中心，一門千億美元的生意對議案遊說的影響力，比起只有百億美元的生意大很多。近期，砸重金遊說的案例包括美國汽車製造商阻止特斯拉（Tesla）開設直營門市，美國製藥業設法讓政府承諾不會大砍藥價，以及美國眾多醫院聯合抵制政府的要求，不願意讓醫療照護價格更加透明。

儘管公司執行長不斷抱怨監管法規，但是波士頓大學詹姆斯・伯森（James Bessen）所做的一份近期研究顯示，特定產業法規與隨後的獲利提升之間有強烈的關連性。[4] 伯森算出，近年來，法規上的尋租（rent seeking）* 使企業估值增加 2 兆美元，每年從顧客端轉移到企業端則有 4,000 億美元。執行長都

* 譯注：指在沒有從事生產的情況下，為了獨占社會資源或維持獨占地位以獲得獨占利潤的做法。

知道，如果可以運用政治力讓比賽對自己有利，又何必在賽場上廝殺流血？

許多企業也已經發現，做成另一筆交易或是雇用更多人去遊說議案，比起在蔓生擴展的帝國裡努力削弱科層體制更容易。但是這對消費者與人民來說是壞消息。所有經濟學家都會告訴你，當企業愈致力於追求市場力量，愈會抑制投資、扼殺創新、減少工作機會，並且加重收入的不平等。

如果年輕進取的新創公司覺得寡占企業要負起責任，那就再好不過了，而且這種情況偶爾會發生，但是整體來說，創業家的影響並不大。在寫這本書時，全世界有433個「獨角獸」，也就是市值超過10億美元、獲得創投財力支持的企業。這些公司受到媒體大幅報導，但只占所屬經濟範疇相當小的一部分而已。在2020年初，美國本土的獨角獸總市值為6,500億美元。這數字看起來不小，但是其實只約略高過標準普爾500指數（S&P 500）總市值的2%而已。儘管矽谷這樣的創業聖地不可小覷，但我們得設法在每一個組織裡點燃創業精神的火焰。

目前看來，許多領導人尚未得出這個結論。本質上，他們是在賭市場力量的優勢與政治實力，可以抵銷科層體制拖累組織所造成的損害，甚至還會留有餘裕。不過，像這樣仰賴於持續默許企業權力不斷擴張，就必須面臨風險。白宮經濟顧問委員會已經呼籲「要強力抵抗市場力量的濫用」[5]；法學學者艾瑞克・波斯納（Eric Posner）與格倫・韋爾（Glen Weyl）則是認為：「這個國家某些最大的雇主……必須破產，」此外還有：「監管機構面對科技產業的獨占企業，必須拿出更積極的作為，阻止他們併吞新創對手。」[6] 就連無數企業聯姻的主婚人高盛（Goldman Sachs）都提到，要是趨勢繼續朝向更集中化的方向發展，意味著「資本主義的效能將會受到更廣泛的質疑」。[7] 我們可以肯定的是，要是連高盛都懷疑企業合併過頭了，答案早就呼之欲出。

不光是專家，就連人民也受夠了。皮尤研究中心（Pew Research）2019 年的一份民調中，82％的美國人說大型企業對經濟擁有太多的權力與影響力。大即是美的主張愈來愈令人難以下嚥。當輿論風向開始轉彎，政府也更加積極的質疑獨占企業的權力，公司執行長將會需要為獲利與成長找到新途徑。對他們而言，最好的辦法正是：全心全力解開科層體制綁手綁腳的束縛，打造人盡其才的組織。

科層體制盛行的惡果

關鍵在於，不管是在社會、政治或經濟層面上，我們都有理由向科層體制宣戰。近年來，政策制定者與政治人物，都愈來愈關切收入不平等的狀況逐漸惡化。在 1979 年至 2016 年期間，美國收入最高的五分之一人口，薪資成長了 27％，而收

圖P-2　以五分位數顯示的實質薪資變化（1979～2016年）

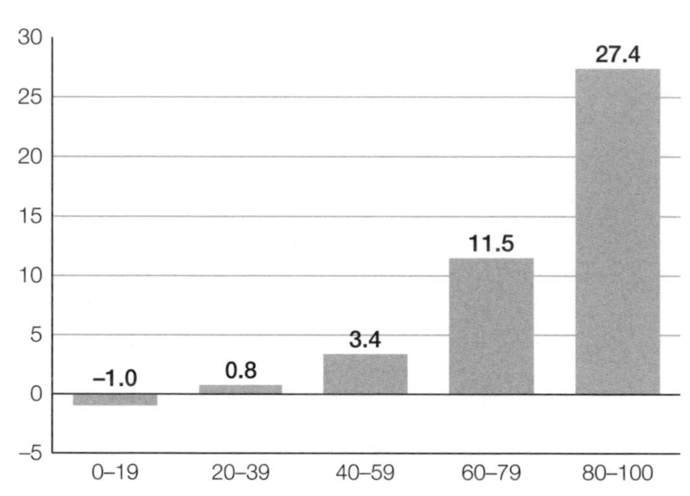

資料來源：Jay Shambaugh, Ryan Nunn, Patrick Liu, and Greg Nantz, "Thirteen Facts about Wage Growth," Brookings Institution report, September 2017。

入最低的五分之一人口，薪資則是衰退了1%[8]（見圖P-2）。

造成這種分歧的因素有很多，包括來自低薪國家的競爭、大公司愈來愈偏好契約工、工會的力量萎縮，以及科技取代工作造成的影響。這些施加於中、低收入工作的下沉壓力，被認為是美國鐵鏽地帶*民粹主義抬頭，以及社會主義對Z世代選民吸引力愈來愈大的罪魁禍首；Z世代的人害怕自己永遠都無法過得比父母輩更好。危害已經顯而易見，勞動市場的兩極化，將進一步損害社會凝聚力與政治和諧。

* 編注：指的是以前傳統工業繁盛，如今卻已衰退沒落的地區。

除此之外，也有人擔憂機器人與人工智慧將排擠許多中、低階層的工作。在2019年布魯金斯學會（Brookings Institution）的一份報告中，評估美國有25%的工作將難以抵擋自動化的影響，另外有36%的工作面臨一定的風險。[9] 涵蓋32國的經濟合作發展組織（OECD）則有一份研究認為，有3億個工作機會受到自動化的威脅。特斯拉與SpaceX創辦人伊隆・馬斯克（Elon Musk）警告，人類必須為「機器人每件事都做得比我們更好」的世界做好準備。[10] 這些可怕的評估以及類似的駭人預測，讓人人有份的所得保障（guaranteed income）概念開始流行起來，而且其中部分資金是來自向機器人課徵的稅收。

更普遍的問題是，薪資停止成長或衰退帶動了大量政策提案，包括公司董事會必須納入法定的勞工代表、產業層級的集體協議、為零工經濟工作者提供更好的福利、投資人力資本的稅務減免，以及加強中等教育的科學與數學學科能力培育。

在這些提案當中，部分的構想確實不錯，但沒有一個能夠翻轉我們認為毫無根據、又會造成損害的假設，也就是人們普遍認為大多數的工作本來就是低技能的工作，而且毫無改善的空間。一般來說，如果一份工作不需要大學文憑或先進的訓練，就會被認定屬於低技能工作。由於這類工作不太要求專業知識，薪資自然會偏低。根據一份近期研究，5,300萬名美國勞工，也就是全美國44%的勞動力，做的是低薪工作。[11] 這的確是真實的現況，但是經濟學家與政策制定者卻錯誤的將這個狀況假設為永遠不變的事實。

與普遍接受的解釋相反，一份工作會屬於低技能工作，不在於工作的本質，或是工作要求的文憑，而是人們在執行任務時，有沒有機會提升能力或是應付新奇的問題。我們從後科層體制的先鋒身上獲取最重要的教訓是，徹底提升本來被視為低技能的工作，像是操作堆高機、把行李搬上飛機或是包裝農產品，是有可能的。這種職場的神奇力量，可以把走向死路的工作變成獲得成功的工作，但是，只有當雇主做到下列幾點，這股力量才會成真：

- 訓練第一線員工像商人一樣思考。
- 讓同事之間交叉訓練，組成多功能的團隊。
- 授與團隊權力，讓他們自負盈虧。
- 分配有經驗的導師給新員工。
- 鼓勵員工找出問題、應對改善的機會。
- 允許同事花費時間與資源在當地進行實驗。
- 給予員工財務上的利益，鼓勵他們表現得比在工作上嚴格要求時更好。
- 將每一個人與他們的職務視為集體成功不可或缺的要件。

頂尖企業提供優於平均值的薪資水準，不是因為他們異常慷慨，而是因為他們的員工創造非凡的價值。這些組織深信，當一個「普通」員工有機會學習、成長並貢獻心力時，將能達成非凡的成果。隨著時間過去，這樣的信念打造出一個擁有深度知識、不斷創新，並且熱切以顧客為重的職場。這些採用後科層體制的反抗者，透過實際經驗證明一個明白易懂的真理：當組織裡充滿自我管理的「微型創業家」時，就無須懼怕未來或競爭對手了。

被剝奪的創造力

科層主義者錯誤的假定有價值的職缺會填滿有價值的人。不幸的是，這種偏見有自我應驗的傾向，當人們一旦苦無機會發揮想像力時，自然得不到創造力。然後，這又反過來變成一般員工都有點呆愣笨拙的證據。

就連試圖評估自動化對勞工影響的研究人員，也經常犯這種錯誤。舉例來說，牛津大學的研究員卡爾．弗雷（Carl Frey）與麥可．奧斯伯恩（Michael Osborne），在檢視美國勞工統計局（US Bureau of Labor Statistics，簡稱 BLS）彙編的702 種職業詳細職務說明後，他們評估美國有 47%的工作面臨自動化的高度風險。[12] 這個結論並不令人意外，因為根據我們對美國勞工統計局的資料分析，美國 70%的勞工所做的工作，都被認為不太需要或是完全不需要創造力。這項事實與身處這些職位的人所擁有的想像能力無關，而是與科層體制化的典範如何把自發性與創造力從工作中剝離的關聯性更大。

弗雷與奧斯伯恩指出，涉及「複雜洞察力與操作、創意智能或是社會智能的工作」能夠抵抗自動化，而且他們說得沒錯。但是，他們卻做出錯誤的假設，誤以為在一個經濟體中，大部分工作都無法運用到人類獨有的特殊能力，讓人類跟機器有所區隔。此外，他們認為只有極少數人具備這樣的能力，這個判斷同樣也是錯的。請想想看，我們可以在 YouTube 上、或是廣大的部落格世界中，發現多少寬廣、無界限的創意思想。難道現在的創作者本來就比他們的祖先更有才華嗎？當然不是。產生改變的是，多虧新的數位工具與平台，數十億人終於有機會培養他們的潛在創意。要是職場中所有員工都能得到類似的工具與授權，那麼成果怎麼不會令人讚嘆呢？

腦筋動得慢的是鑲嵌在我們組織外層的科層體制，而不是體制裡的人。這並不是我們的臆測；而是我們的生活經驗。十多年前，我們當中的一位作者在美國中西部一家製造商帶領一個大規模的培訓課程。超過三萬名員工利用一年以上的時間，學習如何像商業改革者一樣思考，這些人多半是工會的藍領員工。他們的努力產出上千個顛覆傳統的構想。其中有一個令人難忘、但並不奇特的案例是，一位年資頗深的生產線工人醞釀出一個最終帶來數百萬美元獲利的構想。這位女士工作了那麼久，卻是第一次被要求要有雄心壯志，而當機會來臨時，她抓住了。可惜的是，許多員工不曾有過這樣的機遇。他們沒有被視為創作者或製造者，而是被看作無法升級、成本高昂的機器替代品：「肉體」（meatware）。

走向人本體制

本書的主要目標之一，是要提出一份藍圖，把日常工作都轉變為好的工作。我們需要的不是降低工作的技術需求，而是讓員工學習新技能。我們需要的不是把價值比較低的工作外包出去，而是增加每一個職務內涵的創意。與其假設中產階級的工作最後一定會在全球化與自動化下淪陷，我們需要的是重新設計職場環境，喚起每個人的日常創造力。儘管這個世界要執行的例行工作量有限，但是極需解決、值得花時間精力應付的問題數量則是沒有限制。從這個有利的位置來看，自動化對勞工的威脅程度，主要取決於我們是否繼續把員工當成機器人對待。

轉型並走向人本體制並不容易。想想蓋洛普（Gallup）2019 年的傑出工作實地調查，美國只有三分之一員工完全同意以下說法：「我有機會天天盡一已之力。」不到四分之一的受訪者說他們被要求在工作中要創新，只有五分之一的人覺得他們的意見對工作很重要。[13] 根據這樣的數據，我們可以說許多組織常常浪費人的能力，而非運用他們的能力，這並不算誇大其詞。

要矯正這個令人惋惜的現實，就必須跨越實務、哲學與政治上的阻礙。在我們的顧問工作中，我們已經碰上許多類似的阻礙，也得到很多教訓可以證明。我們並非缺乏經驗，但也學到夠多的知識，足以懷抱希望。科層體制不是一個宇宙常數（cosmological constant）*。在宇宙繁星中，也沒有寫著我們的組織必須笨拙、沉悶又麻木。科層體制是人類的發明，現在輪到我們發明一套更好的體制了。

第一個任務是建立一套無可挑剔的論點，將科層體制連根拔起，這是第一部「實施人本體制的理由」的重點。在第 1 章，各位讀者將發現到，多數組織最大的負擔不是笨重的營運模式或失敗的商業模式，而是僵化的管理模式。我們的組織以前或許承受得起科層體制的代價，但是今後不會再有這種好事。在第 2 章，我們將仔細調查科層體制的特徵，階層化、專業化、標準化與常規化，以及它們如何腐蝕人們的韌性、創新能力與對工作的投入。各位也將初步認識到，某些異端組織如何持續挑戰科層的常態。在第 3 章，我們將帶各位看到如何計算組織中科層體制的隱藏成本，這是促成組織同意進行管理上的全面大檢修的關鍵步驟。

要從診斷進展到展開行動，你必須相信，除了維持現狀還

* 譯注：愛因斯坦發明的詞，是推動宇宙膨脹的主要能量，又被稱為「暗能量」。

可以有另一個選擇，以人為中心的組織不是烏托邦的空想。在第二部「人本體制的運作」，我們將進入兩家震撼人心的企業，他們已經駕馭人本體制的力量。第 4 章我們將實地觀察全球最創新的鋼鐵企業：紐克鋼鐵（Nucor）。各位將認識到紐克鋼鐵超級精實的管理模式，他們解開創造力的束縛，並鼓勵員工像企業主一樣思考與行動。在第 5 章，我們將看見可說是世界上最具創意的企業，也就是全球電器製造商海爾公司（Haier）的案例，並且揭露他們的經營祕訣。過去十年，海爾一直在探索並打造一間讓員工與顧客之間「零距離」的企業。為了這個目標，海爾公司將高達 5 萬 6,000 名員工的組織拆散成 4,000 個小微企業（microenterprise），並且只留下兩個階層，分別是第一線員工與執行長。海爾公司不採用階層制度，讓組織更像一種網絡，提供令人驚艷但務實可行的模式，藉此大規模的實現創業家精神。

在第三部「人本體制的工作原則」中，我們將介紹以人為中心的組織具有七大核心原則：業主精神（ownership）、市場、任人唯才（meritocracy）、共同體、開放、實驗（experimentation）與悖論。在第 6 章，我們將提出理由，說明重新整頓管理方式不但需要新的工具與方法，還需要全新的工作原則。從第 7 到第 13 章，我們將提供詳細的範例，展示如何讓每一項工作原則變得具有可操作性，促使組織更有韌性、創意，並且敢於冒險。

你可能會察覺到，科層體制不會平白屈服於新思維。作為世界最普遍存在的社會科技，科層體制眾所周知、根深蒂固，而且受到良好的保護。要戰勝科層體制，你需要繞過舊有的權力結構，為支持變革的擁護者提供能量，並且發起數十個大膽的組織實驗。我們會在第四部「人本體制之道」對付這些挑戰。在第 14 章，你將認識米其林（Michelin）勞資關係主管貝特朗·巴拉林（Bertrand Ballarin）如何催化出一個努力由下而上、徹底授權給第一線的團隊。他的故事將使你深刻理解，如何以漸進的手段達成革命性的目標。在第 15 章，我們將一步步指導你的團隊該如何著手，並且展示如何擺脫科層體制的思考模式，讓同事共同參與，最後把你的單位改造成為一間進行徹底管理創新的實驗室。最後，在第 16 章，我們將展示如何擴大規模。從管理駭客與行動派的經驗汲取教訓，我們將概述如何打造一場全公司的活動，讓人人都投入改造管理方法的工作。最後，我們將提出理由，說明建立人本體制需要以大膽的新方法進行大規模的轉型，這種轉型最終將讓變革從地方包圍中央，而不是從中央向外擴展。

本書是一份宣言，一本操作手冊。我們希望書中的論點能令人信服，它主張現在應該是時候將人的熱忱從科層體制的桎梏中解放出來了，而且這麼做將為個人、組織、經濟與社會產生全然的好處。對於管理界的叛逆者，本書也提供在組織中推動人本體制理想的務實策略。過去幾年來，我們有幸得以跟一群令人讚嘆的組織海盜共事。他們教會我們勇敢、同理，以及逆向思考，任何一個人無論頭銜或職位，都能夠推動大型組織改頭換面。所以，如果各位已經準備好要打造一個適合人、適合未來的組織，我們邀請你就從這裡、就從現在開始。

第一部

實施人本體制的理由

科層體制有什麼問題？

第 1 章

擁抱人性

我們奉行的理想或事業會定義我們是什麼樣的人。我們在欣然接下的挑戰中發現自我認同，不論收入多微薄、能力多有限，我們都能賦予自己一種追求崇高目標的喜悅。幸好，有大量值得解決的問題，足夠分給每一個人處理，像是發展會思考的機器、減少二氧化碳排放量、克服種族紛爭、與抗藥性強的超級細菌搏鬥、終結非法人口交易，以及在其他星球建立棲息地。

某種程度來說，我們知道人生苦短，短到無法拿去解決不重要的問題。我們知道先賢讚揚「人跡罕至之路」是對的，解決新問題與踩出新道路是我們生來就要做的事。因此，令人哀痛的是，有這麼多人在怕事又令人氣餒的組織裡工作。向老闆提出空前而大膽的構想時，你可能會遭到一連串反對的打擊，例如：「這不符合我們的策略」、「我們沒有預算」、「你永遠克服不了法律上的阻礙」、「我們這裡不是這樣做事」、「這根本不切實際」或是「有很多不利因素。」問題不是出在你的主管，他們只是跟你一樣被綁手綁腳；問題出在你的組織，它與大部分組織一樣，天生就迂腐、壓抑又懦弱。

各位不妨花點時間針對下列項目為你的組織評分：

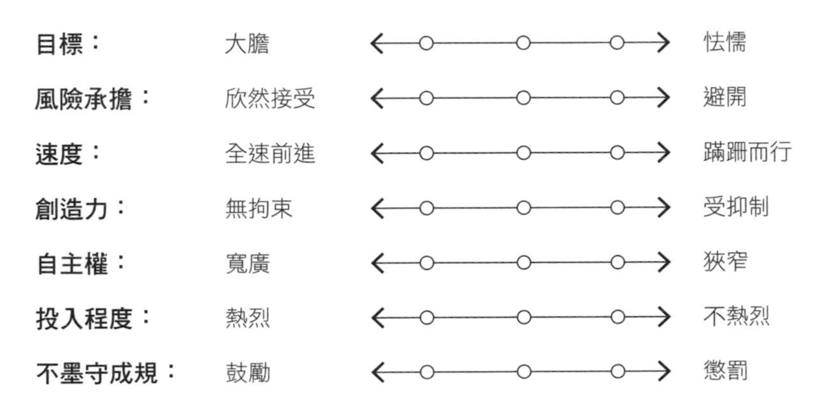

除非你的組織規模很小，或真的是例外，否則它們極有可能會偏向刻度右方。這就是你感到坐困愁城的原因。你的膽識已經被嚴刑拷打到所剩無幾。「根本就沒有史詩般壯闊的崇高追求，」你嗤之以鼻：「我只是在努力打完這一局。」

這樣說是沒錯，但為什麼我們與我們的組織最後會變得如此缺乏勇氣、創意與熱情？以及，同樣重要的是：我們怎麼變得對這種現實習以為常了呢？答案很簡單：一直以來，我們都只知道這套做法。每一個組織或多或少都怕事又自以為是，就連舉世無雙的大公司，似乎也乘載著內在的缺陷。

以英特爾（Intel）為例。要把一億個電晶體裝載在一平方公釐的矽晶片上，需要成千上萬名超級聰明的傢伙。但是，當英特爾以公司的身分處理不耗腦力的工作，也就是為數十億行動裝置供應晶片時，卻是笨拙得很。由於沒有料到智慧型手機的爆炸性成長，英特爾花了整整十年、斥資逾百億美元，努力重回戰場。最終，他們還是在 2016 年認輸，關閉行動通訊部門。其他科技巨頭，如微軟（Microsoft）、IBM、惠普（Hewlett-Packard）與戴爾科技（Dell Technologies），同樣在行動革命中失敗了。怎麼會發生這種事？這些企業有動輒數十億美元的研發計畫、名氣響亮的執行長，又能夠接觸到世界一流的顧問，怎麼會把未來搞砸了呢？

別誤會，組織在許多方面都超越我們的能力。參訪特斯拉位於加州弗里蒙特（Fremont）的工廠，各位將感到驚嘆不已。工廠占地超過 500 萬平方英尺（約 46 萬 4,500 平方公尺），是加州最大的建築。工廠內有上百台巨大的機器人執行著複雜、有如跳芭蕾舞般的細膩動作；無人駕駛的貨車在工作站之間來回輸送零件；巨大的起重機在空中快速旋轉著車體框架；七層樓高的衝床猛力撞擊著車身鈑件；還有一群工人疾走穿梭，以維持一切運轉順利。這種同步發生的和諧運作相當純粹而美麗。當人們同心協力時，任何人都會不禁對人類能做到的事感到欽佩。

組織讓我們能夠一起做到單打獨鬥無法做到的事。沒有人能獨自造出一輛車、發射人造衛星、建立一套營運系統、訓練一名醫師、蓋出一棟大樓，或是動員一項活動。就連耶穌，都需要 12 名門徒。

然而，儘管組織有其種種成就，還是會流於照章辦事、重複模仿，完全無法鼓舞人心。這些都是企業的「核心無能」（core incompetencies），而且情況非常普遍，普遍到就算我們誤以為他們無藥可救，也是情有可原。我們會告訴自己，大型組織的本質本來就不友善、保守，並且希望它除此之外只是無知罷了。我們的悲觀主義有其正當理由，除了一個顯著的事實：身而為人，我們有適應力、有創意，而且生氣勃勃。但是，我們的組織在某些重要層面的表現上卻不是這樣，比起我們，他們缺乏了人性。諷刺的是，由人所打造的組織，似乎沒有空出一丁點空間，可以容下那些造就我們成為無毛的兩足行走專家的特徵，像是勇氣、直覺、愛、玩心與藝術才華。對於這個糟糕的事實，我們不能責怪壞心的眾神。如果我們的組織缺乏人性，是因為我們把它設計成這個樣子，無論是有意還是無意。每一個組織都是許多選擇的集合體，我們做出選擇並決定該如何組織人群，以達到某些特殊目標。本書的假設是，這些選擇大多可以重新討論，也必須重新討論。

我們不該滿足於屈就那種服從權力、了無生趣的組織。前人的遺產不該成為我們的命運。在過去，世界大多由專制君主統治，但如今，數十億人類自由生活。從專制到民主的轉變不會自然發生，也不是由上位者帶領；反之，這是由哲學家、反對者與愛國者所組成、不規則蔓延的聯盟，受到自治的願景所激勵而進行的偉業。

我們必須徹底重新思考人類組織的基礎。和我們的祖先一樣，我們必須盡己之力，解放人類的心靈。在此，我們找到值得奉行的目標：打造一個人人有機會蓬勃發展的組織。

如果各位相信人類值得從工作中獲得更多成果，並且應該從更有活力、更有創造力的組織中獲得更好的對待，那麼要推動這個世界前進，有很多事情可以做。就像我們將看見的是，相對於組織的現況，還有其他令人信服、可行的選項，也有方法能從現況到達理想的狀況，儘管得在叢林裡開闢道路。不必懷疑，如果你從正確的原則開始應用，學習像行動派一樣思考，就能做出決定性的貢獻，幫助同事將生活變得豐富，並且協助你的組織在一個不安穩、但卻充滿機會的世界裡蓬勃發展。

當我們啟程後，應該提醒自己，在碰上棘手的問題時，要共同努力讓問題持續出現在眼前。請想想看，富裕的都市人寧願避免看見那些無家可歸的人，也不願意到庇護所做志工；或是海灘遊客寧願左閃右躲四散的塑膠垃圾，也不願意彎腰把垃圾撿起來。不管這些問題有多麼令人氣餒，實際上，最根深蒂固的問題會讓我們產生勇氣與韌性。我們絕對不要怕事或移開視線。反之，我們得跟我們老早就知道的問題正面對決，打敗組織因為缺乏人性而變得無能的困境。我們將在本章剩餘的篇幅提供更多證據，接著在第 2 章診斷病灶，並且在第 3 章為管理上的革命建立論據。在第 3 章之後，我們將提出藍圖，幫助各位打造出充滿人性與能力的組織。

人有適應力，但組織沒有

我們生活在一個加速改變的世界裡，因此愈來愈無法用過去來推斷未來。但是，改變的力量不會退讓，而且殘忍無情，有時甚至令人憎惡。（想像一下賭城的機器人會跳鋼管舞。是的，這件事千真萬確。）歡迎來到劇變的時代。

有人主張這個世界從宇宙大爆炸以來就在加速改變。[1] 歷經這麼多個地質時期，物質逐步構成更複雜的結構與系統，改變加快的速率細微得令人察覺不出。如今，在 140 億年後，變化的速度變得極端劇烈。我們真是幸運！

現今世界的改變驟然加速，起因於電腦運算能力與網路量能成長的急遽轉變。與 1980 年代末期為個人電腦提供動力的英特爾 486 晶片相比，最新款 iPhone 裡的電晶體多了將近 6,000 倍。在 2017 年，全球網路流量爬升到每秒 4 萬 6,600 GB，與 1992 年的數字相比，整整多了將近 4,000 萬倍。[2]

這樣指數型的成長，打開令人眼花撩亂的新眼界。多虧了計算生物學，我們開始理解人類細胞精妙的生化過程。更卓越的電腦運算能力，代表性能更優異的機器。DRIVE AGX Pegasus 是 Nvidia 所設計、能夠支援自動駕駛車輛的雙晶片系統，每一秒可以執行 320 兆次運算。[3] 隨著寬頻成本暴跌，全新的產業興起，例如社群媒體。強大的網路讓人類得以採用從前絕對不可能發生的方式合作。舉例來說，宣布發現希格斯玻色子（Higgs boson）的論文，共同作者就超過 5,000 人。

運算與通訊爆炸的震波在我們周圍迴盪：電子商務、共享經濟、合成生物學、區塊鏈、擴增實境（AR）、機器學習、3D 列印以及物聯網。當這些震波散去，新的震波又將迅速撼動全場。接下來數年內，將有 2,000 億至 1 兆個「東西」（大多是傳感器）連上網路。[4] 想像一下這樣的世界：每當有狀態改變，像是每一次的移動、流動、交易與小變動，都會產生數據。這個星球本身，最終也將會有知覺力。

在這個急遽改變的大漩渦中，對任何組織而言，最重要的是這個問題：我們改變的速度是否與周遭改變得一樣快？對大多數組織來說，答案是否定的。

執行長常常將這種狀況責怪於人類本性欠缺適應力。「人啊，」他們口氣嚴肅的說：「都是抗拒改變的。」就像許多陳腐的管理至上主義，這也是廢話。想想你認識的人當中，在過去三年內，有多少人至少完成了下列事項中任何一項：

- 搬到新城市居住
- 開始一份新工作
- 分手或展開新戀情
- 報名課程
- 採用新的運動養生法
- 開始培養新的興趣

- 瘦下 10 磅（約 4.5 公斤）
- 重新裝潢一個房間
- 到新的度假勝地旅遊
- 交到新朋友

搞不好你認識的每一個人都完成其中一件事。事實是，我們是改變的上癮者。我們對新事物的胃口永不滿足。這些使我們世界翻騰的改變都是我們的傑作。我們是劇變的媒介。

與人類相反，組織對於改變非常蹩腳。所以，才會有這麼多現任者發現自己處於劣勢。今天，我們預期新手會打敗老傢伙。出於本能，我們知道在一個快速改變的世界裡，資源無法取代機警，就連最聰明的企業也不堪一擊。

Google 公司在搜尋上遙遙領先，卻錯失在社群媒體成為開路先鋒的機會。等到 Google+ 發表時，臉書已經建立起無法逾越的領先幅度。當蘋果的 iTunes 提供串流內容的速度變慢，便為新手如 Spotify 與 Netflix 打開了大門。當線上約會的先驅軟體 eHarmony 對智慧型手機的回應遲鈍，Tinder 便填補了空缺。

如果你相信未來的本質是不可預知的，可能會主張今天這些當紅公司的造反者真是走運，他們只是湊巧正確理解了未來的走勢。這樣的推論有兩點錯誤。第一，未來並非像我們通常以為的那般晦澀難解。當你留心正在改變的事物，也就是發生中的趨勢發展速度加快，自然經常可以老早就看見未來。

現在，美國的有線電視公司正在艱難的適應新世界，也就是他們再也無法獨占影片內容的銷售。截至 2019 年底，共有超過 4,000 萬戶美國家庭不願意申辦有線電視，而是轉向從線上取得新的服務。[5] 同年，串流影音的訂閱數超越了有線電視訂戶。[6] 這樣的轉變完全可以預見。早在 1990 年代早期，AT&T 的技術人員便預測，影音串流將在 2005 年具備商業上的可行性，而且他們說對了。YouTube 就是在 2005 年投入市場的，第一代蘋果電視則是出現在 2006 年，Netflix 串流播出第一部電影是在 2007 年。

第二，即便湊巧發現對未來有益的策略，也是運氣問題，還是得解釋為什麼抵禦改變的舊機制會如同預料那般不順利。如果你注意到有人玩二十一點連玩好幾個小時，但卻每一局都輸，你不會認為他是運氣不好，反而會假設這個運氣很背的賭徒沒有能力。

數據顯示，組織的慣性很難擺脫，而且代價高昂。請想想下列狀況：

- 1995 年名列《財星》500 大的企業，到了今天只有 11% 還在名單上。
- 標準普爾 500 指數的成分股中，1950 年代的企業平均壽命大約是 60 幾年，近期卻減少到只剩下 20 年以下。

- 在 2010 年至 2019 年間，美國上市公司通報的企業重組費用超過 5,500 億美元，多半是因為產品過時，或是因為笨拙的嘗試新策略的後果。

這一切都驗證一項淺顯的事實：世界翻騰的速度，比大部分企業適應改變的速度更快。

在實務上，組織的變革要不是不痛不癢，就是極不愉快。每一天，企業都會更新產品與改善流程，大家對此見怪不怪。相形之下，更新策略核心則有突發而無法控制的傾向，就像治理拙劣的獨裁國家受到起義的震盪。大型企業如獨裁國家一般政權更迭，換掉公司的領導人成為撤銷災難性政策或落伍政策的唯一辦法。

有鑑於這些動機，落後的企業往往會維持不變。從 1990 年至今，通用汽車（General Motors）持續喪失美國國內的市占率，只有五個年頭得以倖免。[7] 這間公司能存活至今，要感謝政府在 2008 年金融危機後的紓困。

可惜的是，我們無法將年邁的企業安樂死。所以，他們可能呈現半昏迷狀態、死撐活撐、關閉營業場所、拖累品牌、限制研發、裁撤人員、與無精打采的競爭對手合併，或是遊說監管單位予以協助。這些是「原地踏步的企業」，而且數量比你想的還要多。

2020 年 1 月，標準普爾 500 指數裡有 454 間企業上市至少十年了。其中，124 間企業在過去十年內，收益有一年以上無法達到前四分之一強。落後的聯盟裡有波克夏海瑟威（Berkshire Hathaway）、可口可樂（Coca-Cola）、康卡斯特（Comcast）、埃克森美孚（ExxonMobil）、福特（Ford）、英特爾、默克（Merck）、甲骨文（Oracle）、百事（PepsiCo）、寶僑（Procter & Gamble）、UPS、威訊無線（Verizon）、維亞康姆（Viacom）、沃爾瑪（Walmart）與富國銀行（Wells Fargo）。在 2009 年至 2019 年期間，這些企業與其他原地踏步企業所創造的累積報酬中位數是 172%，換句話說，在我們的資料庫裡，這個數字還不到其他老字號公司報酬中位數 388% 的一半。

當公司陷入泥淖，股東不是唯一的輸家。變革緩慢的組織，等於綁住了人才與資本，這些資源本來可以部署在更適合的地方。這會抑制整個經濟體的薪資與報酬。照章辦事的組織還會導致未來所有政策與行動遭到推遲。在受到特斯拉的羞辱之後，汽車大廠現在都打算向市場推出全系列的電動車。[8] 這對地球來說很好，但是如果這些企業早幾年著手、而不是等到後來被新人調侃後才開始會更好。

我們需要的是具備「進化優勢」的組織，這是一種能夠變得跟改變一樣快的能力。

一個真正有適應力的組織：

- 絕對不以拒絕承認來逃避現實。
- 急著滿足未來的需求。
- 在必須改變之前，就著手開始。
- 不斷重新定義顧客的期望。
- 抓住超過合理數量的新機會。
- 絕不會經歷到非預期的收益衝擊。
- 比對手成長得更快。
- 具備優勢得以吸引世界上思想最靈活的員工。

我們最喜歡的一幅《紐約客》諷刺漫畫，是畫了一對恐龍的故事。其中一隻恐龍懶洋洋的躺臥在巨大的石礫上，另一隻則坐得直挺挺，用牠又短又粗硬的前肢猛烈揮擊著空氣。「我只是覺得，」這隻爬蟲動物說：「現在是時候發展讓小行星轉向的技術了。」跟那些註定滅絕的恐龍不一樣，人類的前額葉皮質區很大，有背面相對的拇指與食指。我們的眼睛夠明亮，能看見即將到來的未來，雙手也夠靈巧，能夠有所作為。我們不是恐龍，我們的組織也不應該是恐龍。

人有創意，組織則（通常）沒有

創新是組織更新的燃料。執行長都懂。在波士頓顧問集團（Boston Consulting Group）所做的民調裡，79％的領導人將創新評為最優先處理的項目。他們知道創新是對抗無關緊要事物的唯一保險。但在另一份由麥肯錫管理顧問公司（McKinsey & Company）所做的調查裡，94%的高階主管表示他們對組織的創新績效感到失望。

儘管如此，創新能力是人類的正字標記。每一個人生來就有創造力，不管是花園造景、寫部落格、照片構圖、發明新食譜、開發手機應用程式（App），或是開創新事業的創造力。一份針對美國千禧世代（年齡介於 30 至 39 歲）的近期研究發現，有 55%的人使用網路影片磨練創造技能，他們當中有不少人還將手工藝品放到網路上販售。[9]

數位科技將創作的方法大眾化，並且讓創作者得以接觸到自全球的受眾。每一天……

- 有超過 70 萬小時的新內容上傳到 YouTube。
- 有 300 萬篇部落格文章以 WordPress 產生。
- 有 9,500 萬張新照片在 Instagram 刊出。
- 在原有的 300 萬個手機應用程式以外，Google Play 還會再新增 1,300 個新的手機應用程式。
- 有上千個專案在 Kickstarter、Wefunder、Indiegogo 與 Crowdcube 等群眾募資網站上發起。

科學上的創新也正以飆速推進中。自 1985 年至今，美國專利及商標局（US Patent and Trademark Office）每年授出的專利證書數量已經成長逾 400％。我們的世界並不缺獨創性。那為什麼老字號的公司在改變遊戲規則的創新能力上這麼蹩腳呢？

每一年《快公司》雜誌（*Fast Company*）都會發布一份編輯部認為世界上最創新企業的名單。最近一年，最創新的前 15 間公司是：*

1. 美團點評
2. Grab
3. NBA
4. 華特迪士尼（Walt Disney）
5. Stitch Fix
6. Sweet Green
7. Apeel Sciences
8. Square
9. Oatly

* 譯注：Grab是新加坡車輛租賃與即時共乘的手機應用程式開發商；Stitch Fix是美國個人造型服務電商；Sweet Green是美國休閒快餐連鎖店；Apeel Sciences生產可食用塗料，用在特定水果上能延長水果食用壽命；Square是電子支付系統公司；Oatly是瑞典素食公司；Twitch是遊戲影音串流平台；塔吉特是美國僅次於沃爾瑪的零售百貨集團；Shopify是加拿大的跨國電子商務公司；AnchorFree是網路隱私與安全公司；Peloton是健身科技新創公司。

10. Twitch
11. 塔吉特（Target）
12. Shopify
13. AnchorFree
14. Peloton
15. 阿里巴巴

值得注意的是，名單上除了兩間公司以外，全都成立不到30年，而且有三分之二從創立時就是數位公司。看來組織要是又老、技術又過時就完蛋了。但是，還是有許多公司戴上「最創新」的冠冕後，事後證明是名過於實、曇花一現的奇葩。在2012年，吉爾特集團（Gilt Groupe）出現在《快公司》的最創新名單上時，這家線上零售商吹噓自家身價有十億美元。不幸的是，他們的商業模式事後證明只是曇花一現。經過幾回合的裁員後，吉爾特集團在2016年以2億5,000萬美元賣給哈德遜灣公司（Hudson Bay Company）。15個月後，哈德遜灣公司註銷了一半的購買價格。其他一度獲得美譽的創新者，也經歷過類似的崩解，包括Zynga、酷朋（Groupon）、太陽城（SolarCity）與GoPro*。發明殺手級的商業模式很難；重新發

* 譯注：Zynga是美國社群遊戲服務供應商；酷朋是全球最大團購網站；太陽城是全美最大太陽能發電公司；GoPro是運動攝影器材公司。

明更難；能一再創新的創新者非常稀少。

蘋果與亞馬遜是驗證這條規則的例外。這兩間公司儘管規模很大，但卻一再創造出全新定義的產品與服務，例如 iPhone 與 iPad、Kindle 與 Echo*。他們還開拓出全新的商業模式，像是 App Store 與亞馬遜雲端服務（Amazon Web Services）。這兩間公司還創下很罕見的成就，已經連續 13 年都登上波士頓顧問集團最創新企業名單，蘋果更是年年蟬聯榜首。因此，你想的沒錯，大型組織也可以持續創新，但大部分組織辦不到。而且如果創新必須仰賴像是史蒂夫．賈伯斯（Steve Jobs）或傑夫．貝佐斯（Jeff Bezos）這樣的創造力天才掌舵，大部分公司都將無法持續創新。

為了克服積習已深的漸進主義（incrementalism），許多企業專為創新設置了「孵化器」與「加速器」。根據估計，現在全球有 580 間創意實驗室，而兩年前不過只有 300 間。儘管這樣的機制受到歡迎，但沒什麼證據顯示這些創意前哨站能夠帶來可觀的報酬。那些窩在加速器裡的少數創意主腦，無法取代深植於企業內部、持續重新打造核心業務的能力。

另一種常見用以克服創新不足的策略是併購。不幸的是，就像寂寞的酒客到了打烊時間才要上酒吧一樣，長期落後的企業往往會因為強烈的急迫感，以致於對適合併購的對象飢不擇

* 譯注：Echo 是搭載亞馬遜智慧型語音助理 Alexa 的智慧型喇叭。

食。在 2008 年至 2016 年期間，一度屬於創新企業的惠普，花了逾 370 億美元進行收購，意圖搖身變成資訊技術服務的強大組織。許多交易最後註銷了大筆金額。在我們寫到這裡時，惠普公司的市值，已經不到砸錢瘋狂併購時期的一半。

縱然有大量書籍保證揭露創新的祕訣，但是大型組織似乎連員工的幹勁都無法激發出來。有些管理學權威有如 19 世紀認為人類不可能飛上天的懷疑論者，聲稱大型企業從基因的角度來看，無法進行改變遊戲規則的創新。我們理解他們的悲觀主義，但也更加懷抱希望。在全球各地，此時此刻，可能有上百萬人正準備升空。如果我們志在千里，那我們的組織也沒理由無法翱翔。

人有熱情，組織則（通常）沒有

生活中肯定有某些事情能激發你的熱情、讓你著迷、給你幹勁。這可能是你的家庭、信仰、社會理念、一支球隊，或是一項嗜好。當然，熱情也可能有黑暗面，像是宗教的極端主義、種族仇恨，或是性掠奪等。這是熱情用錯方向才導致走樣。幸好，大部分人的熱情既溫馨又勵志。

當我們沉浸在一種健康的熱情當中時，會經歷努力與喜悅的神奇交融。令人畏懼的阻礙變成非常有趣的智力競賽，而小小的獲勝將成為成就的徽章。當我們正在做某一件讓我們陶醉其中的事情時，大多都會充滿活力。可惜，對大多數人而言，工作中無法發生這樣的好事。

一份 2018 年的蓋洛普研究發現，只有三分之一的美國勞工可以完全投入在工作中；在此，「投入」的定義是：參與工作、對工作有熱忱，並願意花時間與精力。「不投入」的勞工超過半數，達到 53%，同時還有 13% 的勞工惡意的陽奉陰違、「積極卸責」。[10] 放眼全球，情況只有更壞，只有 15% 投入，67% 卸責，18% 積極卸責。

接著我們會解釋為什麼「投入工作」這麼重要。想像一下工作能力金字塔，它長得有點像馬斯洛的需求理論（Maslow's hierarchy of needs），見圖 1-1。

最底層是服從；每個組織都仰賴員工能夠遵守安全、財務紀律與顧客管理的基本規則。接著是勤奮；組織需要員工願意認真工作，為成果負責。第三層是專業；要能在工作上有戰鬥力，團隊成員需要某些必備的技能。服從、勤奮與專業這三項能力都是不可或缺的，卻創造不出太多的價值。要在創意經濟裡勝出，需要更多條件。組織需要自動自發的人，也就是能夠主動做事，不會等到被要求才做，並且不受到工作類型的束縛。同樣關鍵的還有創意，也就是有能力給予問題新的框架，產生新的解決方案。最後，在最頂層的是敢於冒險，也就是願意傾全力，並且為值得讚賞的理念承擔風險。

這些層次比較高的能力是熱情的產物，是投入能夠激勵我

圖1-1 工作能力金字塔

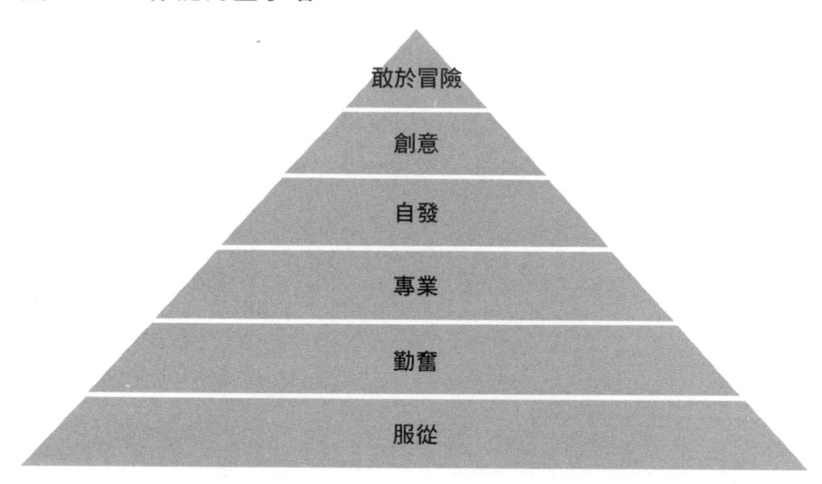

們的事物的結果，是在我們原本的工作與職務之外，需要並值得我們拿出最佳表現的事物。我們無法透過上位者的命令獲得自發、創意與勇敢等特質。它們是天賦。每一位員工都要決定「今天要在工作中用上我的天賦嗎？還是不要？」而蓋洛普的數據顯示，他們的答案通常是「不要」，有時候則是「鬼才要」。

就像一間公司如果沒有創新優勢就無法打造進化優勢一樣，沒有能夠鼓舞士氣的激勵優勢，也無法打造創新優勢。如果企業的目標是打造一個對未來大膽進取、自我更新的組織，那麼每一件事最終都將取決於員工是否願意滿腔熱情，欣然投入。

要驅使他人投入，祕訣無他。從道格拉斯．麥葛瑞格

（Douglas McGregor）的《企業的人性面》（*The Human Side of Enterprise*）到丹尼爾．品克（Dan Pink）的《動機，單純的力量》（*Drive*），這 60 年來，準則都不曾改變：使命、自主、共同掌權與當責，以及成長機會。不幸的是，員工投入的程度，也沒有太大的變化。似乎每個世代都重新發現了這些讓人願意投入工作的必要元素，接著便無所作為。

你或許認為，我們無可避免的會對工作不投入。畢竟，許多工作都不怎麼吸引人。每一天，你都會遇到某些人做著對你毫無吸引力的工作。他們可能是零售店店員、服務中心的銷售員、快餐店廚師、物流業司機、園丁，或是旅館清潔工。你很難期待這些人對他們的工作抱持熱情，對吧？事實上，你錯了。在一份由皮尤研究中心（Pew Research Center）帶領的研究中，有 89%的員工說，對於每一天的工作內容，他們不是「非常滿意」，就是「有點滿意」。

投入程度不足，跟人們在職場中做什麼工作無關，而是跟他們如何被管理有關。在蓋洛普的研究中，員工投入程度的分數差異，有 70%是因為老闆的態度與行為。[11] 例如，相信自己可以向老闆提問，而且什麼都能問的員工，會比感覺無法這麼做的員工對工作更投入。「但是，等等，」各位或許會問：「如果三分之二的員工對工作不投入，這是不是指大部分主管都是混蛋？」或許吧，但是重點來了：主管並沒有比他們的部屬更加投入工作。根據蓋洛普的研究，51%的美國主管對工作並不投入，14％的主管則是「積極卸責」。[12] 換句話說，你的主管可能跟你一樣對工作感到沮喪。天啊！可能組織階層一路往上都是混蛋；但也有可能不是。

科層體制的遺毒

如果我們組織的缺乏人性是因為某種更深層、與特定主管或組織無關的症狀造成的呢？各位不覺得很有可能嗎？如果這個星球幾乎所有組織都遭受相同的痛苦，例如慣性、漸進主義與情緒亂象，也許它們有共同的根本疾病機制。就像無論是住在法國還是中國的婦女，BRCA 基因突變都會提高罹患乳癌的風險；或是無論住在墨西哥還是澳大利亞，高碳飲食都會提高罹患糖尿病的風險。

照著這個邏輯，我們必須問，組織有哪些相似之處？索尼（Sony）、西班牙電信（Telefonica）、聯合國兒童基金會（UNICEF）、天主教、甲骨文、福斯汽車（Volkswagen）、滙豐銀行（HSBC）、英國國民保健署（Britain's National Health Service）、英國燃料（Petromex）、加州大學、力拓集團（Rio Tinto）、家樂福（Carrefour）、西門子（Siemens）、輝瑞（Pfizer）以及其他相較不知名的數百萬個組織，有什麼共同特徵？

答案是：他們全都是科層體制的堡壘，全都符合相同的科層體制設計圖：

- 有正式的管理階層。
- 職位決定影響力。
- 職權隨著階層向下緩慢流動。
- 小主管由大主管派任。
- 策略與預算由高層制定。
- 總部幕僚群制訂策略，並確保他人遵守。
- 工作職務定義嚴格。
- 透過監督、規定與獎懲控制組織。
- 由主管分派工作與評估績效。
- 所有人都為了升遷而競爭。
- 薪酬與職等相關。

這些組織編制的特徵看似無害，但在這幅科層體制的平凡景象中，我們將會看見機構團體無能的根源。我們的組織缺乏人性，是因為它們被設計成這個樣子。德國社會主義先鋒馬克斯・韋伯（Max Weber）在 20 世紀初寫道：「科層體制發展得愈是去化人性、就會愈完美，愈是能消弭一切未納入計算的純粹個人、非理性與情感因素，就會愈成功。」[13] 與過去一樣，現今科層體制的目標是把人類都變成半程式化控制的機器人。

「科層體制」的語源「bureaucratie」是 18 世紀初由法國政府部長尚－克勞德・馬利・文森（Jean-Claude Marie Vincent）發明，用以表示「辦公處的規則」，因此這個標籤可沒有讚美之意。文森將法國行政機構的龐大規模視為企業精神的威脅，並說這是「種瓜得瓜，種豆得豆」。一個世紀後在 1837 年，英國哲學家約翰・斯圖亞特・彌爾（John Stuart Mill）說科層體制是一張龐大的專制君主網絡。

這個說法到了 180 年後的今天還是一樣貼切，那為什麼我們還沒推翻它？為什麼我們依然陷在與組織的虐待關係中？因為，說穿了，我們缺乏更好的選項，或是我們以為別無選擇了。

科層體制與更之前那種暴虐、紊亂的組織相比，確實是好東西。在科層體制以前的組織，領導人任性善變，決策大部分出自臆測；規畫很隨性，工作隨個人習性處理；監督也並非始終如一，薪酬通常與努力無關，一年的員工流動率往往超過 300%。科層體制改變了這一切，並且發動了生產力的成長。

在 1890 年至 2016 年期間，美國勞工每小時創造的價值增加了 13 倍，在德國增加了 16 倍，在大不列顛則是增加了 8 倍。儘管還有其他因素（例如資本累積、教育普及與科學發明）對這樣的盛況也有所貢獻，但最大的推動力還是科層管理方面的進步，包括改善工作流程、產品規畫、差異報告、績效給薪制度（pay-for performance）以及資本預算。

雖然科層體制缺乏人性，但卻如同韋伯所說的，「在精確度、穩定度、紀律嚴謹與可信賴程度上，都比其他任何組織更好」，因此「得以獲得最高等級的效率」。[14] 多虧大型、科層化的組織，現在地球上有 10 億人擁有汽車，40 億人持有行動電話，想搭飛機時，每天有數十萬商業班次可供選擇，要做買賣時，還能仰賴每分鐘處理超過百萬筆交易的全球金融系統。無論是非功過，科層體制都已經在人類發明的萬神廟裡高居首位。

不過，就像其他進步的工具，例如火器、化石燃料、內燃機、大規模農業、抗生素、塑膠與社群媒體，代價伴隨著勝利而來。科層體制增加我們的購買力，卻使我們的靈魂枯萎。

這個過錯不是任何一位特定主管所造成，而是犧牲多數、賦予少數人權力的管理方式導致的惡果。這套制度重視遵守規定大於重視原創性，把人塞進狹隘的角色裡，讓他們喪失動力，並且僅僅將他們視為資源。

科層體制與所有的技術一樣，都是時代的產物。從 19 世紀發明至今，早已人事全非。現今的員工具備技能、也不是文盲；競爭優勢源於創新，而非組織規模；溝通可以即時傳達，不必幾經周折；改變的速率接近超音速，與冰河時期大相徑庭。然而，管理的基礎對科層體制的黏著度依舊很高，這一點必須改變。

數十年來，我們已經目睹翻轉營運模式與商業模式的創新。英國送貨到府食品雜貨龍頭品牌歐卡多（Ocado）有一座倉庫，由數十台機器人在無蓋箱子組成的廣大網格裡揀貨，再交給人類裝進塑膠袋裡。這樣的改變非常劇烈。YouTube、Netflix 與亞馬遜影音（Amazon Prime Video）則幾乎是即時提供觀眾無限的選單。對於那些記得無線電視有哪六個頻道的人而言，這樣的改變非常劇烈。

想要治癒使我們的組織陷入癱瘓的疾病，我們得同樣劇烈的重新改革科層體制的管理模式。要打造有無限延展性、荒謬的創意與滿腔熱血的組織，需要以新的方式來動員與協調人類的組織活動。我們得嘗試想像新的、與科層體制的模板截然不同的管理模式，就像是從有線電話想出 FaceTime、從一疊鈔票中想出支付寶系統。

我們需要把人放在組織的核心位置，而不是以架構、流程或方法為中心。摒棄為了組織效率而追求控制極大化的管理模式，我們需要追求的是為了影響力將貢獻極大化。我們要以人本體制取代科層體制。本書將會花很多篇幅探討這兩種模式之間的各種差異，但是最根本的差別在於：在科層體制裡，人是工具，為了創造產品與服務而受雇於組織；在人本體制裡，組織才是工具，是人類用來改善自己與服務對象的生活的工具。（見圖 1-2）。科層體制的核心問題是：「我們如何讓人改善對組織的服務？」人本體制的核心問題則是：「什麼樣的組織能激發並值得人類貢獻最好的表現？」我們將會看到，這種觀點的轉變意義深遠。

要超越舊模式，我們必須理解科層體制究竟是如何癱瘓組織，正視科層體制廣泛的問題造成多大的損失。我們得向管理領域的先鋒學習，他們是證明後科層管理實務的可行性與價值

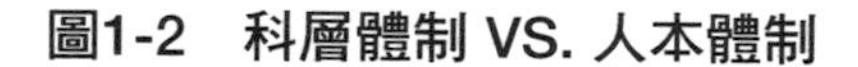
圖1-2　科層體制 VS. 人本體制

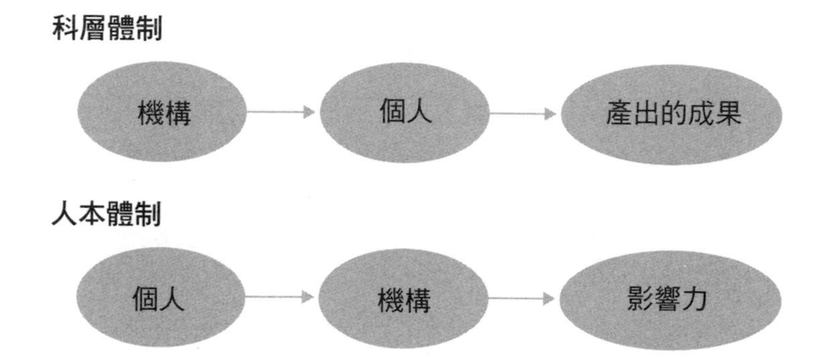

的先進組織。我們必須欣然接受以人為中心的新原則，並且在組織中實際演練。我們必須擺脫科層體制的習性，重新思考對於「領導力」與「變革管理」的核心假設。我們將在接下來的章節處理這些問題，以及更多的難題。

現在，讓我們先確定一件事：科層體制必須根除。我們再無法負擔它帶來的有害副作用了。儘管它是人類最根深蒂固的社會科技，很難將它連根拔起，但這沒關係。你來到這個世界上就是為了做有意義的事、甚至是英雄般的壯舉，所以還有什麼比你最終把組織營造得充滿人性更英勇呢？

第2章

科層組織的罪狀

拆除科層體制是一項巨大、艱鉅的挑戰。在動手改造前，你需要確信第 1 章中說明的組織沉痾，實際上是科層體制的責任。在本章，我們將一一羅列它的罪狀。究竟科層體制的典型特徵，如分層決策權、拘泥形式的單位界線、專業化的職務分工與標準化的實務等，是如何侵蝕適應力、創新與員工的投入程度？為什麼科層體制必須廢除？為什麼這是一場值得加入的戰役？

一、階層分明、短視近利

隨便問身邊的人，請他們形容一下他們的組織，你會得到常見的金字塔框架，這樣一成不變的行政管理系統，是人類歷時最久的社會結構。它簡單、可以擴張規模，而且看似永久不變。

如果沒有由上而下的權力結構，不可能帶動大規模的人類行動，這個道理很簡單。統一的指揮權可以確保方向明確，清楚的指揮系統則能將模稜兩可的灰色地帶縮到最小，而分層決策權可以讓權力與能力一致。要是沒有正式的層級制，不就無法無天了，不是嗎？呃，可能不一定喔。

想想超環面儀器計畫（ATLAS project），這是造就大型強子對撞機（Large Hadron Collider）的四大研究計畫之一，由來自 180 個機構、超過 3,000 名科學家，在 1992 年發起，目的是找到宇宙最深層的祕密。最終，ATLAS 團隊打造出有史以來最精密複雜的機器：一台巨大的粒子探測器，高 45 公尺、長 25 公尺，包含超過 1,000 萬個零件，而且是在瑞典鄉村的地底深處組裝完成。

在這項計畫的早期階段，ATLAS 的國際財團苦於找不到適當的組織設計。有鑑於這項工作前所未見，設計與開發需要再拆分成子專案，好讓小規模團隊能夠處理。另一方面，高達好幾百個次系統還必須無縫熔接。這讓財團陷入兩難。有自主權的團隊在解決問題的創意方面表現出色，但在高階的協調合作方面卻很吃力。相形之下，中央集權的組織在系統整合方面或許會表現得更好，但是卻招架不住亟需解決、世界首見的大量問題。此外，由上而下的權力結構也會激起極度獨立作業的科學家抵制，而他們的專業能力是這項計畫成功的關鍵。

最後，財團選擇仰賴對等合作、由下而上的結構，而不是以高階專案主管為骨幹。每一個次系統都有專屬委員會，成員包括負責專案中這個部分的所有科學家。委員會裡的討論都是公開且和諧的，但有時討論也可能變得激烈。遇到僵局時，意見對立的團隊會在同事面前辯論，然後大家投票表決出最佳的方案。當跨系統的問題出現，則是召開臨時工作小組，一起設想解決方案。例如，當主要探測磁石的設計有問題，像是實際所需的空間比原始構想更大、導致壓縮到其他設備的空間時，便會召集一支專門的小組團隊來建構替代方案。在整個專案執行期間，次系統的委員會會即時發布專案進度資訊，鼓勵相關領域的專家在線上發言評論。在策略面上，則是設置一個共同研究委員會負責重大決策。每一個參與專案的機構在委員會上都會有一個席次，必須有三分之二的席次同意，才能授權一項決策。

要讓 ATLAS 探測器成真，需要非常大量的領導力與創意，最不需要的就是金字塔式的組織。ATLAS 財團裡，沒有人有權下指令。所有人都是同事，沒有主管。儘管如此，ATLAS 探測器依然在有限的時間與預算內完成了。[1]

當一個組織遭遇大量新奇的問題時，由上而下的權力結構可能會變成瓶頸。當爭議逐步升級，問題堆在資深領導人的手上，而他們多半缺乏敏捷、快速決策的經驗與能力。隨著時間過去，積壓的決策愈來愈多，決策的速度愈來愈慢。階層化的決策是速度的死敵。

中央集權制度下的另一個受害者是，對改變主動出擊的能力。在正規的階層制度中，發動變革的權力往往集中在高層身上，重要關卡都需要他們批准。問題是，等問題大到引起執行長任何一丁點的關注時，組織已經在後頭苦苦追趕。領導人是所有新趨勢的絕緣體，不論在組織、文化或地理上的新趨勢都是如此。這種隔絕狀況會因為阿諛奉承的部屬而惡化，因為他們已經學到傳遞壞消息沒好處的教訓。最危險的是，高階主管還會被自身過時的看法給綁住。儘管如此，他們還是期待能攔截未來的機會。想得真美。

思考一下微軟的經驗。在 1980 年代，微軟以個人電腦為中心的商業模式，把他們推上超級明星的地位，但是在接下來數十年間，微軟經常發現自己正在苦苦追趕。（見表 2-1）。

表2-1　微軟作業系統模仿麥金塔系統（Mac電腦）的功能

產品	先驅者		微軟	
圖形使用者介面	Apple Mac	1984	Windows 2.0 [a]	1987
撥號連線	美國線上（AOL）	1989	MSN	1995
網頁瀏覽器	網景（Netscape）	1994	Internet Explorer	1995
搜尋引擎	Google	1998	Bing	2009
數位音樂	Apple iPod	2001	Zune	2006
線上影音	YouTube	2005	肥皂箱（SoapBox）	2006
雲端應用軟體	Google 文件	2006	Office 365	2011
雲端運算	Amazon EC2[b]	2006	Windows Azure	2010
智慧型手機	Apple iPhone	2007	Windows Phone	2010

a：這是第一套模仿Mac電腦功能的微軟作業系統。
b：亞馬遜雲端服務的前身。

微軟與大部分落後者一樣，問題不在於缺乏專家。在許多競賽裡，微軟都準時到達起點。在組織深處，年輕的團隊倉促拼湊資源，打造最尖端的原型設計。但是這些艱難的嘗試鮮少吸引高層的贊助，大多數只能在公司的邊緣凋零、無人注意，其餘則是被高層的命令一筆抹煞。

搜尋引擎之爭就很經典。一直到 2003 年，也就是 Google 的同名搜尋引擎投入市場後，微軟高層才撥出一億美元要開發與他們競爭的服務。年輕的副總裁克里斯·佩恩（Chris Payne）過去一直被派任帶領「不被看好」的專案，已經追蹤 Google 多年，並一再嘗試會見比爾·蓋茲、微軟董事會與首席架構師（CSA）。可惜，等到佩恩終於得到他長久以來請求的會面機會時，Google 早已建立難以超越的領先幅度了。[2]

在其他案例當中，想要創新的人則是受到微軟對 Windows 的異常依戀阻礙。2009 年，就在蘋果發表 iPad 的一年前，一支微軟團隊向史蒂夫·鮑爾默（Steve Ballmer）努力推銷一款平板電腦的原型設計；鮑爾默在 2008 年接下蓋茲的執行長職務。這款代號為「信使」（Courier）的裝置，已經得到一位備受敬重的部落格主讚賞，他獲准提前看到這款產品的原型後預示「這將在平板電腦當中一鳴驚人」。然而，鮑爾默沒有意識到它的重要性。他生氣的要求，為什麼團隊不在新裝置裡使用 Windows 作業系統？鮑爾默對他得到的答覆不滿意，便否決了這項專案。

2014 年，薩蒂亞・納德拉（Satya Nadella）接替鮑爾默，成為微軟第三位執行長。自此之後，這間公司開始大爆發，股東總報酬率攀升到 450%。納德拉終於能夠毫無顧忌的坦承許多員工與觀察家早就知道的事，宣布微軟最大的錯誤就是「認為個人電腦永遠都會是一切的樞紐」。納德拉將微軟「定罪」後，根據這項結論展開行動，縮小 Windows 部門的勢力，轉而投資微軟快速成長的雲端業務 Azure。在 2018 年，Windows 部門在裁撤後已不復存在，原本的團隊員工則轉調 Azure 與 Microsoft Office 團隊。[3]

蓋茲與鮑爾默選出一位領導人能夠挑戰微軟個人電腦令人窒息的正統性，這一點值得讚揚，但他們過時的世界觀早已長期癱瘓這家企業。他們認為賺錢應該要靠銷售軟體授權，而不是每個月提供軟體服務。他們把各大公司的資訊長視為主要顧客，看輕團隊或個人消費者。對他們來說，手機就只是手機，不是可以放進口袋的電腦。2007 年，鮑爾默宣布：「iPhone 毫無機會、甚至絕不可能大幅攻下市占率。」12 年後，蓋茲承認要是他們不那麼短視，微軟可以搶在安卓（Android）之前行動，根據他的估算，這項失敗讓微軟付出損失 4,000 億美元市值的代價。[4]

將微軟的失策怪罪給蓋茲與鮑爾默很輕鬆，卻偏離了目標。真正的禍首在於科層體制。在階層制的組織裡，制訂策略與方向的責任屬於少數幾位高階主管。這些高層被期待要有獨一無二的遠見、好學的態度，還要有創意。然而在實務上，情況多半不是如此。

首先，資深領導人經常會對過去放太多感情。標準普爾500指數成分股裡的執行長平均年齡是58歲，從2008年以來提高了3歲，他們的平均任期是11年，這也是2002年以來最長的任期紀錄。[5]儘管經驗老道的領導人會從過往的經驗中受益，但他們也會因為傳承下來的看法而被壓垮。他們對顧客、技術與競爭環境的許多設想，都是多年前或幾十年前打磨出來的想法，反映的是一個不復存在的世界。

其次，職位與謙遜往往成反比。如同已故的社會暨政治學家卡爾．多伊奇（Karl Deutsch）觀察到的，權力是「一種負擔得起不學習的後果的本事」。在這個真理中，我們發現到，對組織適應力最大的唯一威脅是：資深領導人不願意或沒有能力忽視他們已經貶值的智慧資本（intellectual capital）。要是部屬自覺有權挑戰高層武斷的意見，這種失敗還不至於太危險，但是大部分中階主管都不願意「忘恩負義」。因此，目光短淺就像權威一樣，影響會逐漸擴散。

組織的更新能力不該取決於少數高階領導人學習或不學習的能力，但在科層組織裡，情況往往如此。然而美國卻是一個反例。

美國的韌性從來就與誰坐在總統辦公室裡的關係不大。反之，這個國家的活力源於開國文件裡的神聖原則：厭惡獨裁專制，信任代議制度，開放移民，尊重宗教與種族的差異，保障言論自由，對商業充滿熱忱。美國不斷的自我更新，因為國內數億公民有自我更新的自由。

有些愛說笑的人評論，美國是一個由天才發明、卻被笨蛋管理的國家，這項觀察有時看似令人憂心，因為這個說法幾乎沒錯。相形之下，科層體制看起來是由笨蛋設計、由天才來管理的體制。如果每一位執行長都跟史蒂夫·賈伯斯一樣有創新的直覺、跟李光耀一樣有政治手腕，又跟德雷莎修女（Mother Teresa）一樣有 EQ 那就太棒了，但他們大部分都不是這樣。

儘管執行長只是凡夫俗子，他們的薪酬卻宛如他們全知全能。目前美國規模最大的 350 間企業中，執行長的平均年薪高達 1,720 萬美元，足足是一般第一線員工的 278 倍。[6] 但沒有人知道這千萬年薪可以買到多少眼界見地。一再有研究顯示，執行長的薪酬與股價表現的相關性根本可以忽略不計，甚至有些微的負相關。[7] 金錢不能把執行長變成鋼鐵人或神力女超人。

在環境劇烈改變的時代，經營大型組織所需要的遠見與足智多謀，遠遠超越任何一個人或一支小團隊的能力，而且要求門檻還在不斷提高。說白了就是，科層體制對領導人的要求，超出他們的能力所及。就像我們的朋友，現在已經退休的科技巨頭 HCL 資訊科技服務公司（總部在印度）前執行長文尼·納雅（Vineet Nayar）曾經告訴我們：「由執行長來擔任船長的概念已經徹底失敗。」現在是時候停止尋找超人領袖了。我們需要的不是卓越的領袖，而是能夠帶動「普通」員工日常創造力，並且將這些能力變現的組織。

在這個複雜的世界中，組織面對問題時，需要有靈活應變的思考能力。智慧跟形式上的權力不同，是一種起伏不定的能力；它有盛衰起伏，端看當前的議題而定。因此，我們需要大量的動態階層，取代單一且僵化的階層，根據需要處理的問題來決定由誰負責。我們需要的組織是：看法人人可以爭論，影響力與追隨者人數對等，而且無能的領導人可以經由投票淘汰出局。

那麼，該怎麼讓組織協調一致，讓所有人站在同一陣線、面向同一個方向呢？要如何統一共同目標、卻不統一指揮權呢？首先，協調一致的作用被高估了。它很重要，但不是無可匹敵的重要。在一個充滿意外的威脅與機會的世界裡，組織必須進行數十個、甚至上百個策略選擇的實驗。我們總是會面臨白費功夫的風險，但是危害更大的風險在於權力的短視近利。其次，就像我們在 ATLAS 計畫中看見的是，人類不需要有人發號施令，就已經有能力追求共同目標。

二、拘泥形式、笨重遲緩

如果說界線已經夠多了。那框線呢？科層體制把各種活動拆分成形式上的營運單位，每個單位有自己的目標、團隊成員與預算。階層化是為了保持一致，訂定形式則是為了指示明確。透過精準詳細的說明職務與責任，員工會知道他們負責的職務、決定權範圍，以及掌控哪些資源。儘管很難想像有哪一個組織可以在沒有固定組織形式的情況下運作，或許我們應該試著拋棄形式。雖然固定的組織結構有諸多優點，卻容易傾向局部最佳化（suboptimal），並且範圍狹隘（parochial）、複雜糾結（byzantine）又頑固死板（inflexible）。這些缺點帶來的後果就像我們為階層化所付出的代價，通常不顯眼，但愈來愈站不住腳。

局部最佳化

每一種固定的結構都會強調某些目標、淡化其他目標。舉例來說，職能型組織很適合建立精深的專業度，並且善用規模經濟，卻比較不擅長服務多樣化的客群。相反的，當組織建立起市場區隔，就會更重視顧客，因而導致職能技術支離破碎，難以獲得從根源解決問題的效率。

組織的安排需要抉擇的能力。這些抉擇或許平均而言都沒錯，但不會適用於每一種情況。也就是說，全球性的產品團隊組織會有幾次因為偏愛一致性而產生盲點，無法從組織中心的位置看見機會與威脅。德國汽車製造商龍頭似乎就是發生這種情況。他們的工程團隊集中在歐洲，美國分公司充其量只是行銷部門，戴姆勒（Daimler）、BMW 與福斯汽車，都太晚了解特斯拉努力重新想像汽車、把汽車視為電池動力裝置、由軟體來界定的移動平台的重大意義。

無論是在擴展規模或追求敏捷、注重一致或培養熱忱、要求效率或發展創新上，由於固定結構的組織總是偏愛某一個面向，等於早已預設關鍵的權衡取捨。根據定義，形式化等同於局部最佳化。所以企業重組時，往往只不過是用一組問題取代另一組問題。

範圍狹隘

你可能早就聽過某個科層主義者說：「這不屬於我的職責範圍。」在一個結構非常固定的組織裡，員工往往會過度專注於自身、單位特定的目標。並且認為其他工作不過是令人分心的干擾。不幸的是，未來的狀況不會配合組織結構圖去發展。狹隘主義不但會難以發現新機會，也很難為新機會提供資源。各單位領導人往往覺得手上的資源不足以實現他們承諾的目標，更別說是別人的工作了。要是把資源分享出去，就是在冒無法達標的風險。

複雜糾結

在科層體制裡，每一項挑戰都會產生新領地，通常由「長」字輩主管來率領。如今，一間公司有法遵長、數位長、多元文化長、環境長、變革長等，也不足為奇。每一位新上任的「長」

字輩主管都會成立新的委員會、端出新政策，並要求蒐集新數據。於是出現更多的簽到與簽收工作、更多職務扮演遊戲，以及更多人愈幫愈忙。結果產生更高的經常性費用、更少人願意當責，以及更長的決策週期。

頑固死板

結構固定的組織僵化而且不易改變。在大規模的重組中，企業得為上百個新職務重寫工作說明、績效指標與決策規則；系統得全面重新設計；數千名人員得重新培訓。這會消耗大量精力，企業的注意力也轉移到組織內部，製造一波波的不確定性與焦慮。更糟的是，歷經一次大規模重組後，變革向下扎根需要兩、三年，這表示與此同時，全新的一連串挑戰也正在湧現。

儘管重組既所費不貲又姍姍來遲，卻還是被廣泛視為讓組織重新調整、以適應新形勢的唯一方法。就像波士頓顧問集團的一份報告中說：「環境變化之快，需要組織比以往更快重組。」[8] 祝你好運！

我們需要的是全新、淡化固定結構的組織模式。在一個不斷改變的世界裡，權衡取捨需要盡可能貼近第一線的需求；界線必須可以延展；資源必須不受阻礙的流向有前景的機會，而不是貯藏起來；單位之間的協調合作必須由敏捷、自動自發的群體帶動，以類似市場交易的機制運作，而不是採用一體適用的政策，或是透過緩慢複雜的協調會議溝通。簡單來說，我們需要讓組織更像生物圈、網際網路或是充滿生機的城市，更傾向讓它處於發展初期的階段，而非經過精心打造的架構。

三、專業化、畫地自限

亞當斯密（Adam Smith）的《國富論》（*The Wealth of Nations*）開篇便向專業化致敬：「勞動生產力最大的進步，是勞力分工的結果。」亞當斯密說起造訪胸針工廠的經驗，那裡的製程分割成 18 個明確的步驟，每一名員工只需要負責一至兩項任務。由 10 名員工組成的小組每天合力製造 4 萬 8,000 個別針，產量大約是細分製程之前的 400 倍。

高檔手機 iPhone 的成本只有 1,000 美元，而不是 10,000 美元，原因正是專業化。組裝一台 iPhone 需要 400 個步驟，當中有一個步驟是把喇叭用螺絲釘栓緊。[9] 負責這項任務的員工應該在 12 小時的輪值時間裡，拴好 1,800 個喇叭。[10] 這項工作唯一的要求是：熟練。

無論員工的天賦或興趣差異，大部分的人類「螺絲釘」都沒有什麼機會重新塑造由他們填補的科層體制「坑洞」。讓我們看看歐洲與美國同類職場的調查結果。[11]（見表 2-2。）如你所見，只有極少數非管理職的員工，可以參與設定目標的過程，並且對他們工作上的決策產生影響力，或是有決定權選擇

表2-2　塑造工作的能力

	歐洲		美國	
	有	大部分有	有	大部分有
設定工作目標之前，有人找你商量嗎？	16	21	11	21
你有辦法影響工作上的重要決策嗎？	12	23	11	25
你有權選擇與你共事的同事嗎？	7	10	6	11

資料來源：作者針對2015年歐洲職場環境調查（歐洲改善生活與工作條件基金會，2018年3月出版）與2015年美國職場環境調查（蘭德智庫，2019年11月出版）中數據的分析結果。

一起共事的同事。在另一份調查裡，非管理職的英國員工被問及能不能影響改變他們工作本質的決策時，86%回答「不能」或「不太可能」。員工或許不像機器人一樣被精確的程式化，但並不代表企業沒有嘗試過要這麼做。

專業化帶動了經濟，卻也限制了自主權與創新。那些遭到過度專業化的工作，很少有即興創作或增加價值的空間。無論員工有什麼能力，能做的都只有工作設計師所想到的範疇。這就像是擁有一把價值不菲的瑞士刀，卻只拿來當作開瓶器使用。如同我們的朋友聖公會（Anglican）主教德魯·威廉斯（Drew Williams）所說：「投幣孔形狀的職務，只會產出投幣孔形狀的貢獻。」

如果你還不相信過度專業化形成的真實代價，想想一個反例。晨星公司（Morning Star）位於加州沙加緬度（Sacramento）北部綠意盎然的聖華金谷（San Joaquin Valley），是美國最大也最賺錢的蕃茄加工製造商。旺季時，公司旗下三座不規則蔓延的工廠，每小時可以處理 1,000 噸番茄。這是一門複雜、資本密集的生意，有好幾十個關鍵製程必須精確校準。儘管如此，晨星還是以身為地球上最激進的組織模型為傲。公司裡沒有經理人，也不設置職銜，取而代之的是 500 名全職「同事」，公司期待他們表現得像是「自我管理的專業人士」。[12]

這些同事在超過 20 個事業單位的團隊中工作，彼此簽約明訂各自的職責。其中一位同事的合約內容可能是卸下蕃茄並且分類，另一位是操作鍋爐，而另一位同事則是提供會計服務。每一位同事都對其他同事負責，但沒有人必須對主管負責。多虧晨星優越的效率，許多競爭對手都已經停業。這間公司的成本優勢，要歸功於鼓勵團隊成員針對職務與貢獻進行有創意、開拓性思考的工作環境。

小保羅・格林（Paul Green Jr.）在進入哈佛商學院攻讀博士前，負責公司的培訓與發展工作，他解釋：「我們相信你應該做擅長的事，所以不會把人塞進工作裡。作為同事，你有權投入任何工作，只要你覺得你的技能可以幫公司增加價值。因此，我們的員工比起其他典型職場中的員工，更有能力扮演更寬廣、更複雜的角色。」

晨星公司創辦人暨總裁克里斯・魯弗（Chris Rufer）長期始終貫徹以下信念：「組織的哲學應該以人為起點，環境應該允許他們對自身工作激發更多創意與熱忱，而公司賦予的自由解開了束縛。只要員工能夠自由追求自己的道路，人人都能表現得更好。只要他們自由了，他們就會受到真正喜歡的事物吸引，而不是被迫喜歡他們被交辦的差事。所以他們會做得更好；他們會更有熱忱；做事更有衝勁。」

魯弗繼續說：「當人們一起工作時，會浮現出許多個人的細微差別，然而他們愈是不受約束，愈能探索這些細微差別，愈能依照自身的特定能力，調整彼此的關係，產出的貢獻就愈能互補。這樣自發形成的秩序，可以賦予更多流動性。比起我們嘗試以主管的身份介入，現在的做法可以讓員工的關係轉變過程更加自在、自然。」

我們向晨星公司一位工廠技工提問：「促使團隊成員搶著協助同事工作的動機是什麼？」他回答：「我們組織的驅動力是信譽資本（reputational capital）。當你在公司裡的角色得以多元發展，並且提供一些有價值的建議，你的信譽資本就會提升。」這一點也不奇怪，當角色的定義寬廣，人們又在幫助他人時獲得正向評價，自發的工作態度就會遍地開花。

在任何一項事業中都有無限的問題，只要好好解決，便能有利可圖。員工的獨創性同樣沒有上限，只有在科層體制中發展與發揮才智的機會受到限制。一旦移除限制，每一項工作都是充滿挑戰、機會與成就的好工作，每一個團隊成員都將成為創意經濟的一環。

我們必須效法晨星，拓展每一項工作的創意含量，以提升技能取代去技能化的做法。這不但關乎我們收割員工潛能的能力，也是賦予他們工作尊嚴的方法。

我們活在一個信仰褪色、社群破碎的年代，工作對人們的身分認同變得益發重要。我們或許對此感到遺憾，但不能逃避責任。我們必須培養人們在工作上解決問題的技能，這是人人天生具備的能力，並且打造有創意、有彈性的角色，讓人們的職務隨著能力成長而拓展。我們必須努力將職業與人們興趣協調一致。當然，例行性工作還是得完成，不是每一項工作都具有啟發意義，但我們還是得設法媒合人才與任務，而不是把人們生來多元、美好、獨特的能力切割成無聊、單一的形狀。

標準化、失去知覺

1911 年時，標準化的神聖守護者腓德烈．泰勒（Frederick Taylor）出版著作《科學管理原理》（*The Principles of Scientific Management*）。他在前言陳述分類工作的案例：

> 我們能目睹並感受有形事物的浪費，但是，在人們笨拙、無效率或方向錯誤的動作背後，卻不存在有形或

實際的事物。要感知這些無形的浪費，需要回想，或是努力想像。因此，即便我們在無形事物的日常浪費遠大於有形事物的浪費，我們對於後者十分激動，對前者卻無動於衷。

泰勒相信，透過縝密的觀察與測量，便能發現執行所有任務的「最佳方式」。在 20 世紀初的前幾十年間，泰勒致力於讓人類變得和機器一樣，能夠可靠又有效率的提供服務。就像他經常跟客戶說：「過去，是人類優先；往後，是機器優先。」[13]

標準化是製造工程產業的一大勝利，更是社會工程的一大勝利。隨著泰勒主義傳播到世界上各個工業化經濟體，數百萬名難以駕馭、偶爾無精打采的勞工，變成了遵守規定、打卡上班的員工。如今，我們太習慣把自己想成員工，我們毫無概念在 18 世紀時，農人、商人與工匠對於工業革命有多恐懼。對許多人來說，在經濟上依賴冷淡的出納人員令人厭惡，因為這個機制把人變成了薪水奴隸。但是，對大多數貧窮、半文盲的工人來說，一份穩定的工作，儘管卑微，卻是一大進步。

泰勒主義也強化「工人」與「主管」之間的區別。在科學管理中，工人不再需要負責選擇工具、策畫方法、排定行程或是解決爭執。在泰勒看來，一般工人太笨，不適合這類型的工作。泰勒的文章當中有一個段落特別臭名遠播，他說典型的鋼鐵產業工人「實在太蠢，蠢到『百分比』這個詞對他們來說毫無意義」。[14] 因此，我們不但有必要將工作標準化，更要幫員工把所有需要做判斷的工作剔除。在這一點上，泰勒堅定不移：「唯有透過強制實施的標準化方法，強制採用最佳手段與工作條件，以及強制員工合作，才能確保工作變得更加快速。」[15] 那麼該由誰來強制實施這些政策呢？當然是主管。

在將工作標準化的過程中，泰勒同時也創造出職場半獨裁者這種新階層的需求函數（demand function）與職務說明。主管的職責是確保部屬遵守規定、變異最小化、人員名額被填滿，以及敷衍取巧者受到懲罰。直到今天，主管的職責依然不變。不管在任何辭典裡查詢「管理」這個詞，當作動詞使用的第一個定義應該都是「控制」。你或許很想要相信 21 世紀的組織應該已經脫離對控制的那種迷戀，但是你錯了。

吉姆．海格曼．斯內卜（Jim Hagemann Snabe）在擔任思愛普（SAP）共同執行長任期的尾聲，發現這家德國軟體巨頭已經累積了五萬個關鍵績效指標（KPIs），涵蓋公司裡的每一個職位。斯內卜嚇壞了。他回憶道：「我們正試著在經營公司上減少控制，我們有那麼多令人驚豔的人才，卻要求他們不要動腦。」[16]

斯內卜馬上坦承標準很重要，但是應該成為慣例的標準必須有所限制。要設立標準，首先必須預先明確說明想要的目標是什麼狀態，也必須具體說明達成這些目標的必要步驟。這項假設的前提是，目標是明確又穩定的。更進一步的假設是，達標的任務不會因為當地的條件而有所不同。最後，設立標準的人還得對周邊的工作任務有足夠的了解，以確保所設立的標準不會因為不慎而破壞組織追求其他同等重要的目標。當傲慢與控制欲這兩項經常一起出現的病徵介入，導致科層主義者漠視這些限制時，標準化就會變得有害。

多年來，美國飛機乘客讚揚西南航空（Southwest Airlines）親切的服務與顧客優先的精神，而不是讚美西南航空的飛機更精良，或是飛得更快。這兩方面的差異在於，員工有吸引顧客與改善業務的自由。這種自由以各種方式體現，例如機組人員能幽默的執行美國聯邦航空總署（FAA）規定的安全須知；飛行員在飛機滑行時想到節省燃油的創意點子；或是當軍人乘客搭機離開時，空服員幫忙護送他們的子女上機，讓孩子們可以在父親返回軍營之前，獻上最後一個擁抱。

規定不管有多周延，都無法帶來卓越的顧客體驗。柯琳．巴瑞特（Colleen Barrett）在西南航空待了 47 年，擔任過行銷、客服、人資與營運部門的領導人，她向我們說明這家航空公司如何處理規定：「規定是參考用的。我無法人坐在德州的達拉斯，為了你會碰到的每一種情況寫出辦法。你人就在現場，是你要處理人的問題。你能夠分辨在特定情形之下，應該修改或是打破規定。你一定會知道，因為面對情況時，本來就是該怎麼辦就怎麼辦。」[17]

為這種自由擔任後盾的是同心協力的精神，確保每一個團隊成員都獲得所需的資訊，讓他們得以像公司老闆一樣思考與行動。在西南航空，培訓課程涵蓋經濟學、財務比率(financial ratios)、獲利動因（profitability drivers）等領域。藉由賦予員工判斷力，西南航空創造了更敏捷、更創新也更賺錢的事業。

聯合航空公司（United Airlines）與西南航空正好相反，他們不止一次因為糟糕透頂的顧客體驗登上頭條新聞。但是所有公關災難的源頭發生在2017年4月9日，由於飛往路易維爾（Louisville）的班機機位超賣，一名69歲的醫師杜成德（David Dao）遭到強制拖下飛機。他被拖下飛機的影片被上傳到網路後，吸引數百萬人次觀看，人人都可以看見杜成德流著血被拖行在走道上。聯合航空在針對這起事件的正式檢討報告中做出結論說，他們的員工「沒有獲得授權可以自主行動，也沒有權力批准給予更多補償金，或提供其他補償方式」，因此航空公司的疏失在於「未提供充分的員工訓練與授權，來處理這種情況」。[18]

儘管如此，我們還是很難打破控制的慣性。當電視台記者問聯合航空從此次意外學到什麼教訓時，當時的執行長奧斯卡・穆諾茲（Oscar Munoz）回答：「我們未能提供第一線督導者、主管與員工適當的工具、政策與流程，讓他們能夠運用常識。」[19] 你注意到他哪裡說反了，對吧？常識不會出自工具、政策或流程；這些反而是常識的替代品。在我們的經驗裡，許多像穆諾茲這樣的領袖很害怕「組織的命運仰賴團隊成員運用最佳判斷力的能力」這種想法。不過，他們提出的替代方案是無法自理的白癡行為。

為什麼我們相信員工在私生活裡可以自己買車、買房，可是在工作中，他們卻連買張 300 美元的辦公椅都得經過主管批准？要是我們思考一下，就能明白這有多愚蠢。自治權與自發性和創新息息相關。當你限制一個人的自由，同時也是在限制他的熱忱與創意。

可惜，企業認為員工無法行使判斷力的假設，有自我應驗的傾向。首先，一旦剔除掉那些有趣的認知工作，就很難吸引想要在工作中運用問題解決的技能的人。其次，過度照本宣科的工作，讓員工鮮少有機會反駁科層體制所認定「聰敏與階層相關」的假設。第三，在歷經好幾個月由規定支配的工作體驗後，大多數員工不是辭職不幹，就是在心理上完全放棄工作。

我們儘管不像泰勒那樣詆毀前線團隊成員的智力，卻也不會給他們太多機會發展與部署他們獨特的能力。儘管很少人願意承認，但還是很多人認同科層體制的想法，認為思考者在上、執行者在下。結果造就了一套智力的種姓制度，也就是智力上的種族隔離。

如果各位覺得這個說法太誇張，不妨想想下列數據。美國勞工統計局以 0 分到 100 分為尺度，為數百個工作需要原創性思考的程度評分。執行長得到 72 分，銷售經理 66 分，人資主管 60 分。相形之下，客服代表需要的原創性是 44 分，空服員

41 分，銀行出納員 31 分。整體而言，美國有 70%勞工的工作原創性指數低於 50 分。總計超過 1 億名員工在工作上從來不被期待要發揮創意。真是浪費。（見圖 2-1）。

當企業致力於提供卓越的顧客體驗、解決新問題，或只是努力在混亂的環境中活下去，就不應該根據各種規定控制員工，而是要根據原則、基準與互相當責（mutual accountability）的態度，讓他們有能力做出聰明的決策，而不是指揮他們應該做什麼。奧地利經濟學家弗雷德里希．海耶克（Friedrich Hayek）在獲頒諾貝爾獎時，致詞當中一段話的大意

圖2-1　在工作績效中，原創性對美國員工的重要程度

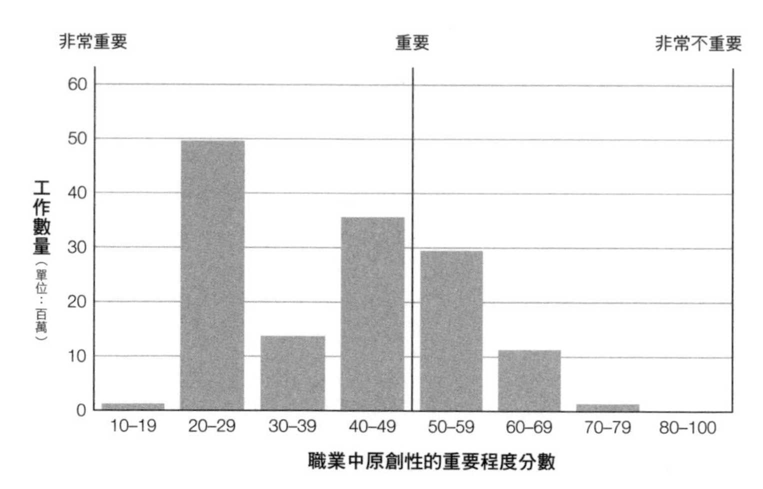

注：美國職業資訊網（O*NET）中對於個人職務中的原創性重要程度的調查數據，與根據職位做的員工調查數據相符。

資料來源：作者根據美國職業資訊網與美國勞工統計局雇員調查數據所做的分析。

如下：

> 當主管想要為改善組織績效帶來更多利益，他們必須了解，在一個複雜的環境中，他們無法取得充足的知識用來精心安排想要的成果。反之，他們必須運用既有的各種知識，但不是像工匠打造手工藝品那樣形塑成果，而是應該像園丁照顧植物一樣，提供適合的環境以培育員工成長。

在我們的私生活裡，控制就是這樣運作。比方說，要是你的伴侶為了兩人的幸福制定了一套詳細的規則，你會有什麼反應？他的指令可能包括：

- 不准把衣物丟在地板上。
- 馬桶蓋禁止放「錯」邊。
- 晚歸必須打電話通知，而且不准忘記。
- 不准吹噓你是被倒追的一方。
- 媽媽來電時不准翻白眼。
- 不准批評我的朋友。
- 不准翻超過六個月以上的舊帳。
- 不要私自認為我「有性致」。
- 不准吃我碗裡的食物。

- 不准讓汽車油箱油位過低。
- 不准對我說「冷靜一點」
- 未經請求不准提供我穿搭建議。
- 明明動怒了就不准假裝沒有生氣。
- 還沒問我今天過得怎樣之前不准睡。

除了一長串的禁止清單，還有極其詳盡的執行目錄，包括送花、訂定約會之夜、做家事、慶祝紀念日、足部按摩、讚美、道歉等。當你嘗試實踐這些規定，不只會累死，還會覺得被羞辱。此外，你重要的另一半永遠不知道你的表現是發自內心，還是只為了在清單上打勾。

想像一下，要是夫妻改為努力實踐一些簡單的原則會如何，像是我在《哥林多前書》第十三章（I Corinthians 13）發現的段落：

愛是恆久忍耐，又有恩慈，愛是不嫉妒。
愛是不自誇，不張狂，不做害羞的事。
不求自己的益處，不輕易發怒，不計算人的惡，
不喜歡不義，只喜歡真理；
凡事包容，凡事相信，凡事盼望，凡事忍耐。

在生活中實踐這些價值，不但更有挑戰性，也比遵守一套

規定更能夠給予對方自主權。你會有目標高遠的挑戰，但也會有即興發揮與成長的空間。標準化儘管為可接受的行為設下了底線，往往也一起設下了最高限度。畢竟機器只執行它們接收到的指令。除非我們的組織可以治好控制癖，否則將永遠沒有充分發揮能力的一天。

科層體制的詛咒

難怪我們的組織會這麼照章辦事、重複模仿，又完全無法鼓舞人心。當科層體制如同下列敘述的狀況，員工還能怎麼樣？

- 過度信任看法受到慣例束縛的領導人。
- 不允許反叛的意見。
- 會在感知與回應之間製造冗長的拖沓。
- 毫無彈性的組織結構。
- 讓部門領導人對新機會失去判斷力。
- 根據局部最佳化做的權衡取捨。
- 對資源迅速重新部署造成阻礙。
- 不鼓勵承擔風險。
- 決策政治化。
- 取得許可的程序冗長、迂迴。

- 權力與領導能力脫鉤。
- 限制個人貢獻能力的機會。
- 損害第一線員工當責的態度。
- 系統性的貶抑原創性。

科層體制令人氣餒、氣力衰弱，但是它依然存在。而我們卻不是致力打造以人為本的組織，反而依然在想辦法讓人去適應科層體制。要是我們與科層體制串通，對組織常見的缺陷舉手投降，那是因為我們沒有竭盡全力。如同我們將在第 3 章看到，想要戰勝科層體制，第一步就是計算代價。

第3章

計算代價

科層體制就像色情電影，很難找到支持者，卻是四處可見。沃爾瑪執行長道格・麥克米倫（Doug McMillon）說科層體制是「惡棍」，摩根大通（JP Morgan Chase）董事長暨執行長傑米・戴蒙（Jamie Dimon）說它是「一種病」，而波克夏副董事長查理・蒙格（Charles Munger）則說，對待科層體制的觸角應該要像對待「癌症一樣，因為它們太相像了」。

有這樣強大的敵人，你或許會以為科層體制應該躲起來，以免被逮到，但是情況並非如此。自1983年以來，美國職場中的經理人與管理人員就增加兩倍以上，而在同一個期間內，主管以外的員工數占美國整體勞工數的比例卻只提高44%。（見圖3-1）

事態不應該這樣發展。彼得・杜拉克（Peter Drucker）在1988年預言，20年內一般組織管理階層的數量將削減一半，相關管理職位也將瘦身三分之二。但是，他錯了。科層體制頭好壯壯，而且似乎一如既往，不容置疑。

圖3-1 美國就業成長率（按職業類別分別計算；1983年數字以100%計）

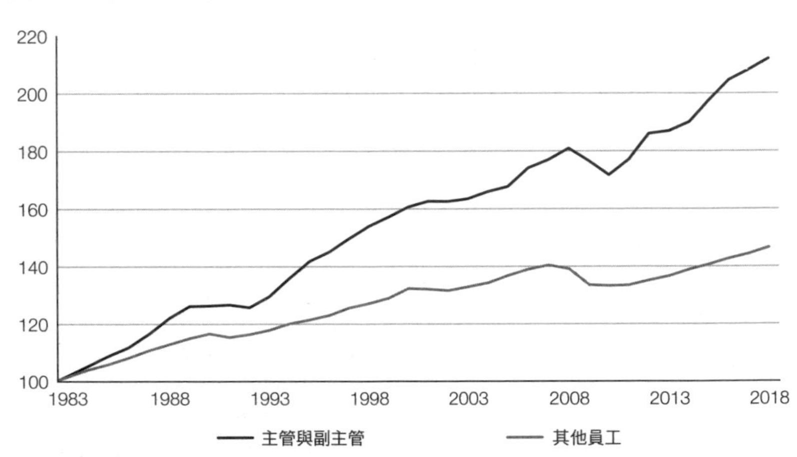

注：數據根據人口動態調查（CPS）計算，包括管理職（但不包括第一線主管）與所有商業、財務職位。當前人口調查與職業類別的進一步詳情，參見附錄B。
資料來源：美國勞工統計局；作者分析結果。

令人畏懼的敵人

首先，最明顯的是，科層體制無所不在。要怎麼殺死一個實際上到處都是的玩意兒？有鑑於科層體制的普遍存在，我們很容易就以為它是根源於永恆不變的定律，例如宛如行星運轉克卜勒定律（Kepler's laws）或是流體力學白努利定律（Bernoulli's law）的一套組織學定律。

其次，科層體制的結構與儀式，構成了一系列社會行為標準，就像所有的行為標準，當你質疑它時，通常就會變成丑角。當你建議廢除科層體制最有代表性的特徵，例如繁複的管理層與擁有無上權力的幕僚群，同事會嘲笑你天真。接下來你要怎麼做？讓大家自行設計工作、遴選共事的同事、稽核自己的費用嗎？對啊，是應該這麼做，不過要是真的走到這一步，你的腦袋會爆炸。

科層體制的行為標準之所以威力十足，是因為受到全球聯盟的支持。每一個組織都被嵌入一張制度關係網，相信科層體制是必要的存在。顧問公司告訴顧客，沒有執行長同意，深度變革不可能發生，從而強化了變革始於高層的預設立場。政府機關要求企業提出遵守監管法規的證據，又只滿足於看見企業交出科層體制控制下的加工品：一位法遵長、強制訓練課程與綜合報告。商學院向學生保證可以在公司快速晉升，作為他們繳交學費的報酬。科層體制聯盟的團結，對於想要擺脫管理階層的人來說是令人生畏的阻礙。這個情況跟美國觀光客在英國租車沒什麼兩樣：如果觀光客想要，當然可以在英國靠右行駛，但是這麼做會有許多不利因素。

第三，科層體制就像核能電廠或太空火箭，屬於複雜、綜合的系統。每個環節都與其他環節環環相扣。這樣缺乏模組的架構很難只牽一髮而不動全身。你該從哪裡著手？這是科層體制改革的悖論：看似可行卻無法改革，看似可以改革卻不可行。結果只能毫無止盡、一個接一個的微調，卻從來沒有成功讓組織從根本上變得更有能力。

第四，科層主義者有守護現狀的傾向。科層體制是一場大規模、許多玩家參與的遊戲，當中有數百萬人爭奪著晉升階梯。這些都是零和戰役。要往上爬，你得精通推諉卸責、守護地盤、向上管理、貯藏資源、交換利益、談判目標與逃避監督的藝術。只要是花好幾年磨練這些技能的人，都不太可能熱衷於激進的改革規則。要求一位資深的科層主義者離開主管崗位去做導師（mentor），就像要洛杉磯湖人隊的詹皇勒布朗．詹姆斯（LeBron James）放棄籃球改打排球一樣。

第五，科層體制多少算是一套行得通的制度。不管它有多麼不足，所有結構與制度都是為了某個使命服務，光是割除它們只會製造混亂。想像一下，比方說，如果一個組織大刀一揮砍掉中階管理層，卻沒有讓員工具備自我管理的技能、誘因與資訊，會發生什麼事？科層體制是抵抗失序的堡壘。一旦拆掉它，你將冒著進入無政府狀態的風險，至少大部分領導人是這麼想的。

最後，科層體制就像《駭客任務：重裝上陣》（*Matrix Reloaded*）中的史密斯探員，它會自我複製，而且還像《異形》（*Alien*）裡的生物，永遠不會停止繁殖。所有曾經在大型組織裡待過一段時間的人，都很熟悉這套機制。

- 在科層體制裡，你的職權與薪酬取決於組織的總人數與預算。沒有人會自願縮小他們的帝國。
- 幕僚群會藉由頒布規定與指令，為他們存在的正當性辯護，而且這些規定與指令很少有日落條款*。結果，繁文縟節的妨礙愈來愈大。此外，這些內部服務供應者（internal service provider）無法被他們的「顧客」開除。

- 每一項新挑戰都會衍生出一位新的長字輩主管，或是一個新的總部單位。這些很快就會變成永久性的組織架構。
- 每當組織成長，管理階層也隨著增加，主管與第一線團隊的人數比例不知不覺就愈來愈懸殊。
- 每次爆發危機，當權者都更加朝向中央靠攏，或是留在原地。
- 隨著科層體制愈來愈牢不可破，反對者也會愈來愈沒有說服力。

我們不要再假裝科層體制的進展不是人為意圖造成的結果。人們對權力的追求，正是推動科層體制成長的燃料。權力帶來生存優勢，我們本能就會追求權力。擁有主宰人生的權力很重要，但是就像對食物、酒精或性的欲望，人們也會受制於對權力的強烈欲望。因此哲學家與倫理課教師才會這麼頻繁警告我們權力的危險。

* 譯注：終止生效日期。

中央集權的運作方式就像棘輪，因為掌權者多半不願意放手，還經常穩穩占據可以獲取更多權力的位置。我們為《哈佛商業評論》實施的一份調查中顯示，63%的受訪者認為減少科層體制的重大阻礙，正是領導人不願意下放權力。正式的權力是科層體制的貨幣，也是贏得競賽的獎品。科層體制激起我們天性中對權力的渴望，有時人們會爭權到誇張可笑的程度。結果，科層體制往往勾出人性中最壞的那一面，不管作惡的是無足輕重的職員，堅持一項不重要的規定，還是執行長享受被恭順的下屬拍馬屁。換句話說，科層體制不單是組織的問題，也是人的問題。

由於上述理由，我們已經證實科層體制是個無法和解的死敵。好幾個世代的人都在企圖馴服它時節節敗退。

1960 年代，成千上萬名來自 IBM、奇異（GE）與孟山都（Monsanto）等企業的主管，被送去做敏感性訓練（sensitivity training）*。訓練引導者運用科特・勒溫（Kurt Lewin）開發的方法論，讓五到十人結伴組成「訓練團隊」（T-groups）。透過角色扮演與同伴的意見回饋，主管接受挑戰，以成為更真誠、更以人為本的領袖。訓練團隊的會議通常持續好幾天，過程是親密又情緒激動的交流互動。許多參與者發現這種經歷能令人

* 譯注：透過小團體的人際互動，學習了解內在感受與行為的動機與成因，進而更容易理解別人的情感與需求，更能敏銳覺察人際互動的本質。

大幅改變，但大部分的案例顯示，這種改變相當短暫。只要重返科層體制的較勁戰場，主管就會故態復萌。一如亞特・克萊納（Art Kleiner）在《異教徒的時代》（*The Age of Heretics*）中的描述：「會霸凌部屬的主管學會坦率傾聽後，還會再次霸凌別人；終於學會在會議上侃侃而談、關心公司整體未來的主管，又回到被動攻擊的科層體制」。[1] 換句話說，儘管在訓練團隊中訓練出自我意識，但是這項訓練卻沒有讓主管具備能力，扛下更新科層體制結構與系統的實際工作。

當領導人在訓練團隊中激發的熱情逐漸消減時，進取的領導人開始尋覓其他解決方案，以面對機械式、令人沮喪的職場。由英國心理學家埃里克・崔斯特（Eric Trist）開發的社會科技系統（Sociotechnical systems，簡稱 STS）是其中一項頗有前景的候選方案，只是名字取得很難懂。社會科技系統提出的假設是，工作上的技術面與人性面可以共同改善。要達到這種聯合效果，必須將員工編制成小型、自我管理的團隊。

在 1960 與 1970 年代，寶僑、殼牌石油（Shell）與富豪汽車（Volvo）開始倡議社會科技系統，但是把這個觀念推動得最徹底的人只有兩位，他們是狗食工廠的主管：萊曼・凱屈（Lyman Ketchum）與艾德・杜沃斯（Ed Dulworth）。在 1969 年，這對搭擋受命幫助雇主通用食品公司（General Foods）在堪薩斯州的托皮卡（Topeka）設立工廠。有鑑於先前在伊利諾州坎卡基（Kankakee）的姊妹廠面臨許多衝突，他們決心新建立的工廠，要採用社會科技系統的原則。這些原則對「下一代」工作實務的倡議者來說都很熟悉，其中包括：

- 功勞歸於團隊而非個人。
- 確保所有職務都包括管理與技術活動。
- 賦予團隊權責決定人事與敘薪決策。
- 團隊成員輪調不同職務。
- 將支援的職責整合到團隊當中。
- 把職位的差異縮到最小。
- 開放取得財務資訊。

要將這些規則付諸實行需要耐心與實驗，但托皮卡工廠很快就在每個範疇的執行面上立下基準。

儘管受到外界的研究與褒獎，但是托皮卡制度並未拓展到通用食品其他單位當中。多年來，工廠幾度易手，從通用食品到亨氏食品（H.J. Heinz）、台爾蒙食品（Del Monte）、某個私募股權集團，再到最近的斯馬克（J.M. Smucker），工廠內的工作實務也逐漸被稀釋。儘管如此，多年來的證據顯示，這樣管理階層單薄的管理模式，可以帶來更優越的成果。

早年曾經擔任托皮卡工廠顧問的哈佛商學院教授理查．沃爾頓（Richard Walton），將工廠後來的劣勢歸咎於反對的主管：

> 托皮卡的成功……威脅到其他主管，這些主管的領導風格建立在對立的原則上。此外，工廠管理在某些領域請求自治權，等於是要求公司破例更動常規，這令幕僚群不滿。此外，許多公司高層主管則是單純不了解托皮卡制度。[2]

有一位托皮卡團隊成員在 1977 年受訪時表示：「打從一開始就有諸多壓力，不是因為這套制度行不通。最根本的原因是權力。」[3]

那些跑來向托皮卡學習的好奇參訪者呢？他們最後都受挫了。不像凱屈與杜沃斯，他們無法享受從零開始蓋工廠的樂趣。他們納悶，深陷科層體制的泥淖時，該如何領導一場管理革命？

自從埃里克．崔斯特在 1993 年去世後，曾經有過許多革新職場的運動，大抵是工作豐富化（job enrichment）、全面品質管理（total quality management）、參與式管理（participative management）以及高績效工作團隊（high-performance work teams）等概念。* 這些新方案和社會科技系統一樣，最後都受到閹割、打入冷宮或是夭折。那麼現在的流行趨勢如正念、敏

---

* 譯注：「工作豐富化」指的是賦予員工更多責任、自主權與控制權；「全面品質管理」簡稱TQM，指的是讓組織中所有單位與人員參與品質管理工作，並且為其負責；「參與式管理」指的是讓部屬分享主管的決策權。

捷、精實創業等理論呢？最終也會面臨同樣的下場嗎？是的，除非我們誠實面對科層體制這麼難以打敗的原因，再根據癥結調整我們的戰術。

所以，我們來面對事實吧。

- **科層體制很普遍**。除非你認為還有替代選項，否則不會有勇氣襲擊科層體制。我們得找出成功違抗管理正統的組織型態。
- **科層體制錯綜複雜又系統化**。零碎或漫不經心的嘗試無法砍掉它。我們需要換掉整棟科層體制大廈，一次搬走一顆石頭。
- **科層體制受到良好的防禦力量保護**。一定會遇到阻力，所以管理的叛軍們要聯合力量，打造出一種基層運動，能夠戰勝或繞過維持現狀的捍衛者。
- **不管科層體制有多麼不足，它都是為使命而服務**。目標是小心的拆除科層體制，而非單單炸毀它。你需要一個既大膽又審慎的改革策略。
- **科層體制會自我複製**。你不會輕而易舉就獲得勝利；科層體制會反擊。路難行，要堅持下去，你需要無可動搖的使命感。

有些人認為，Slack、Yammer 與微軟的 Teams 等協作工具很快就會把組織變成一種網絡，而非過往的階層結構。當團隊之間能夠無縫接軌的共同進行組織活動，誰還需要主管呢？然而，儘管通訊應用程式與群組軟體能讓員工更容易凝聚共識，這些技術對於減少管理階層、擊退由上而下頒布的指令、削減遵守法規的成本，或是擴大第一線決策權，卻沒有太多貢獻。儘管協作工具可以用來「眾包」策略發展、資本配置、領袖遴選與變革管理，但是這樣的使用方法卻很少見。所以，到目前為止，這些工具主要是用來迅速執行專案工作。對團隊來說，它們的意義就像微軟的 Office 系統對上一個世代個人使用者。

與其說科技取代由上而下的權力結構，不如說科技反而更強化了這樣的權力結構。數位科技讓工作能拆分得更細，再外包給出價最低的投標者，更進一步降低了工作的專業性。即時分析讓我們得以每分鐘都對工作績效進行評估，這簡直是控制癖主管的貓薄荷。布瑞特・弗里舒曼（Brett Frischmann）與艾文・施林格（Evan Selinger）兩位學者把它稱為「類固醇的打卡系統」。他們確實的提到：「技術創新讓主管可以愈來愈容易、快速又低成本的蒐集、處理、評估大量資訊，並且根據資訊行動。」[4] 考慮到科層階層不斷成長，以及他們對「控制癖」的強烈喜好，你期待這會帶來什麼樣的結果呢？

我們別再自我欺瞞了。數位科技的普及反而給了我們更多理由去害怕科層體制永不停止的壯大，並且跟它搏鬥。

要打倒科層體制並不簡單，但是我們有理由抱持樂觀的態度。人類已經將其他複雜的問題撂倒在地，我們並非毫無希望。但是第一步是覺醒。過去數十年，我們當中有許多人對科層體制的人性與經濟成本逐漸感覺麻木。這一點需要改變。

提出論據

就算是令人苦惱的現實，也可能在我們周遭蟄伏多年，沒有激發我們展開行動。唯有當某個人扛下麻煩、指出問題，我們才理解到它的嚴重性與意義。

在 1990 年代末期，美國國家醫學院（US Institute of Medicine）針對病患安全為主題，進行了一次全面性的整合分析研究。在 1999 年公布的研究報告《是人都會犯錯》（*To Err Is Human*）中估計，每年有多達 9 萬 8,000 人因為醫療疏失而喪生。報告出爐的幾天內，柯林頓總統便簽署《照護研究與品質法案》（*Healthcare Research and Quality Act*），這項法案增加以安全為目的的研究經費，並要求每年提出降低醫療疏失的進展報告。自此，美國醫療照護人員開始投入預防醫療失誤的艱鉅工作，希望能降低病患死亡與併發症。例如，在 2008 至 2014 年期間，美國醫院的中心靜脈導管相關感染數量便下降了一半。

科技業缺乏性別與種族多樣性，是另一個長期被漠視的問題，後來才經由數據驅動喚起人們對這項議題的意識。2008

年，《聖荷西信使報》（*San Jose Mercury News*）記者麥克．史威夫特（Mike Swift）著手衡量矽谷 15 大企業的多樣性。史威夫特的分析顯示，即便管理階層增加，非裔、西班牙裔與女性員工數依然節節敗退，這促成了科技精英罕見的反省心態。[5] 起初拒絕提供史威夫特相關數據的 Google，在 2014 年公開他們的多樣性統計數據。這間公司坦承，技術部門員工只有 17% 是女性，2% 是西班牙裔，1% 是非裔美國人。[6] 隨著數據揭露，Google 也公開道歉：「我們一直不願意公布 Google 職場的多樣性數字。現在我們知道錯了。」[7]

科層體制質量指數

要提出反對科層體制的理由，我們需要的不光是理論與趣聞。我們需要健全的數據，揭露科層體制阻力的普遍性與成本。為了達成目的，我們建立了一個簡單的工具：科層體制質量指數（Bureaucracy Mass Index，簡稱 BMI）。這項指數涵蓋科層體制阻力七種類別的十個問題。（詳見表 3-1「科層體制質量指數調查問題」。）

1. **浪費**：組織的管理階層數量，以及花在低價值的科層任務上的時間。
2. **摩擦**：拖慢快速決策的各種科層主義阻礙。
3. **只關心內部**：花在內部與外部問題的時間比例。

4. **獨裁專制**：對第一線自治權設下的限制。
5. **循規蹈矩**：對於不按牌理出牌的點子感到質疑或懷抱敵意的可能性。
6. **缺乏勇氣**：對實驗與冒險的限制。
7. **政治活動**：政治手段的普遍性，以及影響個人成就的程度。

為了奠定跨產業的基礎，我們再次在《哈佛商業評論》的協助下進行線上調查；參與者有上萬人。（關於受訪者的更多資訊，詳見表 3-2。）下列是我們從調查中獲知的內容。

浪費

受訪者任職的組織，平均有 6 個管理階層。在大型組織（員工數超過 5,000 人）當中，第一線員工上面有至少 8 位主管（見表 3-3）。

此外，受訪者平均花 27％的時間在科層體制的例行工作上，例如寫報告、根據規定製作文件，以及跟幕僚人員打交道。這些工作當中，有一定比例的工作被視為價值不高。例如，只有三分之一的受訪者認為編列預算、設定目標與檢討績效「非常有價值」。

表3-1　科層體制質量指數調查問題

1. 你的組織共有幾個管理階層？（請從第一線員工計算到執行長、總裁或董事、總經理。）
2. 你花在「科層體制例行工作」的時間比例為何？（例如準備報告、得到批示、遵守員工守則與參與檢討會議。）
3. 科層體制拖延組織決策與行動的程度為何？
4. 你跟主管或其他領導人的互動，有多大程度是聚焦於內部議題？（例如解決紛爭、確保資源、拿到批准。）
5. 第一線團隊有多少自主權可以自行安排工作、解決問題與測試新構想？
6. 第一線團隊成員有多頻繁參與變革計畫的設計與開發？
7. 在你的組織裡，人們對於不按牌理出牌的構想有什麼反應？
8. 一般而言，員工要發起一項新專案，並組成一支小團隊、獲得一小筆種子資金，會有多常見？
9. 在你的組織中，政治手段有多普遍？
10. 在你的組織裡，以政治手腕升遷，而非靠能力升遷的情況有多常發生？

摩擦

來自大型組織的員工當中，79%說科層體制的流程對於快速決策造成「嚴重」或是「不小」的阻撓。快速不是科層體制的特色。

只關心內部

根據調查，受訪者花費42%的時間應付內部議題，例如解決紛爭、爭奪資源、參加會議或談判目標等。與外界隔絕得最嚴重的是大型企業的高階主管，他們投入近半數的時間在內部事務上。難怪他們日夜操勞，卻常常無法察覺到新興的趨勢。

獨裁專制

在大型組織中，超過三分之二的非管理職員工表示，他們對工作的方法或優先事項有「極少」或僅僅「一點點」掌控權。此外，在調查中只有四分之一的受訪者指出，第一線員工「永遠」或「經常」參與重大改革計畫的設計。欠缺自治權將削弱主動權、限制創意。

循規蹈矩

調查中有75%的人表示，他們的組織對新構想漠不關心、抱持質疑的態度，或是馬上反對。這是令人非常憂心的發現，因為新構想是每一個組織的活力來源。

缺乏勇氣

同樣令人煩惱的是欠缺對實驗的支持。在千人以上企業任職的受訪者中，95%表示第一線員工要發起一項新的計畫「不容易」，甚至「非常困難」。儘管亞馬遜與財捷公司（Intuit）認同由下而上的創新價值，大部分組織卻不認同。

政治活動

有 62%的受訪者認為，政治手腕「經常」或「幾乎總是」會決定誰能夠升遷。在大型組織中，數字甚至躍升到 75%。當受訪者被問到組織中過度使用政治手段的普遍程度時，在大型組織工作的受訪者當中，68%表示這種情形「經常」能看見。在科層體制組織中，能夠升到頂層的人，是最善於勾心鬥角的人，而不是最有創意或最會做事的人。

表3-2　科層體制質量指數調查：受訪者職場背景統計數據

受訪者任職的組織規模（員工人數）		受訪者的職銜	
<100	14.7%	執行長／資深副總裁	11.2%
100–1,000	29.6%	單位主管	24.3%
1,001–5,000	20.1%	經理	36.4%
>5,000	35.6%	第一線員工	28.1%
	100.0%		100.0%

表3-3 科層體制質量指數調查：各種企業規模的管理階層數量

組織規模（員工人數）	平均管理階層數量
<100	3.5
100–1,000	5.4
1,001–5,000	6.9
>5,000	8.1

我們根據科層體制質量指數調查問題，為每一位受訪者的組織打上 0 ～ 10 分，0 分代表完全沒有科層體制的相關特徵，10 分則代表科層體制造成高度阻力。將分數加總後，我們算出他們的整體科層體制質量指數分數，分數落在 0 ～ 100 分之間。這項調查的平均分數是 65 分。（圖 3-2 顯示科層體制質量指數之分布。）

這項簡單的調查讓科層體制的成本開始成為焦點。長期以來，大型組織也許假設這是無法避免的成本，因此對它們視而不見。但是正如我們所指出的，科層體制並非不可避免。在接下來的章節中，我們將介紹一些令人讚嘆、以人為本的替代選項。但是，如同人們對酗酒者的建議，第一步是承認你有問題。要估算你的組織問題有多大，可以請同事接受完整的科層體制質量指數調查，你可以在附錄 A 或是 www.humanocracy.com/BMI 找到更多資訊。

圖3-2　科層體制質量指數調查得分分布圖

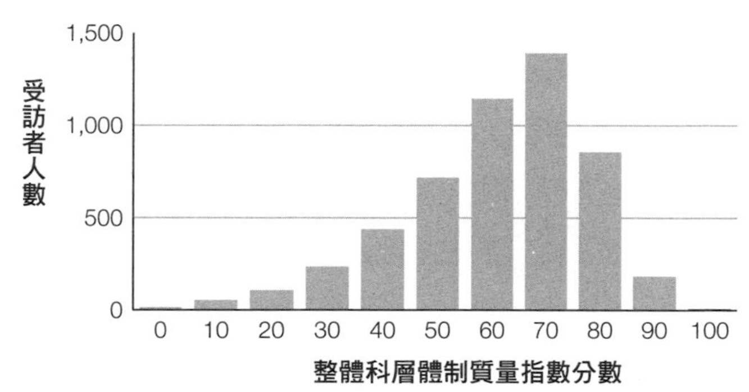

科層體制的經濟影響

要激發我們與科層體制搏鬥的意志，就需要正視它不光是對單一組織產生衝擊，還會影響到國家的整體經濟。

2018 年，美國勞動人口中包含 1 億 4,600 萬名員工（扣除農業、家務工與自雇者）。當然，還有 2,050 萬名主管與監督人員。此外，有 640 萬人從事行政後勤工作，包括人力資源、財務、會計與法遵(但不包括 IT 產業)。科層階級總計有 2,690 萬人，占美國勞動力的 18.4%。這群人要求的報酬超過 3 兆 2,000 千億美元，接近美國薪資總額的三分之一。(我們對科層體制階級的估算方式詳見附錄 B。)

這筆金額還要加上科層體制為每一位員工創造的低價值例行工作。德勤經濟研究所（Deloitte Economics）在 2014 年的一份報告中，調查澳洲員工為了科層體制衍生的忙碌工作

（busywork）*所付出的成本，結果發現，非管理職員工平均每週花六個半小時，也就是16%的工作時間，應付內部規定與規範。這跟科層體制質量指數調查的結果吻合，參與調查的受訪者有27%的時間花在處理內部與外部的各種法遵問題。如果把德勤的數據套用在美國，假設美國1億1,900萬名非管理職員工耗費16%的時間在內部的科層任務上，形同增加1,900萬名的全職科層人員（見圖3-3）。

問題是，在不犧牲組織績效的前提下，可以消除多少科層體制？答案是：比你所想的更多。後科層體制的先鋒，例如鄰里照護、海爾公司、晨星公司、紐克鋼鐵、Spotify、瑞典商業銀行（Svenska Handelsbanken）、萬喜集團（Vinci）、戈爾公司（W.L. Gore）等，提供以超扁平的組織結構與超精簡的幕僚群，經營大型、複雜組織的可能性。平均而言，這些組織的控制幅度（span of control）†是美國平均值的兩倍，實在值得誇耀。

奇異公司近年舉步維艱，但他們在北卡羅萊納州的德罕（Durham）裝配廠，卻是人本體制的傑出範例。在一個空闊、潔淨的工廠裡，有超過300名技術人員，組裝著世界最大的噴射引擎。員工被分成小型、自我管理的團隊，只有一位領導人管理工廠。1：300的控制幅度或許看起來很極端，卻幫助奇

* 編注：指的是為了填補空閒時間而（被）交辦的工作，這些工作通常沒有什麼價值。

† 譯注：指的是組織中每一位主管直接管理、監督的部門數或部屬人數。

圖3-3　科層人員與科層工作在美國勞動力中的占比

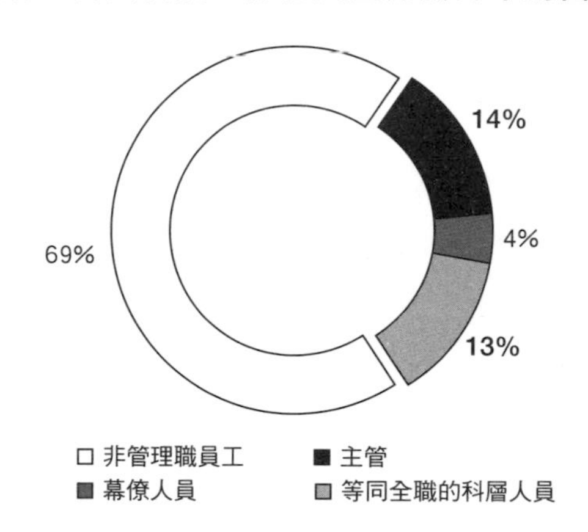

資料來源：美國勞工統計局、德勤經濟，以及作者的估算數據。

異德罕工廠的生產力水準達到傳統管理工廠的兩倍。

現在，我們來設定溫和一點的目標。假設我們能把管理與行政人員的人數減半，從 2,690 萬人變成 1,345 萬人，科層階層對一般員工的比例也將從 1∶4.4〔（1 億 4,600 萬－ 2,690 萬）÷2,690 萬〕縮減成 1∶9.9〔（1 億 4,600 萬 － 1,345 萬）÷ 1,345 萬〕。這也會將科層階層 32 億美元的薪資總額減半。因為科層體制而延伸的忙碌工作量也會砍半對吧？答案幾乎是肯定的。

許多民調結果可以幫我們背書，許多科層體制內例行公事的價值的確讓人質疑。儘管人資預算不斷創新高，1997 年只占不到營運成本的 1%，到了 2017 年數字卻超過 3%；但是從

1995 年起，高階管理階層的人資預算占營運成本的比例，始終就在 25%居高不下，而他們也是認定人力資源在組織中扮演策略要角的人。許多人資流程，像是年度績效檢討，普遍被認為無效。[8] 其他流程也是一樣無效。僅有 11%的高階主管認為策略規畫能創造價值，只有 17%的主管認為編列預算的流程是有效的，當中只有低於三分之一的人認為公司的資本配置流程「非常」或「極其」有效。[9]

這樣看來，我們可以合理的相信，傳統組織即使減少一半為了遵守規定而衍生的工作，也不會造成混亂。這麼做每年能省下 950 萬名勞工的薪酬成本，總計超過 5,800 億美元。

加起來看，不必要的冗員與忙碌工作，讓美國的組織每年付出不必要的薪資成本多達 2 兆 2,000 億美元。此外，還要計入為這些科層人員提供支援的相關成本，例如差旅費、培訓、辦公空間、設備與 IT 支援等。我們姑且假設這些費用是薪酬成本的 20%，這表示成本得再加上 4,300 億美元，使得整體成本來到 2 兆 6,000 億美元上下。相較之下，涵蓋美國 98%可投資的普通股企業的羅素 3000 指數（Russell 3000 index）當中，所有企業近 12 個月的淨營收只有 1 兆 3,000 億美元，簡直小巫見大巫。這些數字隱含的意思很清楚：消滅科層體制很可能是任何組織能夠辦到、最百利而無一害的事。許多後科層組織的事證都能夠支持這個結論，我們將在接下來的章節提供數據加以說明。平均而言，他們比同行多賺很多。[10]

10兆獎金

減少科層體制上的浪費，也會提振生產力。在美國，過去十年的非農生產力成長率，年平均只有1.3%；就算從1970年開始計算，數字也只有少得可憐的1.62%。[11] 跟1909年至1969年的平均成長率2.82%相去甚遠。[12] 生產力成長衰退的情況不是美國獨有。根據經濟合作暨發展組織（OECD）2015年的《生產力指標綱要》（*Compendium of Productivity Indicators*），35個會員國中，有23國在1995年至2015年沒有追上美國的生產力成長。超越美國的國家大多是新興經濟體，像是匈牙利、波蘭與愛沙尼亞。[13] 我們寫這本書時，美國經濟正在忙碌發展，生產力也扶搖直上，但以現在的速度來說，還是要花好幾年時間才能填補過去數十年的生產力減速。

經濟學家沉迷於生產力的成長是有原因的。當生產力停滯，生活水準也會跟著停滯不前。隨著經濟挫敗而來的是，民粹、保護主義與社會對立的大門敞開。所以英國前財政大臣喬治・奧斯本（George Osborne）才會說重新點燃生產力成長是「我們這個時代的挑戰」。[14]

科技的樂觀主義者如麻省理工學院的艾瑞克・布林優夫森（Erik Brynjolfsson）認為，生產力的不足將因一波新科技的浪潮而扭轉頹勢。如果從這個角度來看，世界正處在由物聯網、機器人、人工智慧與基因體學所激發的「第二次機器時代」交會點上。這會為生產力的成長重新注入活力嗎？或許吧。然而，前提是，現在新興科技影響力必須大於過去 40 年的成長幅度，這當中包括個人電腦、全球定位系統、全球資訊網、電子商務、智慧型手機，以及社群媒體。

新興科技或許正為生產力帶來意外的收穫，我們相信打敗科層體制可以提供更有前景、更少不確定性的路徑。我們認為，科層體制激增而生產力乾枯絕非偶然。

讓我們回頭看前面的數據。我們估計有 1,345 萬名主管與 950 萬名員工產生的經濟價值微乎其微。這表示美國要達成現在的經濟產出水準，需要的勞動力比現在少了至少 14％〔2,295 萬人 ÷（1 億 4,600 萬名員工＋ 1,600 萬名自雇工作者）〕。割除科層上的累贅，將使美國每一位員工產出的 GDP 從 12 萬 7,000 美元（2018 年的數字）上升到 14 萬 8,000 美元。當然，目標不是要讓 2,300 萬人丟掉工作，而是重新聚焦於他們在生產活動上的才幹。如果這些人對經濟的貢獻是 14 萬 8 千美元而非 0 元，GDP 將增加 3 兆 4,000 億美元左右。假如接下來 10 年都達到目標，每一年的生產力成長將多出 1.6％，等於是比 2007 年至 2018 年的 1.3％成長率多出 1 倍以上。OECD 如果能實現類似的成長率，全球產出將增加 10 兆美元。就我們所知，沒有其他政策提案可以產生達到這個規模的生產力紅利。[15]

除了前述增加效率的好處，一旦勞工不再被高傲的規定弱智化，或是被呆滯的流程害得動彈不得，我們還會得到難以量化的龐大好處。更多的自由與責任代表更多的自發行動、創新與適應力。這些好處可能價值不菲。舉例來說，在製藥產業，許多受敬重的領袖主張，要提高研發收益、降低急速增加的藥物開發成本，唯一的辦法可能是實施「滑液囊切除術」（burecotomy）。默克藥廠（Merck Research Laboratories）總裁羅傑．佩爾穆特（Roger Perlmutter）曾建議，最好從「剷除管理階層中位階最高的五位主管開始，包括我自己」。[16]

道德責任

科層體制的堡壘或許看起來難以攻陷，但是 300 年前君主政體的當權者，可能也曾經說過君主政體堅不可摧。18 世紀以前，大部分的人都在不需要負責的領導人統治之下，這些領導人唯一的資格就是王室血統。兩個世紀以前，奴隸制度被認為是無法改變的習慣，有些可憐人似乎注定要成為別人的財產。100 年前，人們還認為父權是上天賦予的特權，至少男性是這樣認定；在這樣的制度下，女性無論在社會與經濟上都是弱勢。如今，我們認為獨裁專制站不住腳，奴隸制度極不公正，父權對社會有害。這些邪惡勢力依然存在，卻已逐漸失勢，有時甚至節節敗退。而這些社會弊害都曾經像現今的科層體制一樣根深蒂固。

這樣的類比是否言過其實？或許吧。我們怎麼能拿特易購（Tesco）零售店員、全球最大鋼鐵製造商安賽樂米塔爾（ArcelorMittal）的工廠技工或汽車部門客服人員，跟許多奴隸或農奴的生活相提並論？對大多數人來說，現在的工作條件已經比過去數百年好太多了。話是沒錯。但是，反對改革的理由背後埋藏著一個假設：當狀況到達某個程度時，我們就該接受目前的進展，並且屈服於現狀。但是，我們應該接受到什麼程度？

遠在維多利亞時代的英格蘭，比起留在田裡耕種、維持自給自足生活的農民，被誘惑前往「撒旦的工廠」工作的農民，在薪資、飲食、居住環境上通常生活品質更好。就算是這樣，他們還是為了更安全的工作條件、終結童工以及集體協商而搏鬥。幸虧有他們的努力，我們才能擁有比他們更好的工作。但是這樣就夠了嗎？不。我們有義務把這樣的精神傳承下去。最低基本工資、兩性同工同酬、尊重多樣性、產假與育嬰假、彈性工時、醫療保險等權利都值得搏鬥，但是我們是否應該把目標放得更遠呢？沒錯，我們完全同意。

亞里斯多德認為，人如果沒有自我引導，無法獲得幸福。如果我們認為公正的社會是，人人有機會與自由去成為他們最好的自己，那我們就不應該容忍無數員工每天在工作中遭受的軟性專制，口述歷史學家斯杜斯．泰克爾（Studs Terkel）把它稱為「週一至週五的死亡」。[17]

比起質疑我們有沒有能力根除科層體制，我們應該從過去數百年來為人類尊嚴而戰的愛國者、廢奴主義者，以及為女性爭取選舉權的人們身上汲取勇氣。他們的成功告訴我們，純粹功利的論點不足以驅逐根深蒂固的社會體制，因為這個體制是為少數而非多數人的利益服務。數據或許可以破冰，但是唯有心靈開始融化，才有可能帶來真正的進步。

想想英國廢奴主義運動的領袖之一托瑪斯・克拉克森（Thomas Clarkson）的例子。克拉克森的一生大部分時間都在蒐集奴隸買賣的目擊者證詞，他在馬背上騎了超過 3 萬 5,000 英里的路，訪問過 2 萬名曾在奴隸船上工作過的水手。克拉克森嚴厲的文章讓大不列顛各地的反奴隸團體動員起來，但他認為實物比文章更有說服力。他受邀演講時，會向聽眾展示從奴隸船上回收的枷鎖與拇指夾，並且與非洲工匠製作的精美雕刻品與美麗織品並列。這種刺眼的殘酷與美麗強烈對比充分闡明他的論點：奴隸船上可憐的俘虜，跟席上的聽眾一樣都是人。正是克拉克森這樣永不停歇的領導變革，以及寫下《奇異恩典》（*Amazing Grace*）的前奴隸販子約翰・牛頓（John Newton）等激進派，迫使年輕的國會議員威廉・威伯福斯（William Wilberforce）不得不接下挑戰，將奴隸制度從整個大英帝國連根拔除，並且最終在 1833 年實現這項偉業。

無論情節輕重，錯誤的事就是錯的。如果你沒有天天困在科層體制無人性的待遇裡，那是因為我們的憤怒已經隨著時間與習慣而麻痺。然而，美國開國元勳湯瑪斯．潘恩（Thomas Paine）在 1776 年對君主制的評論，也能套用在今天的科層體制上：「由於長期習慣不認為某件事是錯誤的，會導致它表面上看起來是正確的。」

在整個社會進步的漫長歷史中，對於變革最有力的論述是，主張每一個人都值得最充分的合理機會去發展、努力，並且從天賦中受益。對追求這些機會施加不必要的人為阻礙，是不公平的做法。因此，我們才要站出來反對科層體制：因為人們值得更好的待遇。

盡你所能蒐集所有數據吧。為切除你的組織中的科層體制提出論據。但是你要知道，唯有眾人的強烈感受，以及與廣泛共同承擔這份道德責任，我們才有力量擊破長期保衛科層堡壘的冷漠、自利與恐懼。

第二部

人本體制的運作

我們真的能夠完全擺脫科層體制嗎？

第 4 章

紐克鋼鐵：打造人，而不是打造產品

老實說，大部分的人都不想跟哥倫布一起航行。我們可能會問：「嘿，哥倫布，那個叫『新世界』的地方，有貓途鷹（TripAdvisor）評價可以看嗎？」許多人對於要踏上人本體制之旅也有同樣的遲疑。儘管數據與道德勇氣能帶領你的同事來到港口，但是除非你能畫出目的地，大部分人在登船前都會躊躇不前。問題是，要讓一個超級扁平、徹底分權的組織樣貌如魔法般躍然眼前並不容易。身為人類，我們是熟悉感的囚徒，而且鮮少有任何事物比科層體制更令人感到熟悉了。

幸好，後科層的未來並非完全未知的領域。少數先鋒組織正在擘畫它的輪廓，我們可以從他們的努力當中學到很多。在本章與下一章，我們將探索兩個先鋒組織，它們已經啟程出發，遠離科層正統的海岸。紐克鋼鐵是世界上最創新、並且持續獲利的鋼鐵製造商，在這個案例中，他們讓我們看見，當金字塔結構顛倒、釋放第一線人員的潛能後，組織會有什麼樣的改變。海爾公司是總部位於青島的家用電器製造商，他們已經打造出鼓勵所有人像創業家一樣思考與行動的企業文化。這兩家企業各自另闢蹊徑，卻都顛覆了標準的管理信條，打造出非常成功的組織，給予我們向人本體制出航的信心。

遇見紐克

你有去過鋼鐵工廠內部嗎？要是有，你就會知道為什麼那裡的人被視為終極的藍領工人。作業員身上包覆著抗熱外罩與頭護罩，在鍋爐裡小心翼翼的操作一只裝滿液態金屬、40 英尺(約 12.2 公尺)高的大鍋，裡頭是經過 30 分鐘、用 1 億 7,500 萬瓦特電擊處理過的幾百噸廢鋼。一旁還有一台跟校車差不多大的連鑄機，可以用來把液態鋼倒入不同的模具裡，負責人員必須專注的盯著發亮的橙色液態金屬流淌，偶爾調整噴嘴、塗上潤滑油，以確保液體流動順暢。

看著鋼鐵工人操作這些巨型機器，你可能會推論他們工作所需的勞力比腦力更多，美國勞工統計局的數據也支持這樣的看法。鋼鐵工人的體力與手部靈巧度，遠比創意與分析技能更重要（見表 4-1）。

在紐克鋼鐵，進步是由第一線工人的專業與自治權來推動。想像一下，紐克的阿肯色州布利茲維爾（Blytheville）工廠裡管理鍋爐的團隊，負責生產鞏固美國世貿大樓地基的巨大 H 型鋼。他們是由工作團隊負責進行詳細的成本效益分析，並

表4-1　金屬加工工人必備的特定職能重要性

0 ＝不重要；100 ＝非常重要

	連鑄機作業員	鍋爐作業員
操縱與移動物體	86	71
控制的精確度	63	72
手部靈巧度	63	72
分析數據或資訊	37	36
研發目標與策略	29	26
原創性	25	25
顧客服務	19	29
設計並具體說明技術設備	16	19
財務資源管理	13	16

資料來源：美國勞工統計局；作者分析。

且決定什麼時候應該更換爐殼（液化金屬廢料用的巨盆），而不是由財務部或工程部高階主管負責決策。一旦拍板定案，同樣是由工作團隊負責向供應商招標，而非採購部門。後來，由於對收到的投標書興趣缺缺，這個團隊決定自己設計爐殼。他們挑好裝配商，在施工期間的每一步驟都提供即時的回饋意見。結果如何呢？這台高效率的設備只花 300 萬美元，只有原始招標金額的十分之一。

正是這種主動與創新的態度，讓紐克鋼鐵成為美國鋼鐵業的領導者。在 2018 年，他們的 2 萬 6,000 名員工（他們稱為「隊友」）製造出 2,790 萬噸的鋼鐵製品，高達 250 億銷售額。紐克鋼鐵也是北美業務最多元的鋼鐵製造商，為範圍廣泛的顧客群提供橫梁、薄板、鍍金板、鋼筋與鋼隔板。紐克的工廠使用廢鋼，是西半球最大的鋼鐵回收商。

煉鋼是艱苦的行業；跟其他產業相比，資本報酬率低落，即使破產也不稀奇。但是，紐克鋼鐵不是一般的鋼鐵公司。從 1969 年開始，它就只有在 2008 年金融危機後隔年沒賺到錢，獲利一直都是業界優等生。紐克不光是獲利能力與資本報酬率勝過同業，在市值、營收與收益，以及每位員工的運載噸數上，成長率都大幅超前（見表 4-2）。公司每位員工的資本比率與競爭對手一致，但是每一塊錢資本額的產出，卻比同業平均值高了近 50%。這樣的結果是卓越文化的產物：看重貢獻甚於職位，看重創新甚於遵循規則。

紐克鋼鐵是在迷你鋼鐵廠（mini-mill）裡煉鋼，這種鋼鐵廠的規模只有一般綜合型的高爐煉鋼廠的一半。[1] 迷你鋼鐵廠比綜合煉鋼廠更有彈性，資金成本更低。就歷史數據而言，綜合煉鋼廠在製造高級薄鋼板方面比較有優勢。但是，過去 30 年間，紐克不斷創新，已經追上這個優勢。1989 年，紐克開發新技術，讓迷你鋼鐵廠得以製造出比以往薄四倍的鋼板（1.2 公釐對比 4.8 公釐）。因為鋼片更薄，軋製定型耗費的時間從好幾天變成只有短短幾小時。（紐克的競爭對手要在八年後才追上這樣先進的製程。）到了 2002 年，紐克更推出厚度小於

表4-2 紐克與同業的五年（2014～2018年）平均績效比較

獲利能力與收益指標	紐克	同業[a]
資本報酬率	8.3%	5.7%
淨利率（稅前息前獲利）	8.4%	5.2%
股東總報酬率（追蹤五年報酬之平均值）	38.7%	1.4%

員工生產力指標（單位：千元）	紐克	同業[a]
平均每位員工市值	$687	$324
平均每位員工營收	$805	$663
平均每位員工淨利	$42	$14
平均每位員工之廠房、製造與設備淨值	$210	$ 233
平均每位員工運載噸數（只有2018年的數據）	1.06	0.67

a：採用簡單的加權平均數計算，比較對象包括AK鋼鐵控股公司（AK Steel）、安賽樂米塔爾（ArcelorMittal）、商業金屬公司（Commercial Metals Company，簡稱CMC）、蓋爾道集團（Gerdau）、鋼鐵動力公司（Steel Dynamics）與美國鋼鐵公司（United States Steel）等鋼鐵業者。在員工生產力指標項目，由於商業金屬公司和蓋爾道集團無相關數據，未納入計算。

資料來源：標準普爾智匯金融資料庫（Capital IQ）、世界鋼鐵協會、公司報告與作者的分析。

一公釐的超薄鑄鋼。跟綜合煉鋼廠相比，超薄鑄鋼的製程所消耗的能源少了 95%。過去十年，這項突破以及許多其他突破性進展，將紐克的粗鋼製品（crude steel）* 北美市占率，從 16%推向近 25%。[2]

紐克鋼鐵的員工住在美國中西部與東南部鄉村地區，他們是公司的靈魂人物，也直接共享公司的成就。自從經濟大衰退以後，整個鋼鐵產業勞工銳減 15%，紐克卻將薪水總額提高 30%。[3] 也難怪紐克的員工流動率明顯低於產業平均值。

支撐紐克亮眼成績的是，激進、由下而上的組織模式。這種模式反映出公司前董事長暨執行長肯尼斯．艾佛森（Ken Iverson）的信念。在艾佛森的世界觀中，基本原則是：相信普通人的能力，能做到非凡的事。就像他在著作《坦言以告：從一門與眾不同的生意中學到的教訓》（*Plain Talk: Lessons from a Business Maverick*）解釋：

> 現今大部分企業都是以指揮與控制為重的組織。舉例來說，許多綜合煉鋼廠的創辦人都明確的認定組織的「英才」幾乎全都在管理層……但是，我的組織完全相反，在我們的認知裡，組織裡大部分「英才」應該

* 譯注：也就是鋼胚，指的是生鐵經過處理去除雜質後，再加入其他合金或碳鑄造而成的成品。

> 來自實際做事的人當中，而且我們是以此打造紐克。從一開始，我們形塑事業的方式，就是讓員工向管理階層證明，他們能夠以看似無望成功的方式實現目標。[4]

以自由與責任爲根基

正如你所預期的，紐克鋼鐵是以鼓勵開創性問題解決方案為根基，自然是一間高度地方分權的公司。在本質上，這間企業是由 75 個部門所組成的聯盟，各部門彼此獨立，卻又共同團結一致面對競爭企業。每一個部門的年度平均營收是 3 億 3,000 萬美元，負責管理一到兩座工廠。這些單位可以自行在採購、產品與人事方面做決策，每個部門也負責藉由爭取與留住顧客，為產品創造需求。與其他鋼鐵公司不同的是，紐克的工廠並不是單純的製造業工廠，他們做的是「端對端」（end-to-end）的生意。因此，每個部門自負盈虧，不會受到企業成本配置的限制。

多虧了這樣的地方分權，創業精神滲透整個紐克鋼鐵。參與工廠會議時，你肯定會聽見員工討論新商機。例如，試想一下阿肯色州希克曼（Hickman）的鋼板廠，多年來，他們的營收主要來自銷售鋼管給石油與天然氣公司。搭上 2010 年代初期的經濟榮景，希克曼廠成為紐克鋼鐵最賺錢的單位之一。但是，2014 年底油價崩盤，客戶對希克曼輸油鋼管的需求也隨之衰退。短短幾週內，這個單位從鼎盛掉到接近虧損，因此觸發他們迫切尋求解決方案。該如何擴大產品種類與業界曝光度？產品要如何做出差異化，讓它有別於競爭對手與紐克的其他工廠？一支小型的特別團隊開始募集同事與顧客的構想。集思廣益後產生兩個有前景的機會：電動車專用鋼材，以及用於汽車零組件的高強度鋼材。團隊成員很快就飛往世界各地，探查製造新產品所需的技術與設備。與此同時，另一個團隊發起一項耗資 2 億 3,000 萬美元、可以增加 65 萬噸產能的工廠擴建計畫。時任希克曼廠總經理瑪麗．艾美莉．史雷特（Mary Emily Slate）在 2016 年 2 月說服高層同意這項提案，幾個月內就獲得資金。

事後她回想團隊如何動起來，在惡劣的局勢中重新掌控時結論道：「最棒的是，你完成這件事後，上頭不會有人說：『你接下來該做這些事和那些事。』構想來自基層，是以我們對自身需求的評估為根據。我們全都得為自己工廠的財務表現負責。」[5]

在紐克，你經常會一再聽見的口頭禪是決策必須「降到最低的階層」。也難怪這間公司會有這麼微小的企業總部了，那是位於北卡羅萊納州夏洛特市（Charlotte）郊區一棟平凡無奇的辦公大樓，占地兩層樓、約有 100 位員工。這個單位的作用就像公司的銀行，負責檢閱金額較高的資本需求，也設立了一些基本規定，例如各部門的底薪水準與最低績效標準。

與大多數工業公司不同的是，紐克選擇不把某些職務放到中央，例如研發、銷售、行銷、策略、安全、工程、法遵與採購。除了執行長，紐克的高階管理者只有一位專責主管，那就是財務長。跟紐克鋼鐵規模相仿的美國鋼鐵（U.S. Steel）總部設在匹茲堡，並且至少控管八項工作，其中包括績效分析、策略規畫、法遵、供應鏈、保證卓越的製造品質、IT、人資以及財務，總共由大約千名總部工作人員維持營運。

紐克精實的管理哲學，也同樣適用在各單位工廠。例如員工多達千人的布利茲維爾橫梁工廠，主管與高階主管就只有七個人，僅占工廠員工總數的2%。紐克的一般與行政費用只占年營收的3%，大約是競爭對手的一半。

紐克鋼鐵的後科層時代處方

紐克鋼鐵對員工的信賴所產生的管理模式，在五個重要的方面打破了科層體制的模式。

1. 創意：買下突圍的想法

透過薪酬制度，紐克讓人人專注於將資產生產力與成長達到最大的創新方式。當競爭對手以為提升產能最快的辦法是投資時，紐克鋼鐵則是押注在員工的想像力。下列是他們的運作方式。

獎勵生產力。在紐克，團隊的獲利能力與生產力掛鉤。第一線員工的底薪是業界平均值的 75%，可是一旦團隊的產出達到一定門檻，通常是工廠額定產能（rated capacity）的 80%，就會啟動獎勵金計畫。獎金門檻是固定的，只有在資本投資增加、特定機械零件或整間工廠的額定產能也隨著提升時才會調整。團隊成員知道這項規則，有強大的誘因「榨取資產」，因為提高獎金的唯一辦法，就是在固定的資本下製造更多鋼材。在實務上，這表示員工得運用他們的才智與創意，壓低成本並且加快工作流程。安裝新設備後，團隊通常在幾個月內就能達到額定產能。

最關鍵的是，獎金是發給團隊，不是發給個別員工。通常一個團隊由 20 ～ 30 名作業員組成，橫跨許多個輪班工作時間，共同負責特定的製程。團隊獎金鼓勵員工攜手解決問題，這對於工作任務互相依存很高的製造業來說實在不可或缺（見圖 4-1）。例如，鍋爐、鑄鋼與維修團隊分別負責的是不同的生產環節，但是都屬於一系列連續工序當中的步驟，因此他們有共同的製造目標。希克曼廠鑄鋼團隊一位成員說：「要是有某一區的進度落後，我們都會跟著落後，我的問題就是他們的問題，每個人都會投入解決問題。」

在每一座工廠裡，團隊都能取得即時資訊，了解他們的績效以及相應的報酬。在大部分情況下，我們都可以期待一個績

圖4-1　迷你鋼鐵廠的煉鋼工序

鋼材是由一個互相搭配、致力於共同製造目標的團隊，透過互相依存且連續的工序製造出來的。

1. 起重機收集、裝載廢鋼後，倒進鍋爐。

2. 運用巨型電極，在鍋爐裡熔化廢鋼。

3. 以盛鋼桶輸送液態鋼，並且倒入連鑄機中。

4. 將鑄鋼材校直並且裁切。

5. 貯放成品，最後運出工廠。

效亮眼的團隊將超越目標，獲取豐厚的週獎金。如同你的預期，團隊成員對敷衍取巧的人沒什麼耐心。布利茲維爾廠一位鍋爐操作員提到：「同儕壓力是美好的動力。」

以第一線工人而言，高額的浮動獎金並不尋常，但是紐克鋼鐵成功展現了給予員工創新的誘因能夠帶來的高額價值。包括獎金在內，紐克鋼鐵工廠工人的薪資，比業界同行多出25%以上。

紐克的獎勵金模式也帶來其他好處。

共同承擔成長的責任。當需求清淡，閒置的產能會反映在薪資上，因此團隊便利用閒置的空檔拜訪客戶，推銷新的產品構想。在工廠內部，團隊成員會透過改變製程的實驗來測試這些構想。舉例來說，當紐克在阿拉巴馬州塔斯卡盧薩

（Tuscaloosa）的厚鋼板廠需求下降時，他們便進行實驗，做出裝甲用的鋼板，對這間工廠來說，這是全新的產品。無法充分利用產能的工廠也會對主管施壓，像是拷問領導人：「你正在做什麼事能幫助我們創新並找到新客戶？」

在紐克，沒有人會尋求總部指點。策略反而通常是從基層生成，因為他們有數十個團隊與部門在搜索商機、自發性的招攬顧客、雇用團隊成員，以及實驗新產品與新方法。

更少政治。紐克鋼鐵的高層團隊深知，當高階主管有權力操弄他們想攻擊的目標時，結果會導致偏袒、刻意降低標準以及腐蝕信任。紐克制定明確、一貫的目標，就是為了把各種小動作降到最少。簡單易懂的目標也能減少採用那種複雜團隊 KPI 的需求，這種指標可能會導致局部最佳化，誘使員工追求零碎的目標，而不是整體事業的健康。

財務彈性。以產出為基礎的獎勵金模式，讓紐克能在需求疲軟時迅速削減勞工成本。這樣的彈性降低了裁員的需求，並且在景氣循環翻轉時，讓他們有搶先起步的優勢。

總體而言，紐克的薪酬模式發出一個強烈的訊息：每一個人對於打造更好的事業都很重要，而且這麼做將獲得獎勵。

2. 能力：培養事業

紐克鋼鐵的員工在技術上與商務上的技能都比較純熟，這一點並非偶然。團隊成員理解，要變得更有效率、爭取更多訂單，就得解決更棘手的問題，這代表他們每一個人和團隊都必須逐漸變得更聰明。這也難怪，紐克的人事管理實務工作，同樣著重於打造深度知識。

精選人才。紐克要找的是為職涯發展而來，而不是為短期臨時工作而來的人。他們期待「隊友」的技能會隨著職涯發展弧線成長。因此，紐克的聘雇目標是找出渴望學習的人，這個流程包括一場兩小時的標準化測驗，以衡量定量與書面的問題解決技巧，然後由心理學家進行行為面試（behavioral interview）。最後，在一場長達一小時的小組面試後，由員工決定是否雇用。典型的面試問題包括：

- 你有什麼熱衷的事物，足以激發工作動力嗎？
- 你有修理過什麼東西嗎？
- 說明學習一項新技能的過程，你是怎麼做的呢？
- 告訴我們你在工作中犯過的一個錯誤，以及你如何修正錯誤？
- 如果有一位工作夥伴實在無法理解你，你會怎麼做？

就像這些提問所暗示的，重點不在於擁有多少具體技能，因為這在工作中就能學到，關鍵在於求職者隨機應變與自我管理的能力。紐克鋼鐵考究的選才方式也帶有象徵性的價值：新進人員會理解到，他們即將加入的是一個獨一無二的組織，為績效表現與照顧員工都設立了高標準。

交叉訓練。紐克的員工不會專門只執行某個任務，而是受訓擔綱多種職務。在布利茲維爾廠，高壓電弧爐部門的新進人員會在許多個小組之間輪調，例如鍋爐小組與連鑄機小組。這讓他們能夠縱觀整個生產週期，加強跨領域解決問題的能力。在許多部門，員工可以在休假日進工廠參加其他職務的培訓，並且拿到報酬。通常在一年當中，超過 20% 的員工會接受某種形式的交叉訓練；如果是基層職位，比例會更高。

在紐克，要拓展職涯發展，最好的方式是跨部門、甚至跨工廠調職。像是原先的銷售人員現在轉為負責運輸工作，或是鍋爐作業員現在改做維護工作，都是稀鬆平常的事。在布利茲維爾橫梁廠，年資五年以上的員工有半數至少輪調過一次部門。輪調機制是由紐克內部的人才市場促成，並且這可以幫助員工清楚看見整間公司裡有哪些開放的職缺。

讓員工接觸多重技能與職位是雙贏的做法。對個人來說，當工作步調、活動與同事都不同了，工作會更有意思。而企業得到的回報則是，能夠解決複雜、多元專業領域問題的勞動力。

打造業務敏銳度。大部分企業對藍領的培訓都著重在狹隘的特定技術上，紐克卻投資在培養員工的商業技能上。他們相信，如果要改善生意，就得了解生意。其中一項訓練課程是讓員工參加一場為期一天、類似大富翁遊戲的「錢與噸」（Dollars and Tons）。遊戲由五人組成一隊，模擬管理紐克鋼鐵的財務部門。每一隊必須決定用什麼價格採買多少廢鋼材、雇用多少人，以及何時要投資新設備以擴張產能。遊戲結束時，他們會評估每一隊的獲利能力、資產報酬率、營運資金管理以及資產負債表的優劣，而這些全都是驅動工廠績效的因素。

藉由深耕組織的商業思維，紐克大幅增進所有層面的決策品質，並降低第一線員工與深諳商務的管理者之間的認知差距。

鼓勵個人成長。許多企業視第一線員工為消耗性的資源，但紐克不是。在紐克，每一位團隊成員都有一份私人發展計畫，概述他們五到十年的職涯目標。一位部門管理者說：「我們一直試著找出員工想要做得更好的事。有些人想要快速成長，有些人不想，但我們致力於把每個人放在取得成功的最佳位置。」

3. 合作：建立社交網絡

在大部分組織裡，跨部門協調是總部員工的工作。他們負責找出機會去將實務標準化、分享資源，以及連帶追求新方案。在紐克，跨部門協調跟其他工作一樣，都是由下而上帶動。他們有一個關係密切的橫向網絡，能夠將分布廣泛的部門協調的嚴絲合縫，幾乎不需要高層或主管的指導。

學習交流。每一年，紐克的工作團隊都會造訪「最績優」的姊妹廠，參訪次數高達上千趟。在這些參訪中，同事會分享作業上的專業技術，並說明常見的問題。當希克曼廠著手降低鋼板厚度時，肯塔基州根特廠（Ghent）的連鑄機小組專程飛過來，分享他們策畫類似變革時所學到的教訓。大部分的參訪會持續幾天，但是如果技術挑戰非常大，參訪時程則會延長到好幾週。

紐克也定期主持跨工廠活動。工廠主管每個月都會聚會，部門主管則是每六週見面一次。此外，還有第一線團隊的年度集會。這代表他們要投資大量時間與差旅費用，但紐克認為這是轉移專業知識與對付新問題的最佳方式。希克曼廠連鑄機團隊中有一位成員說明其中的好處：「你參與其中、投資在人身上、建立關係，並且產生改善的機會。在參訪期間，同事會互相激盪靈感。等你回到原本的工作崗位，自然有好幾噸的精力可以嘗試新事物。我們從來就不用考慮花這個時間值不值得，因為大家永遠都會帶著收穫回來。」

自發建立網絡。當某個部門認定有持續合作的需求，就會召集一支團隊。舉個最簡單的例子來說，來自 13 座磨粉機工廠的業務主管會列出一張全國報價表，持續為他們最大的顧客報價。除了幾支臨時團隊，其他都是長期合作的團隊。例如，第一線成員有一個網絡，可以讓成員一起協調原物料的採購。大部分網絡都是員工自發創建的非正式團隊，可以為公司增加價值的網絡，則會成為半永久性的團隊。

機會混搭。紐克的工廠經常彼此分享訊息，以及合作開發新業務。其中最亮眼的成果包括合作進軍汽車市場。十年前，紐克還沒有能力製造高品質、有彈性的鋼材；這是汽車製造商用於引擎零件與車身鈑金的材料。有好幾個部門都認為汽車產業是具有吸引力的區隔市場，不過他們各自都欠缺取得進展的相關技能。體認到這一點後，他們合力打進這個市場。

在每一座鋼鐵廠裡，跨職務團隊會整理出需要獲得的技能與技術。接著，他們雇用金屬材料專家，並且與當地大學合作，一起探索新的製造方法。透過定期的跨團隊會議與頻繁到最績優的工廠進行參訪，汽車市場進軍計畫開始成形。這一支非正式的「隊伍中的隊伍」克服了技術問題，逐步建立行銷策略，並且妥善分配生產責任。現在，紐克鋼鐵每一年都能輸出150萬噸鋼材給汽車製造商，這是基層合作力量的驚人證明！

公開透明。紐克能夠同心協力，是因為有公開透明為基礎。公司政策鼓勵員工「什麼都分享」。每一位員工都能取得詳細的績效指標數據，包括製造噸數、每噸成本、瑕疵品噸數等。他們也同樣公開營收數據。包括投標價格、訂單、存貨、裝運量、資產報酬率等，所有與經營這門生意相關的數據都是透明的。而且，大部分資訊都是即時變動的，此外每一座工廠每週都會在工廠出入口、或是餐廳公布欄上，張貼績效數據。

這樣極端的公開透明做法，打造出工廠之間的良性競爭環境，透過友好的競賽模式，見證哪一間工廠可以最先達成工安或效率相關的特定目標。這也讓大家更容易看出，哪些工廠或是做法最值得效法借鏡。

4. 奉獻：營造信任的環境

奉獻會在信任的環境裡蓬勃發展。要全力以赴，團隊成員需要受到他們任職的組織重視公平、誠實與忠誠。可惜，在大型企業裡，信任往往是稀缺品。在 2016 年的《安永全球調查報告》（*Ernst & Young global survey*）裡，一萬名接受調查的員工當中，只有不到一半的人表示他們「非常相信」同事或公司。[6]

相較之下，紐克的員工提到公司時會說他們是「共同體」或「一家人」。2013 年至 2019 年擔任執行長的約翰．費瑞奧拉（John Ferriola）說：「紐克沒有指揮鏈，只有信任鏈。」

本書提及的許多做法都能提升信任，例如獎勵制度要確保能夠公平分享創新的成果；以及極度的公開透明促使人們為共同的目標攜手合作。此外，還有其他重要因素可以強化信任。

工作保障。紐克的工廠從來不曾裁員；有鑑於 2000 年至 2018 年間鋼鐵產業整體流失 40% 勞動力，這是很了不起的事蹟。[7] 紐克大可比照辦理，但是這將違反公司對員工長年的承諾：「做好今天的工作，明天就有工作做。」當訂單銳減時，公司會減少每週工時，而不是減少勞動力。儘管這將降低賺到每週獎金的機率，但對大部分員工來說總比裁員更好。紐克也曾罕見的關閉工廠或縮減工廠規模，但是他們會提供員工其他工廠的職位。

費瑞奧拉說公司本來可以避開唯一一次的年度虧損紀錄，

2008 年只要裁掉一小群人即可，但是他與其他高階主管從來沒有考慮過要這麼做。那是一項好決策。紐克的在地團隊讓公司成為作業流程自動化的佼佼者，因為沒有人擔心會被智慧型機器所取代。

幾乎沒有象徵地位的事物。紐克鋼鐵與競爭對手完全相反，幾乎沒有象徵地位的事物。然而，他們的競爭對手會讓主管戴上顏色獨特的安全帽，有一間公司甚至幫執行長的安全帽鍍金。紐克的高階主管放棄了其他大型企業常見的排場，他們沒有公司配車、鄉村俱樂部會員資格，也不會用公務飛機進行私人旅行。

高階主管禁止討論某些津貼，例如獲利分享方案、獎學金方案、員工認股計畫與服務獎勵計畫。藉由展現極少的地位差異，讓溝通更得以直言不諱。在紐克，高階主管不是坐在寶座高高在上。

反向當責。紐克確實有正式的階層制度，但同時也有大型企業罕見的反向當責義務。這反映出艾佛森的信念，他認為權力應該由基層員工賦予，而不是由高層施予，他說：「管理者的權力出自員工。但我們也看過總經理無法有效領導員工，並且達到我們所設定的宏偉目標。當這種事發生時，我們會說這是『員工將總經理炒魷魚』。這就像一支足球隊對教練喪失信心時，你會讓誰走路？是教練還是整支球隊？」[8]

團隊成員會直接參與遴選管理者與督導者，員工也有正式的管道能夠向上回饋意見。希克曼廠一位主管曾說「要是在調查中拿到很差的分數，你就完蛋了。」總部的管理者會頻繁造訪工廠，在當地主持集會。在這些晚宴會議中，員工可以各自表達意見，想到什麼都能說。一位工廠主管說：「除非員工覺得說夠了，否則晚宴不會結束。我常常覺得自己受到拷問，因為我又不能胡亂回答他們的問題。」

利潤共享。紐克的獲利分享方案是促進員工全心投入工作的另一項機制。每一年，公司都會至少提撥 10％稅前所得給這項方案。2018 年紐克支付 3 億 800 萬美元，算起來平均每位員工可以分到 1 萬 2,000 美元左右。他們會收到一小筆現金，其餘則撥入退休金帳戶，對許多員工來說，這個退休金帳戶是他們最大的金融資產。

5. 勇氣：行動的信心

與競爭者相比，紐克鋼鐵的製造人員獲得無比的授權。輪班人員會由督導者輔助工作，但這個角色比較像教練，而非主管，至於帶頭設定製造目標、分配任務、達成安全與品質標準，以及解決製造過程的阻礙等，都是由第一線團隊負責。這些決策帶來的財務影響，可能高達數萬甚至數十萬美元。

除了控制製造流程，團隊還負責下列工作。

人員規畫與同儕支援。製造團隊負責管理出缺勤與排班。例如，當布利茲維爾廠的團隊決定調整班表，把五天八小時的排班方式改成四天十二小時，他們也不用請示管理階層。[9]當同事表現不佳，團隊成員也是第一個介入的人。他們會一起找出潛在問題，通常不需要主管協助就可以解決問題。

團隊也帶領所有人注意專業領域的新動向。成員可以透過年度調查給予彼此回饋意見，調查主要聚焦於績效、安全、可靠與領導技能。同儕互相評量的流程與薪酬沒有直接關係，但是每一位員工會清楚知道自己在團隊中的名望如何，這在輪調、升遷與交辦特殊任務時將成為決策的依據。工作上對同儕負責的機制，反倒鼓勵每個人盡己所能。就像布利茲維爾鍋爐團隊中一位成員說：「每一天都是一場面試啊。」

資本費用。紐克的製造團隊有一定程度的財務自主權，這在鋼鐵產業前所未見。團隊成員不必與工廠管理階層商量，就能定期下單執行高達數萬美元的採購案。在下單之前他們會諮詢同事的意見，但是是為了買進更好的材料，而不是要獲得批准。

部署新技術。紐克的團隊不斷搜羅能夠帶來業務競爭優勢的技術。在這項工作上，第一線作業員同樣可以深入參與決策流程。

前文提到，希克曼廠砸下 2 億 3,000 萬美元進行改革，他們把這筆錢用來取得輥軋機，讓工廠在切換不同規格的產品時只需數分鐘，而不用花費好幾個鐘頭。帶領專案團隊的是前維修工程師傑．惠勒（Jay Wheeler），團隊成員有作業員，也有主管。在拜訪過歐洲與亞洲的設備供應商後，他們來到維也納與當地供應商洽談。會議中，供應商的工程師詢問紐克鋼鐵的團隊成員，想要更了解他們的需求與限制。惠勒回憶道，當時發問的那位奧地利工程時很困惑，應答的竟然不是主管，而是第一線的團隊成員。

對紐克來說，倚重作業員提供消息並調配技術，似乎是顯而易見的邏輯。畢竟，紐克的事業核心在於員工，他們擁有最佳的眼力，知道要取得成功需要哪些條件。

與顧客互動。在大型製造公司裡，很少有第一線員工會直接與顧客互動，除非他們的角色是銷售或技術支援。但在紐克，情況則完全不一樣，從起重機操作員到堆高機司機，人人都認識顧客。製造團隊會定期拜訪顧客，他們將這稱為「產線對產線」會議。舉例來說，銑床團隊會造訪汽車工廠，與負責將鋼材做成汽車零組件的製造團隊見面，花一整天時間進行討論。這些訪客會狂問對方問題，像是：這些機器會怎麼處理我們的鋼材？你們會怎麼比較我們跟其他競爭者的產品效果？我們有哪裡可以改善？這些對話會產生大量新構想，也會建立交情，確保未來的問題能夠迅速解決。

持續實驗。在紐克，員工有誘因、也有自由去實驗新產品技術。這讓他們成為一間人人都在創新的企業。其中一個例子來自布利茲維爾廠高壓電弧爐團隊，他們有一位員工花了多年時間重新設計盛桶；盛桶是一個巨大的容器，用來將液態鋼灌入鑄造機。經過一系列的實驗，他改用更耐分解的材料來做大鍋內膽。新的設計讓盛桶的可靠程度翻倍，還減少停機時間與維護費用。類似的實驗在公司隨處可見，成為紐克競爭優勢的核心力量。

儘管紐克被公認是世界上最創新的一家鋼鐵製造商，但他們並沒有設置中央研發單位，也沒有技術長。但是就如同費瑞奧拉提到的：「說紐克沒有研發部門並不正確。我們確實有這樣的單位，而且成員多達 2 萬 6,000 人。」

授權一定會帶來某個程度的個人風險，例如要是你搞砸了，會發生什麼事？在崇拜規定的文化裡，我們或許不值得冒這種風險，但是在紐克，人們對於「明智的」失敗容忍度很高，這樣的態度根深蒂固。費瑞奧拉說：「我們鼓勵我們的人不要懼怕失敗。如果你害怕失敗，就無法拓展你的知識、想像力或技能的極限。所以，我們很常聽見主管或督導者在培訓新隊友時說：『你不失敗，就無法擴大能力的極限。』」

人本體制的精神

紐克的管理模式已經逐步將創意、能力、合作、奉獻與勇氣極大化。這樣的結果並非巧合，因為這些人類的特質與行為，正是產生如此卓越成果的最大關鍵。真實依循人本體制的精神，紐克的模式不是逼迫員工做得更多，而是給他們機會扮演更多職務，讓員工不只是藍領工人、不只負責接訂單、不只當個作業員，甚至超越員工的角色。紐克的第一線團隊成員是專家、創新者、冒險者，也是這項事業的所有人。

紐克鋼鐵證明了，不管身處哪個產業，每一個工作都能是好工作。

在第 2 章，我們揭露了科層體制的基礎：階層化、標準化、專業化與形式化。但是紐克的模式在這些基礎的每一個領域，都挑戰了管理上的正統做法。

階層化。紐克有正式的階層制，但是跟大多數規模相當的組織相比，他們的階層少很多，管理者少很多，由高層下達的命令也少非常多。紐克透過廣泛的賦予決策權，以及遴選領導人時的實質發言權，將管理工作交給第一線團隊成員。在紐克，沒有社會階級制度，思索新構想的人與實際執行的人之間沒有距離。

標準化。強制實施的標準化做法會遏止創新，把員工變成不動腦筋、機械行事的人。所以紐克才要抗拒誘惑，不採用由上而下規定的作業標準。每一座工廠可以自由研擬流程與協議。這裡沒有單單為了保持全公司一致而實施的統一做法，也沒有為了讓同質性更高、更容易管理而制定死板的政策。反之，公開透明的績效數據與精益求精的共同熱情，促進員工廣泛傳播最新的實務做法。在紐克，只要製程合理，每一座工廠的做法就會趨於相同，要是製程不合理，做法就會不一樣。

形式化。每一個組織都需要某種程度的架構，用來描繪出團隊、職務與營運單位的界線。但是，儘管組織裡有將近 100 個部門，紐克內部並沒有惡鬥。紐克並不是運用總部工作人員，例如透過規畫、行銷、銷售與研發部門來獲取共同合作，而是仰賴社群網絡合作。與標準化的機制一樣，當員工看見共同利益時，自然會彼此配合。配合是合作的產物，而不是透過中央集權產生。

專業化。紐克的團隊成員技能純熟，但同時也擁有多項技能。共同目標、交叉訓練與可拓展的職務範圍，都能幫助他們處理棘手、跨領域的問題，大幅提高生產力。紐克沒有「投幣孔」式的職務要求，團隊成員自然不會受限於要在哪裡、以及該如何貢獻心力。

最後，沒有單一制度或做法能夠解釋紐克鋼鐵的成功，但是如果你在找一項最重要的教訓，那就是：不管你的組織製造或是銷售什麼，它真正的工作應該是讓人成長。就像紐克的員工會說：「我們打造的不是鋼鐵，而是人。」

第 5 章

海爾公司：人人都是創業家

近年來，新創企業幾乎重塑了地球上每一個產業，而且通常的代價都是讓現有的企業陣亡。[1] 為了反擊新創企業，企業顧問建議他們這些規模龐大又不靈活的顧客，把新的風險事業隔離在為了特定目的打造的加速器當中。問題是，加速器不管多成功，都不太可能產生豐厚的回報，根本不足以彌補失去魔力的傳統業務不斷流失的資產。這些企業顧問或是他們的客戶通常不會想到，或許他們可以把整間公司轉型成一個創業平台。對那些受制於科層體制教條的人來說，一間大公司可以運作得有如一群新創企業，簡直是不可思議。那是因為他們還沒進入海爾公司內部，一窺這個全世界最大的家用電器製造商。

遇見海爾

總部位於中國青島的海爾公司，競爭對手全是家喻戶曉的品牌，像是惠而浦（Whirlpool）、樂金（LG）與伊萊克斯（Electrolux）。目前海爾約有 8 萬 4,000 名員工，其中包括不在中國的 2 萬 8,000 人，許多國際員工都是透過併購加入這間公司。海爾至今最高金額的收購案，是在2016年買下奇異的家電事業。

每年營收超過380億美元的海爾，一直處在能量爆發的階段。過去十年，海爾的核心家電事業毛利年成長率高達22%，年營收則是以每年增加20%不斷往上跳。這間公司也在新創事業中，創造出超過20億美元的市值。這樣的成績無論是國內還是海外的競爭對手都無法企及。[2]

海爾的成功，是將傳統管理模式徹底大翻修的成果。在叛逆的海爾董事長暨執行長張瑞敏領導下，這場激進的翻新工程著重在三項目標：

1. 把每一位員工都變成創業家。
2. 讓員工與用戶之間「零距離」。
3. 在不斷擴張、以網路為中心的生態鏈中，把公司變成電源節點（power node）。

海爾將上述目標簡稱為「人單合一」。這四個字的意思是，讓為顧客創造的價值與員工接收到的價值緊密連結。人單合一的模式在七個重要的做法上背離了科層主義的常態。

1. 把單一的龐大事業體打散成眾多小微企業

大型企業往往由幾個擁有獨占地位的事業群組成，每一個事業群都有自己的策略、顧客與技術方面的正規做法。這些單一、龐大的實體與他們的單一經營模式，讓公司在面對非常規的競爭者時難以防守，對白地（white space）* 商機視而不見。為了避開這些風險，海爾將企業拆分成 4,000 個以上的小微企業，他們簡稱為「小微」，每一個小微有 10 ～ 15 名員工。

海爾公司的小微有三種。首先，大約 200 個「轉型」的小微是源自海爾傳統的家電事業。這些面向市場的單位必須自我改造，以適應現今以顧客為中心、家電能連上網路的世界。一個典型的例子是智聲公司，他們為都會區的年輕客層製造冰箱。

第二種是 50 幾個「孵化中」的小微。這些是自家產出的新創企業，例如生產超快速電競電腦的雷神科技，還有可以讓用戶連上第三方服務（例如鮮食宅配）的智慧型冰箱品牌馨廚。

最後，有大約 3,800 個「節點」小微銷售零組件與服務（例如設計、製造與人資支援）給面向市場的海爾小微。其餘遍布全中國的節點，則是處理業務與行銷工作。

小微是張瑞敏想要打造網路時代世界第一大企業的關鍵。要達成這項目標，需要做的不光是開發出可以連上網路的產品；而是意味著要創立一個模仿網際網路的組織模式。儘管網

* 譯注：根據《白地策略》作者馬克．強生（Mark Johnson），「白地」指的是公司核心事業以外的領域，也就是不屬於公司現行商業模式界定或處理的潛在活動範圍。

路非常多樣化，卻是由共同的技術標準連接在一起，讓人可以在網路空間航行，並且讓網站可以互換共同資源，例如數據。於是，這成為海爾基本架構的模型。小微在幾乎沒有中央的指引下，可以自由形成與演化，但是處理目標設定、內部承包與跨單位合作時，則有共通的辦法。

2. 從增值目標到領先指標

大膽無畏是每一家新創企業得以成功的關鍵。新創企業的抱負往往遠大於他們擁有的資源，創新是縮短兩者鴻溝的唯一方法。相形之下，已經成名的企業很少繼續擴展事業。光是要做得比去年好一點點，並且跟上其他同儕團體的步調，就夠他們忙的了。

在海爾，每一個小微都追求野心勃勃的成長與改革目標，他們稱為「領先指標」（leading targets）。他們不把去年的績效當作起跑點，反而是「由外而內」設定成長目標。海爾有一個研究部門，專門蒐集世界各地每一項產品的市場成長率統計數字，他們就是運用這些數據制定小微的成長目標。在中國市場，這些目標出自他們對上千個商業區的研究數據，其中包含顧客區隔與產品類別，以及這些客群與產品的市場規模與預期成長率，而且不只有特定項目的個別詳細數據，也有大範圍的整合評估。

一個轉型小微的年營收與獲利幅度，可望比業界平均成長率高四到十倍，實際目標取決於小微的競爭定位。在落後的產品類別與地區，海爾會把門檻設得高一點，因為小微要搶攻市占率還有很大的空間；在領先的領域，目標則會設得低一點，但依舊是市場基準的數倍之多。

小微的領先指標也包括轉型的能力。海爾期許每一個面向市場的小微都能賣力成為「生態鏈」事業，而第一步是大量客製化。海爾大力投資於先進製程，如今大部分工廠都可以根據訂單製造產品。下一步是藉由提供可以產生經常性收入來源的服務，把顧客變成用戶。例如販售商用熱泵的小微，可能會決定提供客戶即時監測服務，協助客戶將辦公大樓的能源效率發揮到極限。

海爾的終極目標是打造一個連接用戶與第三方服務供應商的平台。其中一個絕佳範例是「社區洗」服務。海爾在中國上千所大學院校設置、並且負責維護超過 4 萬台可連上網路的洗衣機，他們還開發出一款廣受歡迎的智慧型手機應用程式，讓學生可以預約宿舍的洗衣設備並且付費。小微團隊更讓外部供應商取得應用程式上超過千萬筆用戶資料。如今，「社區洗」平台結合出其他數十種事業，例如餐飲外送與宿舍家具，並且從這些收益中分一杯羹。「社區洗」團隊現在將這個商業模式拓展到廉價旅館，並激發日本與印度的海爾小微採取類似的模式。

把重心放在打造平台的做法，反映出海爾的信念：唯一能趕上成功網路企業創造的倍數價值的是，讓用戶穩定成長的同時，降低邊際成本。目標是打造變動成本趨近於零的小本生意。

海爾會追蹤每一家小微的「共贏增值表」變化；這份表單詳細列出各項指標，例如用戶參與產品開發的程度、產品提供獨特顧客價值的程度，以及從生態鏈的年營收中賺取的獲利比例。

節點式的小微還有依據外部參考指標訂定的領先指標。舉例來說，某個製造節點可能要負責降低成本，縮短送貨時間、改善品質，並且進一步將製造設備自動化。

在大部分組織中，只有在某一項業務碰壁時，舊慣例才會受到挑戰。這樣的變革是被動的，不是先發制人的。但是在海爾，領先指標迫使小微不得不重新檢視核心假設。這就像新創公司裡人人都知道，做更多一樣的事解決不了問題。

3. 從內部獨占到內部承包

在一家新創公司中，人人都對顧客負責，多數員工都有股份，也理解創造價值的唯一方式在於做出讓顧客驚豔的事。大型企業剛好相反，員工對於市場力量往往置身事外，因為他們的職務如人資、研發、製造、財務、IT 與法務等，在本質上完全受到內部控制。不管這些服務供應者多麼無能、沒效率，公司都無法炒他們魷魚。內部關係受到派任、轉移訂價

（transfer prices）、分攤間接費用（overhead allocations）* 以及階層關係的掌握，而不是透過自由磋商締約合作。結果便是平庸、缺乏彈性與無效率。

在這一點上，海爾再次與眾不同。每一家小微都可以自由選擇是否要與其他小微簽約。一家典型的用戶小微可能會與至少數十家節點小微締約，如果他們認為需要其他更好的服務，也可以雇用外部供應商。無論是跟內部還是外部達成協議，幾乎都沒有高層干預。

每一個小微創業團隊都會檢視績效目標，並且自問：「我們需要哪一種設計、技術、產品與行銷支援，來達到我們的目標？」接著，他們會要求節點小微來投標。一項服務需求通常會吸引兩到三家節點小微提案，隨之而來的討論將為各方提供機會去挑戰現有做法，並且激盪出新方法。舉例來說，特定的行銷與銷售節點或許會提問，質疑製造節點如何處理產品運送過程的品管問題。

儘管這個過程看似緩慢而複雜，但是透過「預先調整」，他們可以預先設立最低限度的績效標準，以及劃分利潤的相關規則，在協商期間減少摩擦。協商後，海爾內部有一款手機應

* 譯注：「轉移訂價」指的是相關企業之間透過交易調整商品、服務、資產等價格，尤其跨國企業經常透過這種方式提高或壓低價格來避稅；「分攤間接費用」指的是不與製造過程直接有關聯的間接費用（如員工薪資、水電房租等）會因為商品產量增加被分攤掉，看似對成本的影響變小。

用程式可以提供即時數據，確認每一個節點的表現是否違反指標。一年後，如果環境改變，條件可以重談；所以比起「立約」，海爾比較喜歡「協議」。一位小微主告訴我們，過去18個月內，他已經換掉十幾個節點。節點一旦無法提供具有競爭力的服務，也確實可能會關門大吉。節點的年營收大部分要仰賴他們的小微顧客的成功。

2019年，海爾開始推動讓供應節點彼此直接協議，像是通路與製造之間的協議合作。這項變革的目標是讓供應節點加強對終端顧客的當責。初步成果相當令人振奮：在某個地區，替換冰箱瑕疵零件的等待時間，從5天縮短到24小時以內。

當一間面向市場的小微無法達成領先指標時，將會遭受重擊，因為每一份內部協議都有一項條款，將面向市場的小微績效與節點的獎勵金綁在一起。透過這種方式，員工的薪資與銷售成果互相連動。「在海爾，我們不再給員工發薪水了。發薪水給他們的是顧客。」張瑞敏這麼說其實有點誇大，不過就像另一位高階領導人對我們說的：「在海爾，每位員工都是創業家。」

海爾公司的獎勵金模式有三大好處。第一，鼓勵卓越。無法提供高水準服務的節點會失去內部顧客。第二，透過致力於創造更棒的顧客體驗，使人人團結。當一個用戶小微出現未達標的危險，所有供應節點的代表都會迅速聚集，一起解決問題。第三，可以將靈活性發揮到極限；當新商機出現時，面向市場的小微可以自由的重新調配內部與外部的供應商網絡。

4. 從上令下行到自願協調

現在，你可能會問，當一間公司有將近 4,000 個獨立單位，要如何同步投資技術與設備？在不傷害小微自主權的情況下，如何做到互相協調合作？

在一間新創公司，協調會自動自發產生。出現問題時，大家會聚在一起研討辦法，一起解決。當企業成長，營運單位愈來愈各自為政，要管理愈來愈龐大、有相互依存關係的大量獨立單位，難度會愈來愈高。典型的因應方式是交給總部的工作人員，讓他們負責協調策略、投資於各項職務範圍，例如行銷、製造、採購與後勤。不可避免的，這將導致中央更加集權、提高間接成本，並且消減熱忱。

海爾的做法不同，在追求規模經濟與範疇經濟（economies of scope）* 的同時，強調協調而非強制。每一家小微都是平台成員，而平台主的工作是辨識小微彼此合作的商機。某些平台把經營類似產品的小微企業湊在一起，有些平台則是聚焦於共通的能力，像是數位行銷與大量客製化。通常一個平台會有 50 家以上的小微（範例請見圖 5-1）。

平台主的責任包括：

---

* 譯注：指的是同時製造兩種以上的產品時，成本會低於分開製造個別產品時的成本。

- 把小微產品組合中重疊的部分縮減到最少。
- 為小微找出能使用相同零組件的商機。
- 在技術與設備上協調重大投資。
- 協調小微與外部商業夥伴的互動。
- 協助推廣最佳實務。
- 與其他產業平台合作。

重點是，沒有人必須對平台主負責，平台主也沒有幕僚工作人員。那麼平台主應該如何發揮影響力？大多是將小微聚集在一起，協助他們為共同利益建立策略，例如善用物聯網，或是創造讓彼此溝通的產品。平台主的工作是促進合作、而非強迫合作。前冰箱平台主吳勇說：「我的工作是為小微團隊彼此合作打開管道，並且創造誘因。這跟舊式、上行下效的金字塔結構完全不同。」

有一個典型的合作案是讓小微轉做無霜冰箱，這需要昂貴的製造設備升級。身為平台主，吳勇與用戶小微和製造節點合作，一起研擬出共同的策略，以進行必要的改革。回想這項提案，吳勇說：「我幫忙促成這次的合作，但是一起規畫與執行這份工作的是小微團隊。」

在海爾，人們期待平台主培育新的小微以壯大平台。2014年，受到海爾致力於成為智慧型家電世界領導品牌的鼓舞，吳勇出資創辦了一家網路冰箱公司，也就是前文提到的馨廚。除

圖5-1　海爾的冷卻系統平台

海爾由數千家小微組成，這些小微又組成平台。以下是冰箱平台結構圖。

每一個產業平台都有一小群面向市場的「用戶」小微，服務不同的區隔市場。

此外，還有許多「節點」小微致力於提供服務，以及提供平台上的用戶小微零組件。這些支援用戶小微智聲的節點，在此以深灰色顯示。

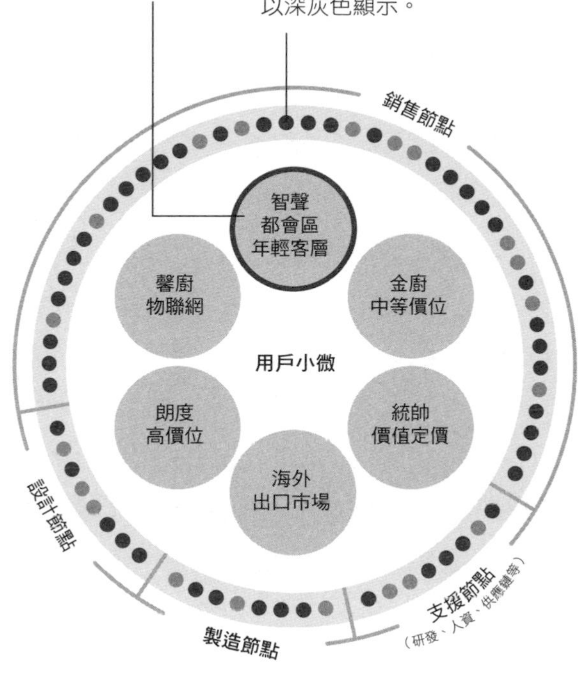

任何一個用戶小微都能自由雇用適合的節點，如果他們認為外部供應商更符合需求，也能向外尋求服務。

了開發產品以外，馨廚還負責開發一個生態鏈，讓使用者可以從合作夥伴的網絡中購買新鮮食材，而且商品會安排在 30 分鐘內出貨。在海爾，平台主是創業者，也是連結者。

支援平台主工作的是整合節點，他們分布在每個產業平台，協助小微從海爾其他地方引進技術，找出內部夥伴，為新提案共同出資。整合節點和平台主一樣，都鼓勵合作而非強制服從。

小微也仰賴著重技能的平台提供專業知識。最重要的兩個平台是智慧製造（smart manufacturing）與行銷，這兩個平台的員工都不到百人。製造平台裡最大的節點提供大量客製化的技術支援，另一個智慧工程節點則為公司部署先進的製造工具。

行銷平台的主要職務是提供顧客資訊給小微。每一個用戶小微都會透過自身的社群媒體管道蒐集大量資訊，但是行銷平台的大數據節點，則會透過海爾內部網站，以及公司內外其他源頭整合所有資訊。這項概念是挖掘跨事業的洞察力，建立預測模型，以幫助小微因應新興的顧客需求。例如，這個平台會提醒洗衣平台的小微，某位顧客已經購買冰箱與烤箱，他很有可能正在重新整修房子，或許也會有需求要購置新的洗衣設備。

行銷與製造平台也會設立標準，例如為品牌視覺與工廠的自動化軟體設立標準，但是這些單位鮮少發出命令。而且他們和海爾其他單位一樣，當內部顧客取得成功，他們在財務上也能分到好處。

內部協調的最後一項關鍵來自海爾對顧客的共同當責。舉例來說，當許多小微開始聽說海爾的智慧型產品無法整合，他們齊聚一堂並設計出一筆大交易，由馨廚為公司所有連接網路的設備提供共同的技術平台，其他小微則負責顧客研究與支援技術。這個非正式的團體出自海爾早期的案例，如今他們叫做「生態鏈小微群」。例如，「食聯網」的群組裡就有許多產品平台裡的小微，包括冰箱、烹飪用具與小型家電。在群組外部則有上百萬個用戶與數百個事業夥伴圍繞，包括線上購物網與有機食品供應商。

在大部分公司裡，協調代表中央集權，但海爾不這樣想。張瑞敏認為，讓最接近顧客的人來權衡取捨是最好的做法，所以他們下放權力，讓小微自由選擇何時參與協調、何時自己動手做。

5. 從「非我所創」到開放式創新

新創企業的心態往往都很開放。他們很早就跟用戶交手，經常在開發階段就開始接觸用戶，以此建立良性循環，在客層不斷擴大的同時，產生大量洞察力，可以改善產品品質、吸引更多顧客。在新創企業裡，顧客是共同開發者。

由於資源有限，新創企業也必須有創意的盡量運用外部資源。比起擴大內部組織，他們會向雲端供應商購買關鍵服務，並且經常在行銷上仰賴 Google 與 Facebook。只要狀況允許，他們都會以租代買。

相形之下，科層體制是封閉的系統，在內部與外部之間劃清界線，極度重視保密，多半抗拒指派外部夥伴執行關鍵任務。封閉系統的問題在於不適應變化，因而導致衰退。體認到這一點，海爾並不把自己當成一間公司，而是一個大型網絡的中心；這項觀點意義深遠。

首先，海爾開發每一項新產品或服務時，都是抱持著開放的態度。例如，當他們要著手打造新的家用空調時，就利用社群媒體網站百度，詢問消費者的需求與喜好，很快就得到超過 3,000 萬則回應湧進。隨後，專案領導人雷永鋒更邀請超過 70 萬名用戶，進一步分享他們對痛點與產品功能的想法。出乎意料的是，他們最關切的是退伍軍人症（Legionnaires' disease）* 的危害。因此，將這項風險降到最小，成了海爾的關鍵優先事項，也讓他們重新徹底思考扇葉的設計。

第二，海爾召集了 40 萬名來自世界各地、涵蓋千種技術領域的專家組成「解答者」網絡。每年，他們會在顧客增進平台，也就是「海爾開放創新平臺」上發表超過 200 個問題。例如，雷永鋒的團隊要求解答者協助設計新空調的扇葉後，一週

---

* 譯注：由於吸入含有退伍軍人菌的氣霧或水滴而導致的疾病，病原體可以在自來水或蒸餾水當中存活數個月，常見於熱水供應系統、空調的冷卻水塔，以及蒸氣凝結設備等。發病者會厭食、身體不適、肌肉疼痛與頭痛等，接著會發高燒，甚至出現肺炎、呼吸衰竭等症狀，死亡率可高達15%。

內，這張戰帖就引來好幾個提案。獲獎者是來自中國空氣動力研究與發展中心的研究人員，他們的設計是模仿噴射機的渦輪風扇。最後，總計有 33 個機構投入研發。完成的產品「天尊風洞」在 2013 年底推出時，馬上一砲而紅。

在類似天尊這樣多單位合作的專案裡，海爾創造出「專利池」機制，讓所有參與者都能互相信賴，並願意共享他們的發明，因為他們知道要是自己的技術被用在最終產品上，將會獲得獎勵。此外，在挑選供應商時，海爾也會優先考慮參與早期設計流程的供應商。

透過在線上推動產品開發，海爾將產品發想到投入市場的時間縮短了近 70%。在整個流程當中，製造與設計節點、用戶小微、潛在顧客與事業夥伴同時工作，打從一開始的討論就是根據顧客需求作為出發點。

海爾致力於開放的第三個特徵是，利用眾包來支付開發成本。在某種程度上，這是回應公司「零注資」的政策，這項政策拒絕在新產品得到用戶認證前大幅挹注資金。以空氣魔方（Air Cube）為例，這是首創加濕器與空氣清淨機的組合。在構思期間，共有超過 80 萬名線上粉絲提供評論。當產品原型就緒，海爾就先在一個受歡迎的群眾募資網站上開賣，最後有超過 7,500 人選擇預購模式。而他們的回饋意見協助海爾在正式推出空氣魔方之前，更進一步改良產品。

對於海爾的開放式創新心態，財務長譚麗霞這樣總結：

「公司的界線不重要。只要你幫忙為用戶創造價值，你是不是員工，不該是個問題。」

6. 從害怕創新到內部新創

和新創企業不同，科層體制的本質很保守。就像《彼得原理》作者勞倫斯·彼得（Laurence J. Peter）挖苦道：「科層體制一直捍衛現狀，久到現狀早已失去地位。」要對抗這種趨勢，海爾將整個組織變成新創企業製造廠。目前超過 50 個孵化中的小微占海爾市值 10％以上。業務領域從海爾雲貸到海爾快倉都有；前者是一間將小型企業貸款證券化的金融科技新創企業，後者則是一種便利倉網絡，能讓農民在數萬個社區直接送貨給消費者。關於海爾如何打造新的新創企業，請見「一間小微的誕生」。

在海爾，有三種方式可以發起新事業。第一種最普遍，也就是創業者在線上發表構想，邀請他人擴充成新生的商業模式；時任現場客服主管張毅就是透過這個模式拋出快倉的構想。第二種，平台主可以針對潛在的白地商機徵求提案。第三種，海爾每個月會在中國各地舉辦街頭說明會，讓想要成為創業者的人，可以向平台主以及投資與創新平台成員推銷新構想。

每一個孵化中的小微都是獨立的法律個體，部分資金來自創始團隊。海爾體認到內部領導人可能無法清楚判斷新構想的價值，因此常常在投入內部資源以前，要求新創團隊獲得外部

一間小微的誕生

2013年5月，路凱林與兩位海爾同事著手打造性能強大、利於電競的筆記型電腦。他們才剛從大學畢業，閒暇時間大多都在跟朋友打電玩。他們被電腦遊戲的魅力俘擄，想知道如何把這樣的熱情轉變成事業。畢竟，「錢景」看起來無可限量。不斷創新高的收入與愈來愈低廉的技術，成為線上遊戲市場需求的燃料。另一方面，他們都認為市面上大部分的筆電難以達到重度玩家的需求。

這支團隊的第一步是認真研讀電競電腦的網路評價。像他們這樣的重度玩家，都對海爾與其他競爭對手提供的筆電相當沮喪，市場上現有的產品電池不夠力、螢幕品質參差不齊，而且商務導向的設計古板枯燥。路凱林與同事將研究結果提煉成13個顧客痛點後，寫了一張便條給帶領海爾筆電事業的平台主周兆林，並且請求會面。周兆林起初很懷疑：「這三位年輕人帶了一台筆電進來我的辦公室。那是一台15吋的筆電，而且很重；我們通常銷售較輕便的11或13吋筆電。我的第一個直覺是弄死這個提案。」但周兆林知道，這真的不是他能做的決定。「決策上，」他說：「我們必須讓用戶與創業者說話，而不是讓主管決定。」周兆林給了這支團隊為數不多的種子資金180萬人民幣（約773萬新台幣），並且告知海爾會在市場測試成功後進一步挹注資金。

有了這筆資金，路凱林的團隊開始設計與製造海爾的第一台電競筆電。雷神早期的設計與製造工作都是在外部夥伴的協助下完成，例如為戴爾、惠普等生產電腦的台灣製造商廣達電腦。到了2013年12月，在開始創業僅僅七個月後，這支團隊就準備推出第一項產品。產品發表在中國的電子購物網站京東商城後不到一分鐘，第一批500台色彩鮮亮、風格大膽的筆電就銷售一空。幾週後，第二批3,000台筆電也在20分鐘內售完。

雷神初出茅廬就大放異彩，2014年第一季他們用一整季的時間研擬詳盡的商業計畫，並且於4月收到海爾120萬人民幣的注資。同時，創始團隊用自己的錢投資了40萬人民幣（約172萬新台幣），取得20%股權。這些額外的注資吸引來幾家創投公司。2017年9月，雷神登上中國中小企業股份轉讓系統，IPO估值為12億人民幣（約51億5,000萬新台幣）。在這之後，雷神的市值將近翻倍，預計很快就會登上中國的重要交易所。

雷神現有110名員工，是中國電競筆電龍頭供應商，更大舉入侵其他亞洲市場。在母公司身上汲取教訓後，雷神正在孵育自己的小微，其中包括串流電腦遊戲事業，且網站每日訪客已達300萬人次，還有一個籌辦電競小組與比賽的平台，此外他們也涉足虛擬實境技術與其他遊戲周邊。

的創投資金。近期孵化的 14 間小微，就有 9 家在海爾注資之前先拿到外部投資。儘管如此，海爾還是會利用一條預設的估值公式，確保集團擁有新創企業所有權的買權，並藉此保障取得過半的股權。

孵化中的小微與海爾內部其他單位一樣，都會跟開發、銷售與行政支援節點簽約。公平交易的協議讓未經世故的小微能夠善用海爾的規模與議價能力，同時又避開科層體制指手畫腳的風險。

海爾知道，要找到下一個十億美元的商機，唯一的方法是開辦許多新創企業，給每一家新創企業追求夢想的自由。就像公司中一位創投夥伴解釋道：「小微就像偵查部隊，他們掃描戰場，辨識出最有前景的商機。如同超級搜索機器一般。」

7. 從員工到企業主

在新創企業中，員工會像企業主一樣思考與行動，因為他們大部分的人就是企業的業主。團隊成員有很高的自主權，要是賠錢也沒人可以怪罪。由於擁有這些好處與自主權，新創企業才得以占據優勢。不意外的，海爾在自身的管理模式上設法捕捉這些優勢。

在海爾，小微是以自我管理的商業單位來營運，他們具有明定的三種自由權利：

- **策略**：有權決定追求哪一種商機，如何擬定優先順序，與哪些單位合作建立內部與外部的事業夥伴網絡。
- **人員**：有權做人事決策、分配職務給員工並確保達成共識，以及定義工作關係。
- **分配**：有權設定薪資與獎金分發。

伴隨著權利而來的是相應的責任。領先指標會拆分成各職務每週、每月與每季的具體目標。這樣很容易看出誰在執行、誰沒有行動。與大部分新創公司一樣，海爾的底薪很低。但是額外拿到獎金的機會，跟三個績效門檻關係密切：

- **基本目標**。當小微的每一季銷售與收益成長達到基本目標，團隊成員就能依照比例拿到達標獎金。
- **估值調整機制（Value-Adjusted Mechanism，簡稱 VAM）**。如果小微達到每一季基本目標與領先指標的一個中點，也就是所謂的估值調整機制目標，則團隊獎金會加碼一倍。此時員工也可以選擇把資金投入特殊投資帳戶，通常是 1 萬 5,000 人民幣（約 6 萬 5,000 元新台幣）。要是下一季團隊達到估值調整機制目標，這筆投資將產生 100％的紅利。
- **年度估值調整機制**。當小微連續四季都達到估值調整機

> 制目標，就有資格獲得分潤，團隊會分到20%的淨利，不過當中有 30%要留下作為來年的獎金。要是小微逼近領先指標時，獲利的分潤也會按比例提高，有時會超出 40%。

獎金、紅利與獲利分潤的組合，讓員工有機會拿到高過底薪數倍的薪酬。既然有這麼多關卡要過，小微團隊不太能忍受無能的小微主，這也就不足為奇了。如果一家小微連續三個月都無法達成基本目標，將會自動觸發小微主的改選。要是小微達成基本目標，但沒有達到估值調整機制目標，只要經過三分之二的小微成員投票，就能罷免現任小微主。

新任小微主是透過競選產生，通常由三到四位候選人向小微團隊提出他們的規畫。有時團隊會否決所有候選人，物色流程就會進入第二輪。

表現拙劣的小微主也容易受到惡意併購。海爾裡只要有人有意，並認為能夠把一家陷入泥淖的小微管理得更好，他就能夠向這個團隊進行遊說。由於所有小微的績效數據在全公司裡都是公開透明的，很容易就能看見併購的機會。要是闖入者的規畫有說服力，緊接而來的就是小微易主。原則上，這跟績效不佳的企業遭到競爭對手或私募股權公司併購沒有兩樣，只是大部分的公司不像海爾，有一個內部市場可以控制狀況。

人單合一之路

和阿里巴巴與騰訊不同，海爾不是中國新經濟的超級明星。30 年前，這間公司是勉強支撐的國營企業，製造品質可疑的產品。如今，它是一個成功的個案，這說明老字號公司可以打破科層體制的權力結構、根除阻塞流程的規定。誰能想得到，要經營一間不斷擴張的跨國企業，在第一線員工與執行長之間，只需要兩個管理階層呢？

海爾或許是同等規模的企業當中，管理模式最激進的公司，但是這樣革命性的做法，也無法讓它戰無不勝。每一個組織都一樣，面對地緣政治的角力，以及會讓企業處於風險之中的人性弱點，都同樣經不起打擊且容易受到傷害。儘管如此，海爾的成功還是向我們表明，我們不該把創業家精神與特定地理位置混為一談，創業家精神不只存在於矽谷，或是存在於為了特定目的打造的孵化器當中。我們也不應該假設創業家精神專屬於小型、還在發育的組織。卓越的創業家精神，不管出現在跨國巨頭企業中，或是出現在帕羅奧多（Palo Alto）的車庫裡，都一樣了不起。

不過，就像張瑞敏可能會說，從科層體制走到人本體制的路途曲折險阻。人單合一已經形成超過十年；海爾是在 2010 年開始測試小型、開創性的銷售與行銷團隊，一年後再把製造單位導入自我管理。這些測試富有教育意義。起初，他們就證明了內部承包有問題。由於每一個單位都想方設法放大自己的成功，協商過程只有兩相對峙，而且曠日費時。該怎麼解決呢？海爾建立起條款，將獎勵金與商業活動成果掛鉤。於是減少各單位的摩擦、增進協調一致，把零和遊戲變成共同探索為顧客創造價值的方法。

這些變革並非全部都很順遂。在走向人單合一的途中，共有超過萬名主管遭到調遣或是被解雇。但是同時，海爾授權給數千個小微主後，在內部急劇擴張的生態圈產生數千個新職缺。

張瑞敏經常提醒同事，要精明的處理一個複雜的系統，不可能是由高層頒布命令，政策必須從反覆實驗與學習的過程中產生。當被問及海爾為什麼可以加快轉型時，張瑞敏的答案很簡單：進行更多試驗，然後快速複製最成功的那些實驗。

張瑞敏知道，要演進成完整且持久的組織，這些試驗必須由更深層的原則指導。流傳近三千年的中國智慧寶典《易經》提供了路標。張瑞敏說：

> 這本書表示，人類活動的最高境界應該是「群龍無首，天下治也」。在中國文化裡，龍是最強大的動物。今天，每一個小微都是一種龍，能力很強又十分稱職。但是他們沒有領袖。因為他們在市場展開事業不需要領袖的指引。這是人類治理的最高境界。

張瑞敏在18世紀德國哲學家康德（Immanuel Kant）的著作中找到另一盞明燈，康德提出的「定言令式」（categorical imperative）概念認為，我們不應該把人單單視為工具。許久之前，張瑞敏與本書作者碰面時，曾在闡述海爾的抱負之際重複說到這個信念：「我們想要鼓勵員工成為創業者，因為人不是達成目的的手段，人本身就是目的。我們的目標是讓每個人都成為自己的執行長。」很難找到一位執行長的組織理念這麼重視人的尊嚴與作用，但是如果想要打造人本體制，這是我們唯一能採取的觀點。

第三部

人本體制的工作原則

以人為本的組織有哪些特徵？

第 6 章

實務上的工作原則

紐克鋼鐵與海爾公司等變革者，都挑戰了眾人認定大型人類企業必須採用科層體制的想法，但是，這兩間公司都不會宣稱自己是人本體制的完美範本。此外，他們還會先告訴你，他們的體制與流程無法整套輸出。這兩間公司會成為有價值的典範，不是在於他們獨一無二的做法，而是在於孕育出這些做法的特殊理念系統。想要從這兩間企業與其他先鋒企業獲取教訓，有點像是向老虎伍茲（Tiger Woods）學習打高爾夫球。挑戰不是在於模仿他揮桿的方式，儘管他的揮桿方式獨特、又特別適合他的體格，甚至會不斷演進；難處是在於學習他如何維持耐力與決心，這才是幫助他贏得 15 場高爾夫大滿貫錦標賽的關鍵。

在為其他組織設定標準時，我們會問，他們哪裡做得不一樣？但是當我們試著理解一間公司為什麼會在「每一方面」都不一樣時，我們就需要改問，他們的想法有哪裡不一樣？

是怎樣的信念或原則驅使肯尼斯．艾佛森打造出一間能給予團隊成員空前的自由去學習與成長的公司？張瑞敏為何要承接一件看似不可能的任務，把一間發育完全的製造公司變成創業的溫床？要當開路先鋒並不輕鬆，尤其根本沒有可以照著走的地圖。唯一能引導你的是，你對人、組織與成功的世界觀。

張瑞敏的世界觀著重在人的作用力。就像晨星的克里斯·魯弗，他相信最好的組織是給予人們最大限度的自由，讓他們表現卓越。艾佛森的世界觀以日常創造力的概念為中心，他相信推動事業前進的是員工，而不是主管。如果你全心全意相信這些理念，那麼你不會只是抱怨科層體制，而是會試著消滅它。

一個人有多重視問題，甚至願意承認問題的存在，取決於他們的世界觀，也就是他們的綜合信念。例如，如果你相信人類有管理自然環境的神聖義務，你可能會非常嚴肅看待氣候變遷的威脅。然而，反過來說，如果你把地球視為可以為了短期利益而加以利用的資源庫，環保主義對你來說就沒有什麼意義。人本體制也是一樣。如果你的世界觀高度重視人的自由與成長，自然會無法忍受科層體制這樣非人性化的做法，並且覺得不得不採取行動。另一方面，如果你把人視為生產要素，你會為科層體制推託護航，並且滿足於無足輕重的改革。

你的世界觀很重要，而且是非常重要。但是，通常我們大多把時間花在思考做法，而不是花在思考工作原則。這解釋了讓我們卡住的大部分原因。

你無法用陳腐的原則來解決非常新穎的問題，例如打造一個充滿人的組織。在 18 世紀，「人民主權」（popular sovereignty）的迷人理念鼓舞了政治哲學家挑戰君主政權的規範。他們用卓越的想像力與努力，創作出代替君主政體、支持民主原則的新基礎，其中包括：

- 人民參選
- 人民普選
- 法律之前，人人平等
- 三權分立
- 司法獨立
- 出版自由
- 宗教自由

同樣的，在探勘比原子更小的世界時，尼爾．斯波耳（Niels Bohr）與維爾納．海森堡（Werner Heisenberg）* 等物理學家便被迫要放棄相信牛頓力學、踏出舒適圈，並且提出一套嶄新的原理，例如波粒二象性（particle/wave duality）、疊加（superposition）、不確定性（indeterminacy）以及非定域性相關性（nonlocal correlation）。因此，量子力學才得以誕生。

---

* 譯注：斯波耳是丹麥物理學家，他對原子結構和從原子發射的輻射研究，獲頒1922年諾貝爾獎；海森堡是德國物理學家，因為創立量子力學並因此發現氫元素的同素異形體，獲頒1932年諾貝爾獎。

人們對管理上的流程著迷是可以理解的心態。企畫、編列預算、績效考核等企業流程，在決定哪些人的想法勝出、哪些專案可以拿到資金，以及獎金該如何分配時至關重要。但是，如果目標在於建立人本體制，光是重視流程遠遠不足。個別的流程，像是海爾設定「領先指標」的方法，往往只適用於特定脈絡。在這個組織有用，不見得在別的組織也有用。此外，每一個流程都是整體中的一環，如果只是在保守的管理模式裡安插一個先進的流程，結果通常會徒勞無功。這就好比穿上羅納度（Cristiano Ronaldo）的七號球衣，就奢望成為足球傳奇巨星一樣枉然。

我們再思考一次自治的工作原則。成熟的民主國家政治體制各異其趣，像是英國與美國就不一樣，英國沒有成文憲法，但是基礎都是同一套支持民主的原則。民主的力量並不依靠任何特定的結構或流程來運轉。獨裁者也能舉行選舉，但是他如果作票又迫害反對派，就不會得到民主選舉的結果。

請試想下列圖示：

典範→困難→工作原則→流程→實務→成效

在任何一個人類已經竭盡努力的領域中，像是政治學、物理學或管理學，你會發現這樣的階層由上而下都保有一致性。在相關的專業社群裡，會有一套共同的世界觀，對於待解決的核心問題有廣泛共識，並忠於一套共同的指導原則。隨著時間過去，這些原則經過實踐，出現大量的次要流程與實務，然後這些流程與實務將決定體制的表現。

在管理學這門專業中，階層看起來應該是這樣：

典範

工作中的人類是生產要素，負責製造產品與服務。

↓

困難

在事業裡，最大的挑戰是透過減少變異與既存的浪費，將營運效率發揮到極致。

↓

工作原則

必須透過階層化、專業化、定型化與標準化，才能將組織的效率發揮到極致。

↓

流程

要追求效率，必要的流程包括設定目標、分配資源、安排工作、招募人手、績效評估與建立薪酬制度。

↓

實務

日常管理實務包括設定標的、明訂KPI、分配任務、追蹤進度、確保部屬與員工服從與評估績效。

↓

成效

要是勤於運用這些流程與實務，將會把協同一致與控制力發揮到極致，從而帶來獲利

隨著制度成熟，就像過去百餘年來科層體制的管理方法愈

來愈成熟，要取得成效愈來愈困難。在 19 世紀與 20 世紀，科層體制的工作紀律為人類取得勞動力，並且在資本效率上帶來驚人進展，但是，在過去數十年間，生產力的成長力道已經放緩。原本營運無效率造成的缺口，都是科層體制可以對付的問題，但是現在缺口大多已經縫合完畢。重點在於：隨著時間過去，一個體制的績效漸漸不再受到流程與實務的限制，反而會愈來愈受到典範與工作原則所限制。

即使身為研究人員與顧問，我們也是在很多年後才搞懂這個簡單的道理。過去數十年，我們花了很多時間協助大型企業創新。通常在一項專案中，我們會花好幾週的時間找齊必要的發起人、共同構思提案，以及招募專案團隊。接下來則是數週的培訓、集思廣益與教練指導，然後再花好幾個月建立並測試新的商業概念。最後，許多新產品打中市場，帶動營收上揚。然而，當我們幾年後重返那些企業，總是會發現創新的管道已經不通、科層體制重新掌權，營收榮景不復存在。

看著這樣的劇情發展數十次，我們終於恍然大悟。一直以來，我們致力於打造的致勝模式是「打破規則的創新」，而這樣的做法在本質上本來就與企業原有體制的基本設計水火不容。打個比方，這就好像我們試著教小狗用後腿站立行走。我們會先吸引小狗菲多的注意力，拿著食物在牠頭頂上晃，在牠搖搖晃晃走了幾步後，我們眉開眼笑再摸摸牠的頭說：「好孩子。」但是，當我們離開，菲多很快就會恢復四腳站立。牠不會說：「太酷了，我再試著用後腳走一遍。」牠會站在原地，困惑著想：「剛才到底是在搞什麼？這個白痴不知道我是四足動物嗎？」

要變得更創新、更有適應力，以及更能激勵人心，我們的組織需要新的DNA，並且重新打造以人為本的工作方式。只是微調現有的制度與流程，例如來一點正念訓練、組幾個敏捷團隊、弄一點數位轉型，或是用新鮮的分析理論來妝點等，絕對無法讓組織的效能產生線性的進展。要達到目的，我們得回到最根本的假設。

科層體制是一套整合得很緊密的系統，它是設計來達成服從、紀律與可預測性，而它確實執行的很徹底。就像一台會製造香腸的機器，你只要等一等，就會出現香腸！這台機器或許可以升級，以製造出脂肪含量更高的香腸、素食香腸，或是每小時做出更多香腸，但是它不會製造香腸以外的東西，除非我們從頭打造新機器。

如果我們想要打造的組織是讓組織成員愈有能力愈好，就得另起爐灶。我們需要新的組織典範，這個典範不會再把人視為「資源」或是「資本」。我們也必須重新建立問題的框架，目標是要把貢獻提升到最大，而不是把服從做到極致。此外，在每一個結構、制度、流程與實務上，我們還需要新的、以人為中心的工作方式。如果我們認真看待建立適合人類、適合未來的組織這件事，那要做的事情可多了。

所以，讓我們堅定的向前邁進。接下來七個章節，我們將探討人本體制的核心工作方法。這是我們從管理領域的先鋒身上蒐集到的資料，他們為了打造出後科層組織而構築了一套全面、可以概括類推的指南。這些方法形成了人本體制的DNA。

第 7 章

業主精神的力量

哪一種組織裡的人最願意全力以赴發揮出全部本領、承擔風險，並挑戰傳統思維呢？哪一種組織裡的人會感覺跟顧客關係最密切、對顧客最有責任，最全心投入呢？根據我們的經驗，這些問題的答案是：新創企業。

而在一間成功的新創企業當中：

- 員工會因為開拓創新的熱情而團結一致。
- 團隊很小，職務定義鬆散，公司政策保有彈性。
- 管理階層很少，幾乎沒有要遵守規定的壓力。
- 野心勃勃的目標與緊繃的時間表，敦促每個人用更少的資源做更多的事。
- 必須快速擴張規模，因此渴望將外部資源利用到極限。
- 正式手續少，偏好以全體會議作為溝通方式。
- 獎勵自動自發，鼓勵個人承擔風險。

換句話說，新創企業大膽、單純、精實、開放、扁平而且自由。你不會用這些字眼來描述現存典型又笨重的公司。

這也難怪，改變世界的終究是反對派。就像已故的哈佛歷史學者亞瑟．柯爾（Arthur Cole）寫道：「研究企業就是研究經濟史的中心主角。」[1] 企業家的幹勁是工業革命的動能。在 19 世紀，隨著政治與經濟自由的進步，數百萬人終於得以自由拿出熱忱與活力來讓自己有所成就。企業家嶄露頭角，例如約書亞．威治伍德（Josiah Wedgwood）、理查．阿克萊特（Richard Arkwright）、威廉．利華（William Lever）、約翰．吉百利（John Cadbury）、約翰．威爾金森（John Wilkinson）以及馬修．博爾頓（Matthew Boulton）*，這些人以超凡的想像力與勇氣，來滿足世界對家庭用品、布料、肥皂、巧克力、鋼鐵與電力車頭的需求。

「創業精神」，或者是諾貝爾得主暨經濟學家艾德蒙．費爾普斯（Edmund Phelps）所說的「草根創新力」（grassroots innovation），正是當今經濟動態的核心，一如 19 世紀這股力量帶動經濟的發展。[2] 企業家解鎖了新科技的價值、鼓勵競爭、滿足沒有被滿足的需求，以及創造新職缺。

---

* 譯注：約書亞．威治伍德建立工業化的陶瓷生產方式，並創立威治伍德陶瓷工廠；理查．阿克萊特是英國第一家棉紡廠創辦者，發明水力紡紗機；威廉．利華創辦利華兄弟公司，是最早使用植物油製造香皂的企業，也是現在聯合利華公司的一部分；約翰．吉百利是英國糖果製造商，約翰．威爾金森是英國實業家，外號「鐵瘋子」，發明製造出鏜床，這是一種用鏜刀在工件上鏜孔的工具機；馬修．博爾頓則是傾盡財力讓瓦特發明蒸汽機。

創業精神對個人的蓬勃發展同樣重要。費爾普斯的主張是對的，他認為當我們擁有「激勵心靈的體驗、解決新問題的挑戰……以及冒險投入未知的興奮情緒」時，是我們最生龍活虎的時候。[3]

一旦科層體制或中央集權的政策扼殺了創業精神，經濟與人類都會遭受苦難。費爾普斯主張，這正是過去70年來，由巨人般的大企業主導經濟局勢所產生的面貌。他提到，在更早的年代中，當時經濟是由小型企業主所構成：

> 即便是薪資最低的員工，要是出現新構想，想去做嶄新、不一樣的事，都預期會有機會向上級（即使不是高層）提供意見。因此員工會留意腦袋裡有沒有出現新構想，因此更可能想出新構想。但是在穿插許多管理階層的大企業中，沒有這種可能。[4]

在這一點上，費爾普斯呼應柯爾的說法，柯爾早在50年前就警告他的讀者，受到科層體制的腐敗所影響，創業精神的處境益發危險了。[5]管理科層體制的不是發明家與建設者，而是會計與行政人員。在大型企業裡，只有一小部分員工活躍的處於費爾普斯所提倡、讓人回味無窮的「魔幻冒險」（imaginarium）狀態。

我們已經面臨創業精神衰退的麻煩。過去40年內，美國經濟體中創立不到一年的企業占所有企業的比例下滑將近一半，從占比將近 15%掉到剩下僅僅 8%。同時，大企業則是愈來愈大。經過數十年的企業合併，再加上贏家可以獨占數位科技的發展趨勢，留下的只有強大、與政治盤根錯節、由少數寡占企業主宰一切的經濟環境。

Facebook 共同創辦人克里斯．休斯（Chris Hughes）曾說，結果會造成：「創業精神衰退，生產力成長的動力熄火，以及對消費者來說價格更高卻更少的選擇。」[6] 設立更健全的反托拉斯法肯定是解決方案的一部分，但是我們也必須努力在每一間公司裡注入創業精神的風氣。

員工 vs. 創業者

在你的組織裡，有多少比例的員工會同意下列敘述呢？

- 我的工作就是我的熱情所在。
- 我可以做重要的業務決策。
- 我認為我是直接對顧客負責。
- 我會本能的採取精實思考。
- 我的團隊規模小又超級有彈性。
- 這項事業成功與否，關鍵取決於我。
- 我是以天數與週數來衡量進展，而不是以幾個月或幾季來衡量。

- 每天我都有機會解決全新、有趣的問題。
- 這項事業成功的話，我可以獲得大量的財務利益。

你的答案是10%？5%？還是1%？你可能會從小型企業的員工那裡聽到這些敘述，但是這在大型組織非常罕見。

矛盾的是，在某些方面，大型企業很有條件成為創業熱點。他們口袋很深、組織內有上千名能幹的員工、持有幾兆位元組的顧客數據，又有強大的品牌。但是，他們欠缺具備業主意識的員工。

目前美國有4,200萬員工在規模超過5,000人的企業中工作，他們當中很可能有上萬人具備創業魂，卻因故沒有機會自立謀生。他們不像Google的共同創辦人賴瑞．佩吉（Larry Page）與謝爾蓋．布林（Sergey Brin），或是圖片分享應用軟體Snap的創辦人伊凡．史畢格（Evan Spiegel），所以沒有上史丹佛並加入學校的新創網絡（VC network）。他們也不像馬克．祖克柏（Mark Zuckerberg），所以沒有在哈佛結識有錢的同學愛德華多．薩維林（Eduardo Saverin），願意拿出數千美元投資一門零營收的生意。因此，這些員工的構想始終沒有經過測試，他們的創業熱誠也得不到報酬。

你可能以為執行長會體認到，要擊退一支飢餓的妨礙者大隊，最好的方式是打造一支由企業內部成員組成的創業者大軍。畢竟現在就算有二十幾歲的年輕人展開新創事業，也沒有人會感到意外。例如瓦倫汀．史塔福（Valentin Stalf），他創辦歐洲成長最快的純網路銀行 N26 時，也只有 27 歲。但是，仍然有少數執行長似乎認為，組織內部的小乖乖只要受到鼓勵，也能實現類似的壯舉。因此，當多數企業花費數百萬美元為「領導力發展」鋪路時，這些執行長幾乎沒有投資多少錢，就當作可以助長由下而上的創業精神。這一點必須改變。要打造人本體制，必須解放每一個團隊成員解決問題、打造事業的活力。

業主精神是創業精神的基石。耶魯法學教授亨利．漢斯曼（Henry Hansman）主張，業主都有兩項正式權利：「控制公司的權力，以及挪用公司剩餘盈餘的權利。」換句話說，就是決策權與致富的機會。[7] 在大部分的組織裡，成員兩者都很難得到，難怪大部分人寧願為自己工作。在一份近期研究中，62%的美國人說他們渴望展開自己的事業。這項數字在千禧世代甚至更高，高達 77%。[8] 想要投入創業的人口比例這麼高，最大的理由當然是：能夠「掌控自身的命運」。

這些想創業的人並非涉世未深。他們知道當了老闆後，得比現在投入更多時間工作，而且不保證會成功。儘管如此，還是有 61%的千禧世代（他們大部分是在 2007 年經濟大衰退之後進入勞動力市場做第一份工作）認為，擁有自己的事業還是比為他人工作更有保障。事出必有因，這個世代有些人的家人淪為裁員受害者，有些人的朋友必須很努力擺脫「零工經濟」的工作困境。即便在經濟強盛時，他們也明白，在大部分雇主寧可雇用約聘人員，而非全職員工時，很難增進職涯發展。

自治權與前景

懂得顧形象的雇主經常談到建立「員工品牌」或增強「員工的價值主張」的重要性，但是他們所打造的企業，卻很少提供員工最渴望獲得的事物：自治權與前景。

上百份探討自治權與分享獲利對企業績效影響的研究大多發現，兩者的影響為正相關。[9] 荷蘭研究人員德克．馮．迪倫登克（Dirk von Dierendonck）與英格．納哲（Inge Nuijten）所進行的一項研究特別發人深省。[10] 他們建立一個僕人式領導的八因子模型，其中的關鍵行為包括：

- **授權**：增加部屬的決策自主權。
- **當責**：讓員工為他們的決策結果負責。
- **無私**：對有需要的人給予優先權。
- **謙卑**：坦承個人的局限與錯誤。
- **誠實**：與他人坦誠相待。
- **勇氣**：為了支持他人而挑戰制度上的常態。
- **寬恕**：展現同理心、願意原諒他人。

• **管理責任：**為機構整體的成功與誠信負責。

接下來，研究人員要求超過 1,500 名的荷蘭與英國員工，針對上述特質為他們的主管評分，然後再根據自己工作上數個相關因素打分數。結果如表 7-1，各位可以看見，在八種領導行為中，授權與員工參與度、工作滿意度，以及對組織的歸屬感的相關程度最高，而當責則是影響工作績效最大的因素。

表7-1　領導特質與工作相關因素之間的關係（R^2）

領導行為	參與度	工作滿意度	組織歸屬感	工作表現
授權	**.43**	**.62**	**.62**	.21
當責	.41	.33	.14	**.32**
無私	.18	.32	.54	.16
謙卑	.33	.48	.54	.09
誠實	.29	.35	.36	.08
勇氣	.32	.31	.39	.07
寬恕	.08	.20	.36	.14
管理責任	—	—	.60	.17

譯注：R^2 是決定係數，在統計學中用於衡量變數的變異中、可由自變量解釋部分所占的比例，以此來判斷統計模型的解釋力。

在另一份研究中，約瑟夫．布萊希（Joseph Blasi）、李察．費立曼（Richard Freeman）與道格拉斯．克魯斯（Douglas

Kruse）探討自治權、前景與人員流動率之間的關係。[11] 請見圖 7-1，各位會注意到，如果將前景與自治權分別看待，探討它們對人員耗損率的影響時，會發現數字變動不大。然而，如果把兩項因素合在一起看，員工的流動率就會降低將近一半。這樣的相互影響並不意外。如果要讓人承擔更多責任，卻沒有給他們更多的利益，很可能被抱怨不公平。反過來說，要是給人機會獲取更高的報酬，卻拒絕給他們決策所需的必要權利，也會招惹挫折與怨懟。唯有自治權與前景結合，才能成為創業熱情的動能。

圖7-1　前景與自治權對員工流動率（自動離職率）的影響

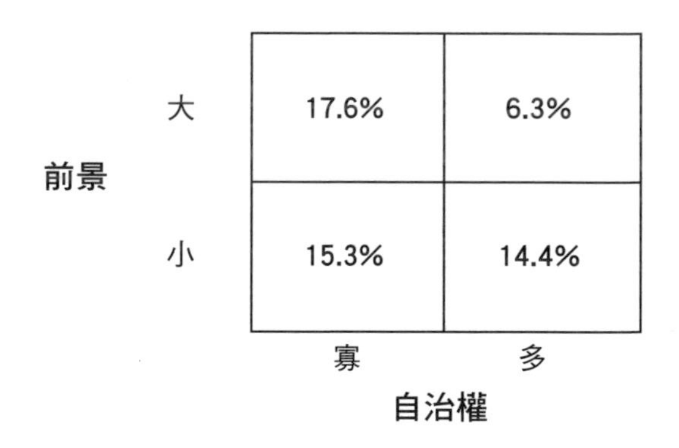

因此，很可惜大部分員工都卡在死板的薪資結構裡，員工自然不太有誘因在交辦工作之外做得更多。請試想下列狀況：

- 2015 年歐洲職場環境調查發現，只有 14%的非管理職員工可以根據個人或團隊績效拿到獎金。在美國做的相同調查結果數據只高出一點點，15%，不過也只有 4%的第一線員工能夠獲得生產力相關的獎勵。
- 由卓越職場研究所（Great Places to Work）* 所彙編的數據顯示，上市公司中每五間只有一間公司支付現金紅利，而且紅利的中位數僅占員工薪資的 4.7%。[12]
- 與生產力無關的獎金，包括分紅制度，只占 2019 年第二季美國員工總薪資費用的 2.1%。[13] 在美國的民營企業，每六名員工當中，只有不到一名員工參與利潤共享。在歐洲，參與利潤共享的員工比例則是 10%。[14]

不給員工自治權又讓他們沒有前景，顯然是很愚蠢的做法，但這卻是常態。到底是怎麼回事？看起來最有道理的解釋是，高階領導人認為第一線員工沒有什麼貢獻。在他們看來，他們是無法升級的「肉體」（meatware）。麥肯錫管理顧問公司一位前管理合夥人的言談，將這樣的觀點表露無遺，他建議高

* 譯注：職場文化與人力資源管理諮詢公司。

層專注在「真正能驅動成果的2%員工」。他還主張：「驅動價值的人在整體員工中的占比很小。」當他提出建議時，他也坦承這樣的主張「背後沒有迴歸分析或分析法可以背書」。[15] 換句話說，這是未經驗證的假設，或者更準確的說，這是一種偏見。

像這樣對一般員工的鄙視，簡直是18世紀主張貴族統治的傲慢者寫照，這對創造力與自發性也同樣有令人窒息的影響。令人驚嘆的自由與前景，才會產生令人驚嘆的貢獻與績效。

各地的業主精神典範

如果各位懷疑創造徹底的業主精神文化是否可行，可以再想想海爾與紐克的例子。

海爾公司

如同我們在第5章看到，海爾公司有上千名內部創業者。在4,000間小微裡工作的每一個人，都有很實在的前景。儘管他們底薪不多，還往往只比最低薪資高一點，但是當團隊達成領先指標時，收入就能翻五倍、甚至十倍。第一線團隊也能用他們認為適合的方式自由經營事業，他們不只獲得授權，更能設定目標、開發產品、界定職務、雇用同事，並且分配獎金。

結果打造出一間滿是創業活力、並且不斷超越國內外競爭對手的企業。

紐克鋼鐵

紐克鋼鐵也獲得業主精神的果實。這間公司的每一位員工，都比他們的傳統對手製造出更多噸的鋼鐵，人均獲利則是同業的三倍。紐克的獎勵金制度鼓勵團隊成員不斷尋找提升生產力的新方法，公司也將全體員工視為不可限量的聰明智囊團。擁有賺取超越同業獎金的機會，正是讓創造力浮出水面的幫浦。

紐克拒絕把員工視為日用品，反而將事業去商品化。不過，在大西洋另一端的瑞典有一間卓越的銀行，以及在法國有一個總部設在巴黎的集團，他們同樣建立了類似的文化，組織內充滿富有活力的業主精神。

瑞典商業銀行

總部在斯德哥爾摩的瑞典商業銀行（Svenska Handelsbanken）有 1 萬 2,000 名員工，經營超過 840 間分行，營業據點分布在 25 個國家，並且將瑞典、丹麥、芬蘭、挪威、大不列顛與荷蘭視為國內市場。如果以股東權益報酬率（ROE）來衡量，瑞典商業銀行在過去 47 年中，有 43 年表現都優於歐洲同業。

與對手不同的是，瑞典商業銀行將每一間分行視為獨立經營的事業。每一間分行在營運上都是獨立的，並且自負盈虧。儘管必須分攤部分公司的營運成本，但是幾乎沒有來自上頭的命令。安德斯．鮑文（Anders Bouvin）是前任執行長，他解釋：「如果你相信顧客滿意度是取得更好的成果的主因，就得排除任何會迫使員工做出不符合顧客利益的指導機制。」[16]

分行的團隊通常有八到十人，他們負責決定授信與否、為貸款與存款制定本行牌價、與顧客溝通，以及設定人員的職位或階層。

在鮑文看來，瑞典商業銀行實施「徹底的人文體制」模式，因為這樣可以產生更好的決策：「對人這麼全然信賴，比起傳統的指揮與控制模式，可以帶來更高的動機與更好的決策品質；根據傳統的做法，會由遠離顧客所在地的總部辦公室做決定。」[17]

瑞典商業銀行跟紐克鋼鐵一樣，他們的第一線員工能夠分享到成功所帶來的報酬。不管在哪一年，只要股東權益報酬率勝過同業平均值，公司就會撥出三分之一的差額，投入一檔代表員工投資的基金，基金的主要標的是瑞典商業銀行的股票。無論職位高低，基金收益由全體員工均分。在 2018 年，投資金額達到 9,000 萬美元，相當於每一位員工投資 7,500 美元，這對第一線員工來說是筆不小的數字。當員工滿 60 歲時可以一次提領，要是待得夠久，還可望提領超過百萬美元。

這個狀況跟其他新創企業一樣，自治權與前景的組合可以讓員工流動力降得很低，就像業主通常都會在公司裡待非常久。

萬喜集團

萬喜集團（Vinci SA）是市值 450 億美元的法國營造與特定商場營業權的巨頭，也是另一個致力於讓業主精神開枝散葉的知名範例。他們在超過 100 個國家雇用總計 22 萬 1,000 名員工，經營收費公路、機場、高鐵路線與運動場館。萬喜的營造業務每年承接數十萬個建案，當中最具挑戰性的是一座 3 萬 6,000 噸的圓頂建築，設計用來掩埋車諾比四號核子反應爐的放射性核廢料。

過去十年間，萬喜的股價跟歐洲同業相比成長了兩倍，他們的成功有一部分反映出業務組合的動能。萬喜能源（Vinci Energies）是負責集團能源與通訊工程的事業群，年營收從 2008 年的 50 億美元，激增至 2018 年的 140 億美元。機場的商場特許營業權事業，則是從 2013 的 4 億 3 千萬美元成長到 2018 年的 20 億美元。萬喜大部分的成長，都來自國外市場。

萬喜的執行長澤韋爾・胡拉德（Xavier Huillard）將公司的成長歸功於獨特的管理模式，他們的營運機制是盡量減少科層體制、放大創業精神。胡拉德跟海爾公司的張瑞敏一樣，也認為要營造業主精神，必須讓單位維持在小規模的運作模式。於是，萬喜被分成 3,000 個小巧的業務單位，有三分之二的單位員工不足百人。他們對這樣的做法深信不疑，以至於在業務單位成長後，多半會把它們一分為二。

這些微型公司平均而言只有 40 多名團隊成員、年營收僅 800 萬美元。這些大量極度專業化的單位，可以充分利用市場覆蓋率與營運中心，例如一項基地在法國西部南特市（Nantes）的事業，就是專門為寵物食品製造商製造工業設備。萬喜了解，一間公司想要在外部愈來愈成功，內部就必須愈來愈小。

為了獲得綜效，這些獨立的事業被合成好幾個部門，部門又被合成好幾個事業群。這些額外的團體負責找出跨單位的商機，並且加以利用。舉例來說，許多部門正合作開發遠程監控的新感應技術。

萬喜的管理模式肯定了自治權與當責是不可切割的因素。每一個單位自負盈虧，各自建立商業計畫，並且搞定執行計畫必要的資源。就像胡拉德提到的：「權力與責任必須相伴而行。不能只給一個人責任卻沒給他相應的權力。當一個單位運作失常，一定是因為他們將這兩者切開所造成的」。[18]

組織分權與授權有一個優勢是，領導力與影響力的機會能夠倍增。胡拉德說：「對我們來說，把一個賺千萬歐元的事業單位委託給一個不到 30 歲的員工，不算罕見。」

萬喜選擇進入機場業務，可以顯示出他們勇於冒險的精神。十年前，萬喜本來即將廉價出售兩座柬埔寨機場，這是他們在一筆更大的收購案中一起買下的資產。當時在法國工作的業務開發總監尼可拉斯・諾特伯特（Nicolas Notebaert）認為，這兩座機場可以成為新事業的跳板。後來，他成功說服公司留下機場，並且搬到亞洲經營機場。這場實驗驗證了機場業務的商機，如今萬喜雇用 1 萬 4,500 名機場員工，每年協助 2 億 4,000 萬名旅客。胡拉德提到，身為執行長：「我唯一的功勞是提供尼可拉斯條件，協助他展現熱忱。換句話說，我讓『野草』自己長大。」在萬喜，雄心壯志的年輕領導人不必窩在車庫，就能夠成為創業家。

除此之外，萬喜也透過獎勵金方案鼓勵員工的業主精神，員工可以用折扣 5%的價格認股，並搭配員工認股每年可投入 4,000 美元，或是平均薪資的 10%。共有超過 62%員工參與這項方案，這個比例是歐洲大型企業平均值的三倍。就像瑞典商業銀行一樣，個人的蓬勃發展與公司的持續成長密切相關。

像業主一樣思考與行動的員工不需要很多監督。因此，萬喜的巴黎總部只有 2,500 名人員，僅占總員工數的 0.1%。胡拉德說：「養一支會擋路的稽核大軍是沒用的。」

紐克鋼鐵、海爾公司、瑞典商業銀行與萬喜集團，這些公司所打造出來的組織是，以業主為核心的聯盟。過去十年，每間公司最終都呈現出開枝散葉的業主精神，例如：

- 降低流動率，並且產生更聰明、對工作更熟練的勞動力。

- 解放對自主做決策的拘謹束縛。
- 增加創新的誘因。
- 創造更多凝聚力與革命情感。
- 強化與顧客之間的連結。
- 做出更快、以資訊為根據的決策。
- 打造更扁平、更精實的組織。
- 產生超越平均值的報酬。

各位再想想看，千禧世代中有77％渴望經營自己的事業。他們在大型企業中為什麼不能做這件事呢？開創事業時最常碰到的兩大阻礙，分別是無法取得資本與缺乏專業，但都是大型企業尤其有辦法解決的問題。瑞典商業銀行只花了三年時間就在英國開設上百間分行。這樣的速度沒有任何一間獨資、實體的新創企業可以跟上。此外，大型企業還擁有龐大的知識量。小型企業主通常要花多年時間、犯過很多錯誤，才能培養可靠的財務判斷。相形之下，一家老字號的公司卻能夠快速提升員工的技能，就像紐克鋼鐵利用「錢與噸」的模擬遊戲訓練員工。員工不應該在擁抱自行經營事業的自由，以及徹底利用大公司的資源之間做抉擇；而且如果他們是在紐克鋼鐵、海爾公司、瑞典商業銀行或萬喜集團內工作，他們根本不必做抉擇。

著手開始

你要如何在組織中提升業主精神呢？以下是幾項建議：

1. 從重新分配職權開始。你要退出關鍵決策，讓團隊做決定。（第 15 章會再詳談這一點）。
2. 如果你的公司沒有分紅方案，遊說公司建立一個方案，並且確保每一位員工都能參與。在有賺錢的年度，獲利分享應該會把平均獎金拉高 10%以上。
3. 盡量把大單位拆分成小單位。一個營運單位通常要少於 50 人。
4. 讓每一個單位經過充分訓練後盈虧自負。把分攤的公司間接費用降到最低，並且避免根據複雜的 KPI 設立指標。
5. 擴大第一線營運團隊的決策優先權。給予他們對單位策略、營運與人事的決策責任。
6. 把那些限縮第一線單位自由的舊政策撤除。對於中央提供的服務，給予這些事業權利去協商價格，並且讓他們在認定交易不划算時也可以選擇退出。
7. 一旦每一個單位都能真正的自負盈虧，就可以大幅提高承擔風險的個人或團隊的獎金比率。確保超越平均值的表現，能夠為他們帶來超越平均值的報酬。

以前有過一段時間,「員工」的概念還很新奇。在 19 世紀,美國曾經是「自雇者共和國」,這個說法出自羅伊・雅克(Roy Jacques),而且他形容得非常貼切。[19] 那些為別人工作的人,不管是在製革小屋、鐵匠工廠或是雜貨店裡工作,都夢想著開創自己的事業,而且很多人都這麼做了。要是他們知道兩個世紀之後,後世子孫會受雇於人、供人使喚,想必他們可能會覺得憂傷又苦惱。

我們回不去 19 世紀,但是每個組織都能夠成為業主同盟,從而激發出自豪、熱忱、熟練與績效,而這些都是人本體制的最大特徵。

第 8 章

市場的力量

你可能不想生活在中央集權的計畫經濟當中，因為高高在上的當權者會決定何者該生產、生產多少量。你也不願意商品價格是由國家頒布的規定來決定，或是只能被迫向國營的獨占企業購買。你更喜歡選擇會讓你怦然心動的商品。

隨著時間過去，中央控制會造成全然的扭曲，例如經濟部門的成長失衡（多半對資本密集產業有利）、傲慢的國營企業、慣性的產能不足或是產能過剩，以及數量驚人的不當浪費。舉例來說，中國的國營企業占國家產值約 20%，卻也占了企業貸款總額的四分之三以上。[1] 此外，中國國營單位的資產報酬率只有民營企業的五分之一。[2]

當企業是以商業邏輯而非政治考量為依據時，做出來的投資決策會比較明智。不受國家補貼支持的行業更有效率，而且當市場對所有人開放時，消費者可以得到更好的對待。這是亞當斯密那隻「看不見的手」給我們的獎勵。

執行長都承認自由市場的優點，企業卻還是以計畫經濟般的傳統架構來經營。就像前蘇聯，決策權高度集中在上位者手中。要讓我們的組織更具有適應力、更創新、更人性化，改革勢在必行。為了得知改革如何運作，我們必須了解那些表現優於階層制管理的市場具備哪些條件，並且試著想像如何把這些優點複製到我們的組織當中。

集體智慧

你會因為某個人（例如公司財務長）設定一個價格就跑去買股票嗎？很可能不會。你知道個人對資產價值的意見不可靠，不管你要買的是一張股票、一幅畫作，或是一台古董汽車。在掏錢以前，你會想確定這筆金額是公平價格，也就是市場價格。

市場可以將大量的資訊彙總成單一估值，例如 Google 的股價反映投資人已知會影響 Google 未來獲利能力的一切近期因素。

如果你不信任由一小群專家決定的股票價格，又怎麼會相信一小群高階主管，認為他們能夠評估一項重大的策略商機，像是收購案、擴大產線，或是新技術等？沒有一個人或一小群人能夠囊括一項重大策略商機所有的相關資訊。所以，科層體制的權力結構對高層意見那麼看重，自然令人憂心。

很常見的狀況是，少數高層主管的意見被賦予無限、毫無根據、超乎平常的可信度。在科層體制裡，愈重要的決策卻只有愈少人可以質疑決策者，這實在很愚蠢。

盲目接受權威的代價可能很高。保羅・歐德寧（Paul Otellini）在擔任英特爾執行長期間，錯失了為最早的 iPhone 做晶片的機會。十年後，為了替當時的決策開釋，歐德寧說 iPhone「比每個人所想的成功百倍」。[3] 真的嗎？「每個人」都這麼想？如果你認為手機是全世界最普及的電子裝置，而且現在有機會將它變得更優秀，為什麼你不會期待它大獲成功？任何人都會納悶，歐德寧在做這個重大決定之前，諮詢過多少位英特爾的年輕工程師。

諷刺的是，英特爾一直都是集體智慧優勢最長期的一個實驗對象。[4] 加州理工學院（Caltech）的教授花了八年多的時間，針對英特爾的專家預測人員的意見，以及從部門員工採集而來的群眾智慧，比較他們對銷售所做的預測。這群人每個月都會被問一次，要他們預測接下來四季的產線營收。參與者運用名為「法郎」的虛擬貨幣購買票券，每一種票券代表一個特定範圍的營收結果。例如，有一種票券預測特定系列產品的營收範圍落在 1,500 萬至 1,520 萬美元之間；另一種票券則預測營收落在 1,520 萬至 1,540 萬美元之間。每一張票券的價格都一樣。參與者可以針對同一個營收區間買好幾張票券，也可以分散押注在好幾個區間上。重點是，每個月交易只開放一小時，以此減少參與者「搭便車」參考同儕看法的機會。

當實際銷售數字出爐時，買對票券的人會收到一筆錢。在 2006 至 2013 年期間，英特爾做了 959 回的預測實驗，其中有將近三分之二是群眾打敗了專家。

近年來，意見市場已經展現出他們在預測選舉、科學突破性進展、傳染病傳播、電影票房，以及學術研究再現（replicability）*方面的價值。[5]在一個典型的個案中，研究人員發現愛荷華電子市場（Iowa Electronic Market）所做的美國總統大選預測，有 74%會打敗專業民調專家。[6]其他研究也顯示，就算市場裡的人很少，例如只有數十人而不是上百或上千人，市場的表現依舊超越專家。[7]

這一切在在顯示，要是高階領導人在做重要決策前沒有諮詢眾人，組織可能會被課徵一筆「無知稅」。我們不妨想一下思科（Cisco）的例子。2010 年 10 月，這家位於加州聖荷西的網路設備製造商推出了 Umi，這是一款售價 600 美元、用來把高畫質電視變成視訊會議終端機的消費電子產品，使用者只要每個月付給思科 25 美元，而且朋友與家人也都是訂戶就可以使用。儘管他們請來歐普拉（Oprah Winfrey）主持全球發表會，但是 Umi 在退出市場之前只存活了 18 個月。這個注定失敗的產品在抵達商店貨架前就被《財星》雜誌認為是「針對沒人提出的問題所提供的解決方案」。[8]要是思科的領導人曾經在內部市調過 Umi 的前景，這間公司應該不會砸大錢把自己搞

* 譯注：指的是當不同的研究人員以相同的方法複製研究時，應該獲得高度一致性的實驗或觀察結果。

得這麼難堪。

在評估新產品發表的潛在報酬、價格變動、大型改組或是新的行銷案時，集體智慧會是無價資產。建立內部意見調查需要花一點功夫，但是總比重大商業失誤更省錢。

敏捷分配

過去 50 年來，紐約證券交易所的整體績效打敗交易所中每個成分股。換句話說，數百萬普通投資人所做的投資決策，比那些收入可觀的執行長更好。為什麼？因為市場比階層制更會分配資源。

在市場中，資金決策是分散的、公平的、動態的。投資人可以隨心所欲決定要投入多少金額，賣掉表現不佳的證券時比較不帶感情，而且交易時極少與人產生摩擦。科層體制正好相反，在科層體制中，一小群高階主管負責做出重大的資金決策，而且往往高度政治化的為了預算你爭我奪。研究人員已經發現一大串破壞流程的反常現象，導致企業做出局部最佳化的資源分配決策。[9] 其中最有害的現象，包括：

- **捍衛屬於自己的一切。**領導人往往會將他們掌控的資源視為自己的地盤，而且即使和其他單位分享資金與人才會得到更高的報酬，他們通常也不願意這樣做。[10]

- **有錢的更有錢**。在經營多種業務的企業中，規模最大的單位拿到的資金往往超過他們應得的比例，而且這不是因為他們的資本報酬率較高，而是因為這些單位的領導人比較有政治影響力。[11]
- **把錢投入無底洞**。高階主管往往會過度投資在身陷泥淖的事業，期待扭轉頹勢。研究顯示，在大多數個案中，如果組織投入棘手單位的資金減少，資本報酬率會更高。[12]
- **要苦一起苦**。當資金短缺，高階主管往往會全面裁減開支，而不是保護最重要的優先業務。[13]
- **一切都跟人脈有關**。無論特殊商業個案的功過，擁有強大內部人脈網絡的高階領導人，比起人脈沒那麼強的領導人，往往能爭取到更多資源。[14]
- **顧念舊情**。高階主管對於職涯早期待過的事業單位，比較不可能撤資或出售。[15]
- **美化**。在為資金競爭的過程中，事業單位的領導人出於誘因，往往會誇大他們投資提案的優點。公司高階主管往往很難查獲這些失真的資料。[16]
- **更習慣按照往例辦事**。資金決策往往依循上個年度的預算，導致每個事業或產品線的預算都跟往年差不多，只是增減些微的百分比而已。[17]

關於最後一點，麥肯錫管理顧問公司有一份報告可以作為佐證。他們針對 1,600 間美國企業的研究發現，在超過 15 年的時間裡，個別事業單位拿到的資金，跟上一年度對比的相關係數是 0.92。[18]

基於以上總總理由，內部投資決策很常受到個人偏私與政治手段影響而嚴重扭曲。於是，造成的淨效應是：高度的慣性分配，以及習慣犧牲「可能做得到」的機會，反而過度投資在「已經在做」的一切。這也難怪新創企業總是最先掌握未來的趨勢。

近幾十年來，舊金山到聖荷西這一帶十哩長的狹長土地創造出最高的人均財富，地表上沒有任何地方可以與它匹敵。在 2010 至 2019 年間，有 3,500 億美元的創投資金湧入灣區的新創公司。[19] 最近，美國 122 家獨角獸，也就是有創投資金支持、市值至少 10 億美元的民營公司中，有半數將總部設在北加州。

這間「矽谷公司」沒有執行長。沒有中央集權的當權者決定要投資多少錢在人工智慧、雲端服務、藥物基因體學（pharmacogenomics）、虛擬實境、金融科技，或是網路安全業務裡。取而代之的是，上千名天使投資人與創投資金彼此競爭，爭奪著三個市場（新商業構想的市場、世界級人才的市場，以及風險承受的市場）交會之處，奮力創造價值。這些市場充滿生機，永不滿足。彷彿矽谷裡每一個人都在追尋下一筆交易，尋找下一輪資金，或是試圖在下一個 Google 或 Airbnb 謀得職位。矽谷所有的資源會轉變成各種最有可能產生價值的形式。相形之下，在大型組織當中，資源流動遲緩。除非有高階副總裁下令移動，否則它們就會停滯不動，然而等到這個時候才移動已經太遲。

在科層體制組織，只有一個地方可以兜售創意，也就是上頭的指揮系統。任何構想只要跟近期的優先事項或是跟高層的意見不同調，就會被擋下來。相反的，在矽谷，想成為創業家的人在找到願意贊助的金主之前，被回絕個十餘次並不罕見，可是在大部分組織裡，一次否決就足以扼殺一個新創意。

事情可以不必這樣發展。讓我們想想 IBM 的例子。最近，這間 109 歲的 IT 服務公司一直努力透過開放資源分配的流程，內化矽谷的精神特質。經歷過好幾個小規模的實驗後，IBM 在 2013 年推出第一個內部募資平台 ifundIT。當時 IBM 創新中心負責人法蘭索瓦絲．樂高斯（Francoise LeGoues）解釋了他們的目標：「我們要如何確保每一個擁有卓越創意的人都有機會被看見、被聽見？」[20] 公司裡兩萬名 IT 員工都有機會拿到最高 2,000 美元的投資基金。只要一項投資提案在同儕募資中吸引 2 萬 5,000 美元，就會轉為官方批准的專案。頭一年，來自 30 個國家的上千名員工參與了這個平台。

其中一項勝出的構想來自軟體工程師萊恩．賀頓（Ryan Hutton），他提出一種線上工具 Tap-o-Meter，用來提供內部研發人員即時數據，觀看他們的應用程式在全公司裡的運用情形。多虧 ifundIT，這項專案從發想到批准只花了不到一個月，以大多數大型企業的標準來說，已經是超快的速度了。賀頓在大學畢業後就進入 IBM，提出這項工具時他才 24 歲，因此可以理解他為什麼會興高采烈的說：「這麼快就看見結果太棒了，很驚訝我在職涯這麼早期就有機會發揮這樣的影響力。」[21]

IBM 還有一個更戲劇化、更有企圖心的群眾募資成果是在 2016 年推出，當時他們要 27 萬 5,000 名員工提出構想，思考如何利用公司在人工智慧方面的先驅作品。這項名為「認知開發者大會」（Cognitive Build）的專案展開一輪腦力激盪，產出 8,361 項創意構想。[22] 在這堆想法中，共有 3,924 名貢獻者提出意見，進行技術檢討，再從中篩選出 2,603 項構想。接著，每一位 IBM 員工都會拿到 2,000 美元的虛擬貨幣，鼓勵他們拿來投資他們認為最有前景的創意。總計超過 22 萬 5,000 名員工參與，投資高達 2 億 9,100 萬美元的夢想資金。在十分倚重群眾選擇的情況下，內部評審把範圍縮小到最終的 50 項構想。最後，參與者在一場面對顧客與高階主管組成的評審小組的盛會，各自進行竭力推銷後，IBM 宣布三名獲獎者，其中一項是只顯示文字（text-based）的心理健康諮商方案。進入準決賽與決賽的參賽者都能夠獲得金錢獎勵，一些獲得高度評價的構想則獲准進一步開發。

如果沒有這樣寬廣的創意市場，認知開發者大會中許多最有前景的解決方案應該不會出現，更別說拿到資金了。市場存在的本身就能激勵賣家，吸引買家。

隨著投資人簽下合約協助團隊推動創意，認知開發者大會也釋放大量自願性努力所產出的成果。沒有這個市場，這些決定自動自發努力的成果大部分只會繼續不見天日。

也許最重要的是，IBM 的內部市場給予新奇構想開發的機會，讓參與者在面對高層的評斷之前，先吸引一批追隨者。提出構想的人會收到如洪水般到來的回饋意見，在許多情況下，這樣的機制都能培養一批內部擁護者。藉由確保沒有人能夠隻手遮天扼殺新構想，這個流程避免上令下行造成的常見局限，以及蘇聯式的資源分配。

我們認為，每一間公司都需要組建一支天使投資人軍團。這樣的好處是，會有更多新構想、更多熱情、更少盲點，以及更快進步，這對打造進化優勢來說很重要。而且從人性的觀點來看，創意精神不應該受到資源分配流程的妨礙，這種流程太著重政治關係，而非注重創意的品質。

動態合作

市場可以為合作取得非凡的功績。想像一下，如果你住在倫敦，正在為一場晚宴研擬菜單。你上網採買時，很神奇的什麼都有：蘇格蘭的牛肉、法國的蘆筍、澤西島（Jersey）的馬鈴薯、丹麥的奶油、肯特郡（Kent）的草莓、紐西蘭的紅酒，還有肯亞的咖啡。下訂兩小時後，所有東西就送上門了。

這種魔法是透過遍布全球又超難理解的複雜合作網絡促成。由數十位農夫、包裝業者、運輸業者、批發商與零售商，藉由某種方式全體協力幫你準備大展廚藝。這是市場的奇蹟。

擬定與執行合約需要花錢，但是比起科層體制的做法，例如上令下行、行政人員的干涉，以及過多委員會督導，以市場為基礎的合作通常更有效率、也更有彈性。

要是市場具有優勢，可以將多個活動同步化，階層制為什麼還沒有消失？大多數經濟學家給出的答案是，當以市場為基礎的協調與合作成本超過科層體制的配合與行政命令，階層制就會倖存。每當想要獲取的技能與資源難以估價、稀缺（導致買家有被挾持的風險），或是需要以無法預先具體說明的複雜方式跟其他活動整合時，締約承包的做法就會變得昂貴。例如，很難想像蘋果是怎麼憑藉一群獨立承包商經歷多年的努力，揉合令人吃驚的大量技能與技術來創作出 iPhone。

羅納德．高斯（Roland Coase）與奧利佛．威廉森（Oliver Williamson）等經濟學家說對了，他們主張對公司而言，有時把商業活動「內部化」，會比透過彼此獨立的公平交易簽約做法更有效率。但是，他們錯以為這些活動一旦內部化，就不能透過類似市場的機制來協調合作。經濟學家把世界分成市場與企業。而根據定義，市場是去中心化的，企業則不是。

然而，海爾公司明確證實了混合式的機制是可行的。海爾的小微是藉由簽約所組合而成的網狀組織，既能產生典型階層制組織的合作優勢，又能實現市場的祝福：自由、對顧客當責，以及創新的誘因。海爾不是由金字塔的權力關係組成，最貼切的說法是友好承包的生態圈。

本書第 2 章側寫的蕃茄加工廠商晨星公司也一樣。儘管經營的是複雜、垂直整合的事業，但是晨星沒有主管。取而代之的是把農場新鮮的蕃茄變成耐存放產品的流程安排，而這是內部承包的產物。

每一年，晨星 500 名全職員工都能跟團隊成員協商出一紙個人績效合約名為「同事協議」（Colleague Letter of Understanding，簡稱 CLOU），其中會詳列責任範圍與績效指標。在倉庫工作的人，列在同事協議的職責會包含採辦包材、裝載貨車或軌車、維護與修理堆高機、評估新的倉儲技術、為新設備研擬資金提案，以及訓練同事等。他的績效指標則會涵蓋裝載貨車的平均時間、準時運送貨物的比例、接獲的客訴數量，以及每噸運輸量的倉儲成本。所有同事協議都是在線上填寫，任何成員都能查看。

通常一份同事協議上會有八到十人的簽名，其中大約一半是員工目前的團隊成員，一半是鄰近工作區域的人。關鍵在於，每一位團隊成員都能自由選擇簽約方。如果有兩名團隊成員不同意同事協議上的條款，他們可以要求一位公正的同事調停。要是調停不成，爭端會轉由同儕組成的專門小組，透過仲裁手段來解決，而且大家必須遵守仲裁結果。到年底時，當地選出的薪酬委員會，將根據同事協議檢討團隊成員的績效，並且根據績效分派獎金。

從外部來看，協商以及建立不規則發展的承包網絡，可能會引起爭論，而且很浪費時間。但是，從幾個原因來看，情況並非如此。首先，每一個同事都致力於相同的目標：確保晨星維持世界最大番茄加工商的地位。團隊成員知道，唯有當晨星長期打敗競爭對手，才能拿到領先業界的薪酬。這樣的體認會促成調高績效標準的力量，也讓員工無法忍受公司刻意降低標準。第二，由於晨星是個好職場，同事們多半任職很久。身為團隊成員，你知道如果占同事便宜或沒有兌現承諾，只會自食惡果。這鼓勵同事從建立關係而非進行交易的角度思考合作方式。協商同事協議很費勁，但是過程友好、和善，沒有那種往往會折磨外部承包商的零和思考。第三，既然同事協議開放查看，而且不只一個人簽名，很少有團隊成員或單位會冒險利用私人關係協商出特別有利的條款。第四，由於晨星大部分員工都已經進入蕃茄產業多年，他們很適合評估同事的技能與貢獻。第五，在晨星，人人都能取得財務數據，因此沒有資訊不對稱導致某一方可能占另一方便宜的問題。最後，由於職務與職責都相當穩定，同事協議裡的要素不需要每一年都重新協商。

簡單來說，晨星內部的市場能夠發揮作用，是因為他們夠合群。合約雙方因為共同的目標、交互的職務、可取得的資訊廣泛，以及共同的產業背景而一起受到約束。這樣的關係減少了模稜兩可、不確定性與投機主義，可以避免交易成本提高，或是買賣雙方難以相處融洽的問題。

如同海爾與晨星向我們證明的是，你不需要一群主管來協調個人與團隊。要是按照傳統安排，晨星這種規模的事業體，假設控制幅度是 1:10，將會有四個管理階層；但是它卻只有兩個管理階層，分別是總裁克里斯．魯弗以及其他員工。此外，海爾也只有四個階層。這就是內部市場功能完善的效率紅利。

競爭紀律

市場經濟，顧客至上。企業一旦錯過重新發明商業模式、將產品升級，或是給予顧客更划算的買賣，很快就會發現自己處於劣勢。當寶僑旗下的吉列（Gillette）容許像哈利（Harry's）這樣的競爭對手率先在線上販售中價位的刮鬍刀，就會發生這種情形。吉列的美國市占率從 71％銳減到 59％，接著這間長期自滿的市場龍頭被迫降價，並且推出訂閱服務。[23]

執行長聲稱他們是競爭的狂熱愛好者，就算被顧客打臉也一樣。那麼他們為什麼容得下自己組織裡的資源獨占？內部工作如人資、企畫、採購、製造、行銷、財務、IT 與法務通常都只有單一供應者。就連把其中部分職能外包，內部顧客還是被迫得跟總部認可的單一廠商往來。

除了極少數例外，這些內部工作都不會接觸到市場力量。即使員工或許各自都有能力與同情心，但是總體而言，他們形同公司裡的「行政國」（administrative state），得以行使廣大的權力，卻極少受到監督與制衡。

主張集中管理這些工作的人，認為這樣做確保了一致性、推動最佳實務，以及降低風險。問題是，很少有領導人停下來問，有沒有辦法能以更便宜或更少副作用的方式來獲得這些好處。

要是詢問營運單位負責人內部獨占的缺點，你會發現他們滔滔不絕。部分典型的抱怨如下所列：

- IT 部門要實現關鍵的系統升級，得花好幾個月或好幾年。
- 拜占庭式的採購規則，很難吸引新的供應廠商。
- 不容變更的人資政策，造成獎勵與留住頂尖人才的困難。
- 太過熱心的律師，似乎很樂於拋出障礙物。
- 心思全在成本上的財務主管，似乎完全不知道什麼條件可以真正驅動顧客價值。
- 在馬拉松式年度預算編列工作中訂定的計畫，似乎才寫好就被拋諸腦後。

- 比起解決商務上的問題，員工似乎對於遵守規定比較感興趣。

這些不僅僅是牢騷，它們是組織跟激勵目標徹底脫節的證據。工作上必須面對市場的員工知道，如果他們無法滿足顧客的需求，就會被顧客炒魷魚。相形之下，公司員工只能被最高統治者辭退，所以他們因此而忠誠。當內部行政人員虛報成本、提供不夠標準的服務，或是堅持不計代價的順從時，他們鮮少或從未因此受到懲處。

如果各位覺得我們言過其實，請回想過去的經驗。平均而言，當你不得不與總部辦事處的員工互動時，你覺得他們是在為你做事，還是在做做樣子？我們猜答案是後者。當你遇到獨占，無論對方是你的有線電視台供應商、國稅局、汽車部門，或是你公司裡的人資部門，你就會有這種感覺。

幾年前，《哈佛商業評論》曾在封面上疾呼：「是時候炸毀人資部門，建立新事物了。」但是，當期雜誌的兩篇專題文章，一篇出自華頓商學院教授，另一篇出自資深顧問團隊，都沒有提及「顧客」或「用戶」，而且是一次都沒有。[24] 我們發現這個驚人的遺漏，某種程度上，這是人資專家把人資部門在公司裡的獨占地位視為理所當然的證據。

我們能做些什麼，來給這些內部服務單位一點競爭壓力呢？就從計算公司要你的單位分攤多少服務成本開始。要求財務單位的同事拆解這些分攤費用的組成要素，算出你得支付多少錢給人資、IT、法務與其他服務部門？下一步，要求每個部門準備一份文件，詳細敘述他們打算在下一個年度如何為你的單位增加價值，並說明這些服務如何配得上你所分攤的成本。最後，回頭去找內部的部門，如果他們的服務或費用不符合標準，就要求他們達到外部的參考指標。如果你想要讓內部員工把你當成顧客對待，就得先表現得像個顧客。

拆除內部獨占的原因無可指謫，畢竟要是一間公司的營運單位被迫向內部供應商購買沒有競爭力的服務，就無法期待能夠在競爭激烈的市場上勝出。海爾公司知道這一點，所以他們把總部的職能轉型成小微企業，讓他們跟外部廠商競爭。

在一個開放的市場裡，內部單位在提供服務上理應具有優勢。他們想必比外面的人更了解公司業務，能夠在內部買家裡占上風。要是內部職能有這些優勢，卻依然無法提供具有競爭力的服務，那他們就應該關門大吉。海爾便是這樣，每一個內部職能事業群都應該真正盈虧自負，想辦法為自己經營的業務賺錢。

集體智慧、敏捷分配、動態合作與競爭紀律，這些都是市場的祝福，也是組織適應力的要素，對整體經濟的活力來說不可或缺。

著手開始

在組織中，不是所有的關係都能透過市場解決，但是的確有許多可以透過市場解決，我們也應該這麼做。那麼，該如何把一些市場原則套用到你的組織裡呢？下列是基本步驟：

1. 要求領導人公開承認，在複雜且充滿不確定性的世界裡，中央集權、上令下行的決策方式有局限。
2. 以內部的意見市場來測試主要策略誘因的優點。看群眾會如何為互相競爭的提案打分數，或是如何評判一項重要的新計畫達成里程碑的機率。
3. 要對導致資源配置扭曲的因素提高警覺，並要求決策者採取積極作為，減少這些扭曲的情況。
4. 確保內部創新者能有多方取得資金來源的管道，並要求群眾參與注資決定。
5. 盡量使用公平交易合約來引導組織內部商品與服務的流動。避免下指令、由高層分配管理費用，或是由總部決定移轉定價。
6. 把行政職能部門拆分成比較小的單位，並且讓他們跟外部供應商競爭。
7. 隨著時間慢慢擴充群眾的權限，讓他們定義公司的價值、為高階領導人帶動公司進步的能力打分數、提出收購目標，找出低價值的科層體制例行公事等。

雖然市場也無法在欠缺適當的監管組織時運作，而且偶爾會有陰晴不定的情況，但是它利用人的智慧與自發性的能力無與倫比。市場打開了上對下控制的枷鎖，釋放了人類的創造力，因此對打造人本體制來說，這樣的機制是不可或缺的。

第9章

任人唯才的力量

任人唯才（meritocracy）成為社會理想的勝利是人類史上的一個轉捩點。啟蒙運動以前，大部分的社會都經過精心分層，像是英國階級制的國王、公爵、伯爵、子爵和男爵，或是中國帝制裡的皇帝、親王、郡王、貝勒與貝子。在這些社會制度裡，大部分的人民，如農民與奴僕，提高身分地位的希望微乎其微。

洛克（John Locke）、孟德斯鳩（Charles Montesquieu）與盧梭（Jean-Jacques Rousseau）等哲學家質疑這種沒有經過遴選的精英概念。湯瑪斯．潘恩更是在美國大革命前夕大膽宣告：「在上帝眼裡，對社會來說，一個誠實的人比所有頭戴冠冕的暴徒更有價值。」潘恩認為，權力是人民與生俱來的，不是君主的神聖權利。

我們如今距離18世紀末已經很遙遠了，遠到對於這種權力翻轉的突破性新奇經驗沒有感覺。如今很少人會質疑任人唯才的道德性或是效果，我們反而會爭論，如何令社會更能讓有能力的人出頭。偏見與貧窮依舊遏阻了上百萬人展露潛能，但是我們不像啟蒙運動前的先人，我們不會把這當作命運的作弄，而是視為令人惋惜的失敗。

儘管致力於機會平等，我們也同樣承認，讓有能力的人成為領導人的價值不容質疑。我們很高興醫學院學生取得醫師執照是根據考試結果，而不是社經地位。我們讚美運動員的成就是因為我們知道獲勝者能踏上領獎台，而不是靠花錢打通關。我們相信科學發現是因為科學研究受同儕評審的監督。我們欣然接受不必是好萊塢的顯赫成員，也能在 YouTube 獲得百萬點擊數。

在任人唯才的制度下，藉由確保個人不受社會地位與人脈限制，每個人都有貢獻一己之力與成功的自由，報酬會根據才能而提高。有鑑於此，當世上最普遍的社會結構（也就是科層體制）系統性的破壞任人唯才的概念，自然令人憂慮。根據我們在《哈佛商業評論》做的調查，76%的大型企業員工回答，政治行為會決定誰能夠在組織裡出線，而且影響很大。事情不應該這樣發展。科層體制是用來克服工業革命前控制組織的陋習，也就是任人唯親、崇拜長者與階級意識。組織設計的一大突破發生在 19 世紀初，當時的普魯士軍隊在被拿破崙擊敗後，針對想要成為軍官的人採取競爭式的遴選流程。在此之前，軍事指揮官都是從貴族中拔擢，於是不意外的，頭銜反而成為軍事天賦糟糕的證明。

理論上，科層體制是論功行賞，讓能力優異的人比沒有那麼精通的人更有機會獲得拔擢。但是在實務上，組織卻連稍微接近這個理想目標都很少做到。

在本章，我們將審視科層體制對任人唯才的威脅，並且建議一些修正方案。

誇大能力

我們人類通常會高估自己的能力、又低估自己的缺點。在我們的調查中，84%的中階主管與97%的高階主管宣稱自己的績效在組織中排在前10%。[1] 高估自身能力的習慣如此普遍，甚至衍生出一個名詞：優於平均值效應（the better-than-average effect）。一份經常被引述的後設研究顯示，自我評估與實際表現之間的相關係數只有0.29，如果是評估管理績效，數字更是低到可以忽略不計，僅有0.04。[2]

儘管自我誇大的傾向十分普遍，但在高階管理層中特別顯著。原因如下。

第一，自信心很強的人在爭奪權力時很容易獲得一項優勢。研究顯示，在判斷其他人的能力時，我們很容易受到氣勢的影響。無論自信是否真的代表有能力，一個人外表看起來愈有自信，我們愈容易相信他真的有能力。真正的能力經常很難評估，因此我們改為根據自信心來做判斷。加州大學的卡麥隆・安德森（Cameron Anderson）教授與同事進行有關過度自信與社會地位的六份研究。研究結果堅定的確認了「過度自信的人，會被其他人認為更有能力」的論點。[3]這表示，爬到高層的人多半是最有自信、而非最有能力的人。說白一點，在空氣稀薄的高處，自我認知與現實之間的鴻溝可能最大。別懷疑，真的有可能靠著說大話爬到高層。

第二，在正式的階層制當中，權力關係極度不對等。主管對部屬的控制遠大於部屬對主管的控制。因此，質疑主管的能力會有風險。如果你對老闆膨脹的自我刺上一針，最後「啪」一聲破掉的是你的前途。權力上的懸殊鼓勵所有人默然接受現況，而領導人往往誤以為這是上下一心的表現。畢竟，比起懷疑部屬只是為了工作而陽奉陰違，相信他們點頭稱是就代表同意顯然讓人開心多了。在強權面前，令人不快的事實受到漠視，相反的意見不見天日，而人們對高層能力的質疑，只會出現在大廳的竊竊私語當中。

第三個理由是，階層制會對高階主管的能力做出不切實際的假設。在那些支持權力應該由上而下賦予的人當中，最普遍的信念就是「大」議題要留給「大」領導人獨自決裁。高階領導人的確要為策略負起最終的責任，但是這不代表他們就是擬定策略的最佳人選。高階主管團隊只是智慧多、經驗多，但是只有這些通常不夠，而他們又多半抗拒眾包的策略。畢竟，如果他們不是擘畫未來與發號施令的人，又要如何證明自己的豐厚薪資賺得正正當當呢？

這就是設定正式階層制的問題：領導人備受期待，要對超出任何一個人或一小群人認知局限、複雜又模糊的議題做出最關鍵的決定。就像我們在第 2 章中主張，階層制對太少的人要求太多。不幸的是，高階主管往往認為他們可以勝任。

想想傑夫・伊梅特（Jeff Immelt）的例子，他是奇異公司 2001 至 2017 年的董事長兼執行長。伊梅特有一些決策的確廣受好評，例如出售塑膠事業；不幸的是，這些行動不足以抵銷他做過的眾多可疑賭注，例如在金融危機前擴大奇異資本的規模，支付太多錢給法國電力公司阿爾斯通（Alstom）*，或是在債台高築之際又投入 930 億美元買回自家股票。在伊梅特任內，奇異的股價只漲了 27%，同期道瓊工業指數卻漲了 183%。在與外人互動時，伊梅特給人聰穎、迷人、渴望學習的印象，但在內部，他經常被視為絕對不會出錯的先知。一位前奇異員工告訴《財星》雜誌的傑夫・柯文（Geoff Colvin）：「當位居高層的那個人是全世界最聰明的人，你就有了一個十足的問題。」[4] 伊梅特從未宣稱他無所不知，但是科層體制的權力結構永遠都會把執行長投射成超級英雄，也是虔敬的員工、追星的記者與奉承的顧問樂於傳頌的神話。

---

* 譯注：奇異於2015年完成對阿爾斯通的併購，當時在法國政壇引起軒然大波，最後奇異談成的條件形同「割地賠款」。奇異必須以8億2,500萬美元出售鐵路電車訊號部門給阿爾斯通，還要付出135億美元的股票與34億美元的現金，卻只得到阿爾斯通的燃氣發電部門。其他三大事業（可再生能源、電網、核能與蒸氣渦輪機）則由奇異與阿爾斯通成立的合資企業共同掌管。

重點是，誇大高層的能力是科層體制特有的設想。然而真相是，這樣會侵蝕決策品質，而且隨著時間流逝，磨損員工對領導人的信心。

誤判能力

不管我們多難客觀看待自身的能力，在判斷他人的能力時，我們更不會打分數。研究顯示，我們的評估結果往往比我們的評估對象更值得玩味。這種現象也有個名詞：評估者特質偏誤（idiosyncratic rater bias）。有三個因素特別容易破壞我們確實評估他人的能力。

第一，有些人分數打得很嚴格，有些人則一直給分很大方。在 1998 至 2010 年期間進行的三份研究，要求主管、同儕與下屬為他們的同僚打分數。平均而言，60%的分數差異可以追溯到評估者的評分風格。[5] 這些差異導致個人的評估極度不可靠。

另一種失真來自於，我們往往會給跟我們最相像的人打高分。或許出自於希望，我們很習慣把世界分成「我們」跟「他們」，例如本地人與移民、保守派與自由派、信教者與不信教者，以及美麗與平庸。心理學家稱這樣的現象為「群內偏誤」（in-group bias）。儘管我們熱愛多樣性，但是群內偏誤根深蒂固，就連在前語言期的幼兒身上都觀察得到。在一份研究中，研究人員讓一群 11 個月大的嬰兒選擇點心，全麥酥餅或穀麥圈，他們接著提供兩個手偶，一個手偶表示喜歡嬰兒選擇的點心，另一個手偶則表示喜歡另一種點心。最後的結果呈現四比一的差異，嬰兒多半選擇跟自己喜好相同的手偶一起玩。[6]

身為警覺的成人，我們儘管更加意識到偏誤的心態，卻還是很難把「誰有能力？」以及「誰讓我感覺自在？」這兩個問題分開來看。艾美莉．張（Emily Chang）在《哥托邦：矽谷的兄弟俱樂部》（*Brotopia*）中提到，華爾街銀行雇用的男女員工人數相當，但是女性在科技產業任職的占比只有 25%。[7] 更糟的是，女性創業家獲得的創投資金微乎其微，只占 2%。當大部分科技業領導人宣稱已經為任人唯才盡了全力，證據卻顯示只有通過「兄弟會」考驗的人，才會被視為優秀人才。這類暗中危害的群內偏誤製造出軟體業先鋒米契．卡波（Mitch Kapor）所謂的「鏡像統治」（mirror-tocracy）。[8]

此外，還有一種認知上的怪癖會導致誤判，也就是光環效應（halo effect）或號角效應（horns effect）。我們往往會倉促評價他人，而且通常是基於第一印象形成偏誤。即便面對新的數據資料，也難以改變這些最初的評價。研究人員大衛．舒爾曼（David Schoorman）發現，對員工績效考核影響最大的因素是，負責做評估的人是否就是做出雇用決定的人。[9] 多虧了光環效應，深受偏愛的主管副手在遭到解雇之前，可能好幾個月、甚至好幾年都表現不佳。

由於組織對個人能力的判斷大多仰賴單一評估者，也就是這名員工的主管的看法，這些偏見的破壞性影響因而放大。在顧問約翰．迦納（John Gardner）所主導的一份民調裡，超過三百名高階主管被問及升遷決策中普遍的偏袒情形。[10] 在研究當中，偏袒被定義為「根據與個人能力無關的因素，例如背景、意識形態或直覺，所形成的偏心待遇」。迦納的研究披露下列情況：

- 75％的高階主管在雇用決策上目睹過偏袒行為。
- 94％的受訪者認為杜絕偏私的政策無效。
- 83％的人說偏袒行為造成決定升遷的決策品質粗糙。

簡單來說，用於聘雇與升遷決策的「數據」充斥著偏誤，而且人人心知肚明。CEB 公司（Corporate Executive Board）做的一份研究中揭露，77％的人資高階主管坦言，傳統的評估方式無法準確衡量員工的能力與貢獻。另一份獨立的 CEB 研究則發現，個人績效評分與實際商業成果之間的相關性為零。[11] 差不多是說有多不相關就有多不相關。

儘管許多人資專家意識到有必要對績效管理進行全面修檢，但是一般的補救措施，例如拋棄強迫排名、把流程轉至線上處理，以及創造更頻繁的評估機會等，卻無法抵消系統性的偏誤。

過度重視特定能力

促成組織成功最重要的所有技能當中，科層體制最看重其中一項：行政專業。區分管理職與非管理職的不是創造力、先見之明或是技術專業，而是精通行政的奧祕：詳盡的闡述計畫、制定預算、分派任務與準備報告。

不能否認的是，任何組織都得執行一定的行政任務，但是這些工作通常與創造競爭優勢並不相干。能夠產生專利、孕育新產品，或是重新想像出一套商業模式的能力，並不是行政能力。我們不是在說管理工作無足輕重，相反的，它非常重要，而且管理工作做不好會讓一間公司癱瘓。但是，通常行政能力不太可能把一間公司的地位拉抬到同業之上。對組織而言，它就像呼吸、吃飯與睡覺對人的重要性，雖然必要，但不是關鍵。

好幾個世代之前曾經有一段時間，行政技能非常稀有，但是就如同我們將在第十六章提出的主張，這種情況已不復見。然而，在美國，管理與行政人員拿走了30%的總薪資額，人數卻只占整體勞動力的18%。

在科層體制裡，薪酬與職等相關。在一間財星500大企業裡，執行副總裁（EVP）一年可能會賺進500萬美元，相對的，職位低了兩階的副總裁（VP）年收入可能只有50萬美元。理論上，這樣的倍數差異應該反映出兩份工作在執行時的困難程度與影響力差異。但是，在實務上，這樣的差異多半僅只限於想像，而不是現實狀況。執行副總裁要管理的組織，可能比職位低兩階的副總裁要大，然而光是這一點，並不會讓執行副總裁的工作難度更高。舉個假設性的例子來說，管理一個跨數十個地區銷售團隊共千名員工的單位，並不會比帶領一個百人的產品研發團隊更費心思。通常而言，當部屬被直式除法困住時，執行副總裁也不會需要解開更困難的偏微分方程式，但是他們拿到的收入卻彷彿他們完成了更難的工作。

你或許會主張，執行副總裁所做的決策，可能比那些不重要的副總裁重要多了。但是，即便真的是這樣，如果要為這麼大幅度的薪資落差提出正當理由，這位高階主管就應該明顯的比部屬更加洞察事理。不幸的是，智慧與職位具有相關性的證據微乎其微。甚至，有愈來愈多的研究顯示結果恰恰相反：職權會提高做出愚蠢決策的機率。加州大學柏克萊分校的心理學教授達契爾．克特納（Dacher Keltner）花了 20 年時間研究權力的影響，他的結論是：「權力令人更加衝動行事，更少風險意識。」[12] 換句話說，執行副總裁的決策可能比低階主管的決策更重要，但是他們不見得會做出正確的決策，而且當他們決策錯誤時，真的會錯得很離譜。所以我們才要在前幾章主張，重大決策要盡可能問過群眾。

簡單來說，行政人員享有不成比例的權力與金錢酬庸，不是因為他們的工作創造眾多價值、更有挑戰性，或是更可能做得「正確」。而是因為科層體制往往高估行政能力，而且主管的薪資是依據組織編列的預算或職員總數發放，而不是根據主管產出的附加淨值。

同樣的，情況不必如此發展。海爾公司、紐克鋼鐵、萬喜集團、戈爾公司等先鋒組織，把大量行政工作分攤給第一線員工。你應該會想起海爾在轉型為小微模式後，裁掉上萬個中階主管職位，而這樣的轉型沒有削弱海爾，反而強化了組織效率。

前面我們提過，奇異在北卡羅萊納州德罕市有一間噴射引擎裝配廠，廠內有 300 名技術人員，卻只有一位行政人員，也就是工廠主管。在長達一小時的輪班重疊時間裡，團隊成員會擠在會議室中檢討製造計畫、解決供應鏈的問題、調整工作分配、檢討生產力數據，並且處理人資問題，這些工作全都沒有任何一位具有正式頭銜的主管進行監督。

或許各位很難承認，在任人唯才的體制裡，管理不是唯一，只是支配一切的眾多技能之一。

有害的能力

在第 3 章中，我們把科層體制描述成一種多玩家的大型遊戲，員工彼此競爭以獲得升遷的獎賞。這些比賽只會出現一位贏家：一個寂寞無伴的競賽者往上躍升成經理、部門首長或是副總裁。理想上，升遷代表這個人具備優越的領導技能或技術知識。實務上，升遷卻經常獎賞那些嫻熟科層體制鬥爭暗黑藝術的人，他們不露鋒芒、迴避棘手的決策、推卸責難、暗中詆毀對手，以及善於拍老闆馬屁。

在科層體制裡，幾百萬瓦特的情緒能量，虛擲於心胸狹隘的較量上，數據資料被拿來當作對付對手的武器，聯合領導也因為零和的升遷比賽而腐敗。就像前文提過，科層體制沒有勾起人性最好的那一面，也無法可靠的把最優秀的人才推向高層。

想要改變這一切，以任人唯才的精英體制來取代科層體制，我們得做四件事情：排除指標判斷的汙染源、有多少智慧就給多少職權、讓薪酬符合貢獻，以及打造自然產生且動態的階層制。

排除指標判斷的汙染源

儘管 Google 長期以來都掙扎著要聘雇更多女性與少數族群，但是他們長期以來都堅持任人唯才的理念。這間公司並沒有消除傳統層層上報的結構，但是確實有在盡力減少管理上的偏誤。起點是聘雇流程。要應徵團隊領導人以上職缺的外部求職者，至少要由四個人面試：缺人的部門主管、招聘經理的同事、[illegible]位不同部門的代表，以及這個職位之下的一到兩位部屬。每位面試者的意見對求職者的評分都一樣重要。通過這一關的求職者，會受到部門或高階領導階層的聘雇小組進一步調查。

升遷是由跨單位小組決定，而且決策十分倚重同儕與部屬的回饋意見。為了力求客觀，每位求職者的資格，都要以公司內近期剛獲得晉升為類似職務的員工檔案為基準。

績效考核也同樣有廣泛的基礎。每一年，同事都在一份線上調查表上彼此評分。接著由五到十名高階領導人組成的小組開會，比較團隊內與跨團隊的評分分布。這個流程可以降低主管壓力導致虛報團隊分數的可能，並且揭露不同團隊所受到的評價特徵。

藉由降低個別主管在聘雇、升遷與績效考核上的影響力，Google 把偏誤與偏私降到最低，同時讓大家清楚看見，能力比耍心機更受重視。Google 的前人資主管拉茲洛・博克（Laszlo Block）認為這個方法「向求職者發出強烈的訊號，讓他們知道 Google 不是階層制組織，這也能幫助他們預防任用親信的問題」。[13] 身為 Google 人，你會知道前途不在主管手上。你不會把時間浪費在逢迎拍馬，反而能專注於卓越的工作。

橋水基金（Bridgewater Associates）位於康乃狄克州，是全球規模最大的避險基金，他們採取更激進的手段來打造任人唯才的組織。這間公司掌管 1,600 億美元資金，旗下有 1,500 名團隊成員，透過押注於通貨膨脹、匯率與 GDP 成長率等總體趨勢的標的，產生優越的報酬。橋水的旗艦基金 Pure Alpha

在 1991 至 2015 年間締造出 450 億美元的投資報酬，創下業界紀錄。[14]

瑞．達利歐（Ray Dalio）是爵士音樂家之子，1975 年在紐約的兩房公寓展開橋水的事業。達利歐在著作《原則》（*Principles*）中提到，公司的運作是「創意擇優，而非我帶領大家追隨的獨裁專制；也不是那種人人投票平等的民主制，而是一種任人唯才的體制，鼓勵審慎思考的意見不一致與探索，並根據每個人的長處權衡他們的意見輕重」。[15]

為了落實這種「創意擇優」，橋水研發出點數收集器（Dot Collector）；這是一種即時回饋的應用程式，讓員工能以 1 到 10 分，在超過百項屬性上互打分數，例如「向錯誤學習」、「判斷根本原因」、「策略性思考」、「展現智慧馬力」、「發揮創意」、「一絲不苟的解決問題」以及「積極形塑變革」等。

公司鼓勵團隊成員在跟其他人互動後，一整天都可以用點數應用程式為對方評分。即使是一個 24 歲的新進同事，在跟達利歐一起開過投資會議後，也可以把這位公司創辦人當成高階領導人般如實評估。（達利歐收到的點數有 20% 評分在 4 分以下，4 分以下被視為負面回饋。）在一年期間裡，通常同事會收到超過 2,000 點，或是大約一天 8 點。[16] 高階領導人累積的點數會多出許多倍。

打開點數應用程式，使用者會看見十大領域的平均分數，例如「務實思維」、「管理技能」與「決斷力」。在某一項類別點擊兩下，應用程式就會顯示使用者在這項類別的子項目中所收到的評分。每一個評分都會在呈現在時間軸上，以不同顏色的小圓點顯示。例如綠色代表 7 分以上，紅色則代表 5 分以下。點擊小圓點後，就能看見是誰、在什麼時候給的評分。使用者也可以查看其他人的評分。

不意外的，點數檔案在公司進行人事決策時會受到嚴格的審查。有個典型的案例是，橋水要決定是否將一位部門的代理主管升為正式主管。這位候選人很篤定他能勝任，但是其他人不這麼有把握。最後，升遷不是交由執行長裁決，而是把利益關係人都集合到會議室，在螢幕上投放出候選人的點數。達利歐講述這段經歷：「我們一起認真凝視螢幕。然後要求這位員工看著證據反思，如果他是做雇用決策的人，他會怎麼做決定。一旦他能夠退一步審視客觀證據，他便同意放棄，改為在橋水嘗試另一個更符合他長處的職務。」[17]

或許「永不下線」這種極度透明的評分流程會讓你感到緊張，但是點數收集器應用程式並不像表面看起來的那麼激進或獨特。大部分大學教授都會在學期末接受學生的評分。透過網路收集而來詳細的回饋意見，其他學生與大學教職員也能輕易看見。儘管有些人會不自在，但是比起一年一度、由上對下的績效考核，這種以同儕為基礎的開放性評分反而是更好的能力指標。橋水的評分方式著重專業、改善天賦與責任的相符程度，鼓勵領導人坦誠面對自身的局限，並且為個人的成長創造誘因。最重要的是，它降低了只有單一評分者的偏誤。這讓點數收集器成為如實評估個人能力時不可或缺的工具。

有多少智慧給多少職權

在一個完美的世界裡，影響力與專業的相關性應該大過影響力與職權的相關性，而且應該取決於眼前面對的議題。在這一點上，橋水點數收集器這樣的流程，的確帶來不少好處。進行特定決策時，如果我們只能在許多觀點中擇一，公開透明且可以展現細微差異的能力數據，會是一項的強大權衡工具。

想想橋水投資團隊在 2012 年歐洲債務危機時的內部辯論。某些人預期歐洲央行（ECB）將打破先例，向義大利、愛爾蘭與西班牙等國家購買大量公債。其他人認為歐洲央行會追隨德國，而德國反對紓困。數小時的辯論顯示兩造都提出有力的論據，而投票結果也顯示實際上雙方僵持不下。最後，每一位團隊成員的意見都被打上一個可信度分數，這個數字來自於他們在點數收集器上的評分。結果很快揭曉，可信度分數最高的那些人認為歐洲央行會印鈔買債。這項判斷很快就成為團隊共識，幾天後也證實他們的決策是正確的：歐洲央行總裁馬里奧・德拉吉（Mario Draghi）宣布「不惜任何代價」拯救歐元。[18]

這就是現在橋水做出大部分決策的方式，在那裡，影響力不是來自於職位或頭銜，而是同儕所認定的「可信度」。在達利歐看來，以可信度為基礎的決策：

> 消除了我認為人類最大的一項悲劇，也就是人們傲慢、天真的在心中保有錯誤意見，並且根據這些意見採取行動，而不是費事的進行壓力測試。集體決策如果好好進行，會比個人決策好很多。這是我們成功的祕訣，也是我們得以比其他避險基金為客戶賺更多錢，而且在過去 26 年裡有 23 年都賺錢的原因。[19]

達利歐表示，他在橋水 45 年間所做的決策，從未違背同儕的「可信度加權」建議，因為這麼做既傲慢，又違背創意擇優的體制。對達利歐來說，如果回歸舊做法讓職位高低決定權力輕重，他會面臨的風險是：「失去最好的思維與最好的思考者……同時還會無法擺脫阿諛奉承者與破壞分子，這種人不會表達反對意見，還會隱藏自己的忿恨不平。」[20]

你很難跟達利歐爭辯「權力應該取決於一個人的論據，而不是他的職位」是錯的。無論採取哪一種方式，決策流程都迫切需要讓權威符合專業智慧。

讓薪酬符合貢獻

如果智慧與職位不具相關性，那薪酬與職位也應該不具相關性。Google 深諳這一點，所以同職位的 Google 人，報酬經常相差 300％。[21] 一些有特殊能力的工程師，根據他們改善 Google 演算法的速度與功效，據傳能拿到數百萬美元的酬勞。[22] 就像當時的 Google 董事長艾力克．施密特（Eric Schmidt）與強納森．羅森柏格（Jonathan Rosenberg）合著的《Google 模式》（*How Google Works*）中寫道：「網路世紀最重要的莫過於製造卓越，那就應該給予最接近卓越產品與創新的人們重大獎勵，不管他們的頭銜或職位為何，都要給予優異人才優異的報酬。」[23]

製造出 Gore-Tex 材質與其他上千種高科技產品的戈爾公司，也一樣採取薪酬與職位分家的制度。公司每年都會要求同事列出一張清單，寫下 5 ～ 20 位對工作有第一手知識的同事姓名。這些名字會根據配對比較法（pairwise comparisons）*，在同儕互評的流程派上用場。例如，假設湯姆與蕾貝卡都把珍妮佛列為潛在評審。在這種情況下，演算法會找出這個配對，然後珍妮佛就會被要求指出，在這一年以來，她的兩位同事（湯姆或蕾貝卡）中哪一位對戈爾的成功更有貢獻。再此，「貢獻」的定義是：對業務成果影響力的程度與效果。公司會蒐集上萬份這樣的比較後進行彙整，並且建立每一位同事的貢獻排

* 譯注：將所有要進行評價的對象兩兩配對比較，價值較高者得一分，最後將分數加總，按分數高低排序，即可決定評等。

名。一旦排名出爐，當地的貢獻委員會就會檢視結果，並且適時微調排名。例如，如果某位同事從頂尖績優者那裡獲得的分數，遠高於她的整體得分，她的排名就有可能會被向上微調。每一位當地委員會都有一位「公平擁護者」，負責警示委員會可能的偏誤。

有了排名做後盾，接著委員會便會檢視薪酬數據。目標是確保個人的收入反映員工根據同儕評分得到的排行，以及讓排名相近的同事保持收入同步。假設某年平均調薪4%，排名最前面的同事可能會加薪15%，而排名吊車尾的同事可能完全沒有加薪。全球與區域的薪酬委員會則是著重具體的職能，像是工程、製造與財務，並檢討成果，以確保全公司與外界的參考指標經過校準。

戈爾公司的同儕評比薪酬制度促使每一個人思考還能如何增加價值。這套制度也鼓勵合作，戈爾的員工都了解，他們要向同儕而不是老闆繳出成績單，因此他們也願意為了同事加倍努力。

儘管Google與戈爾的方式大不相同，但都致力於確保薪酬反映貢獻程度，而非職位高低。他們都希望每一位員工的精力都可以用在打造更好的事業，而不是費神在升遷比賽中勝出。

打造自然產生且動態的階層制

任人唯才的構想與階層制的價值觀並沒有背道而馳。就像前文提過，這端看討論的議題而定，有些人值得擁有比其他人更多的職權。不是每個人的能力或可信度都等值。科層體制的問題並不在於階層制，而是在於組織只受到單一、正式的階層制支配。在傳統的金字塔式組織裡，權力是由職位所賦予，它們是一體的兩面，而且是由上對下分配。這種制度製造了危險的病變。

首先，職權會招致危險不斷擴張。在正式的階層制裡，高階主管有廣泛的決策權。例如，副總裁對於權限範圍內「每一項」議題都有最終決定權。這會導致一個普遍但不合理的情況：從特定職務被拔擢上來的高階主管，突然間就有資格為他過去鮮少或沒有相關專業的事務權衡輕重。有個經典案例是，某位過往一直擔任財務主管的人突然被指派去做執行長後，現在他就認為自己是產品設計的精明裁判。

這個現象特別常見於公司高層，比起他們職位上的能力，他們的權力更容易大幅擴張。如果每一個領導人都是謙遜的典範，這當然不成問題，但是科層體制的運作方式與此背道而馳。身為高階領導人，大家都期許你比別人更行，這樣你才能為你在組織裡自吹自擂的地位提出證明。結果，你可能臣服於一個難以抵擋的誘惑，在你的能力不足以處理的議題上，自以為是的表達武斷的意見。

第二，職權往往是非黑即白（black or white）。如果你不是副總裁、部門首長或主管，那你就什麼都不是。這代表一個經常出錯的主管，在被炒魷魚或降職之前，都保有一切職權。由於如果要拔掉某人的職位在實務與情感上都很困難，這個人不稱職的證據必須有足夠的說服力，才能走到這一步。結果組織往往延宕多時，才終於重新讓主管的職權符合他的能力，因此導致破壞士氣、降低績效。

最後，在正式的階層制中，部屬幾乎沒有權力選擇領導人，或者他們根本毫無選擇。在科層體制中，主管的權力不需要被管理者的同意。這與社群網絡相反，在社群網絡中，權力是由下而上開放，不是由上慢慢往下流淌。如果你能夠成為百萬人追蹤的網紅，像是電腦遊戲專家丹尼爾．米德爾頓（Daniel Middleton，網路暱稱為 DanTDM）、LGBTQ 激進派泰勒．奧克利（Tyler Oakley），或是七歲的玩具評論員萊恩（Ryan），不是因為有哪個人指派你做副總裁。正好相反，人們選擇追蹤你，是因為他們發現你的工作有價值，或是很好玩。

大部分的人都會在網路上追蹤很多人。而當某個人變得了無新意，大家就會轉而關注其他人。在我們看來，組織中的權力也應該同樣的分散與可以改變。組織根據他們面臨的問題與議題範圍，需要多重的階層制。此外，權力應該是不固定的，應該從沒有增加價值的人，流向增加價值的人。

在沒有主管的番茄加工廠商晨星公司裡，權力就是這樣運作。如果問晨星跨部門的同事，請他提名最有價值的同事，同一個名字會再三出現。誰是不可或缺的員工、誰不是，很少會有爭議。晨星並不是扁平式的組織，因為有些同事比其他人為公司增加了更多價值、收入也高出許多，但是他們的權威來自專業，而不是職位，而且情況會依照議題不同而有所改變。

在任人唯才的管理體制中，階層多半是自然發生，而不是由權威構成。此外，權力是動態的，潮起潮落取決於個人過往的成績。前面我們說明過戈爾公司同儕評比的薪酬模式，而且如同預期，你不會在戈爾找到一張組織結構圖，或是看見正式的階層制。這家公司反而會說戈爾就像網格。戈爾的 1 萬 1,000 名員工都被編制成小團隊，每支團隊都有一位領導人，他可能是跨組織超級團隊的成員。以戈爾的 10 億美元的醫材業務為例，他們有一支全球的業務與行銷團隊，成員各自帶領區域團隊。但是戈爾刻意避開頭銜，所以你偶爾會在某人的名片上看到「領導人」的字眼，卻怎麼找都找不到一位副總裁、資深副總裁或執行副總裁。

最重要的是，戈爾的領導人是根據被領導者的意願而服務。團隊成員在選擇領導人上有最大的發言權，他們的支持對於領導人能否持續保有地位不可或缺。領導人跟所有人一樣，每一年都會被同事評分，主要是他所服務的同事。儘管領導人的分數排名通常都在前25%，但他們可能不會是團隊中拿到最高分或是薪資最高的人。儘管如此，名次下跌的領導人知道處於風險中，很可能被取代。因此不意外的是，他們非常關注「追隨者」的特質。

戈爾公司的其中一項核心原則是：「奉獻是自願的」。沒有人有權力下命令。如果你要別人跟隨你，就得給出理由讓他們願意跟隨。說服力、數據與稱職才能獲取成功，而不是原始的權力。正如一位員工告訴我們的：「如果你召集會議卻沒人現身，你可能不是領導人，因為在這裡，沒有人非去開會不可。」

在戈爾，人人都有股份，而且對大部分員工而言，股份是他們最大筆的單一金融資產。因此，他們鮮少容忍平庸的領導人。要是你表現不佳，你的追隨者會找到更好的人來帶領他們。

海爾公司也是這樣運作。如同我們在第5章提到，當一家小微連續三個月都無法達成基本目標，會自動觸發他們改選小微主。此外，在任何時候，只要三分之二的小微成員投下不信任票，就能罷免現任的小微主。在這兩種情況中，是否要選新領導人都取決於團隊。

近期海爾的洗衣機平台有一間小微剛經歷過改選小微主。在投票罷免小微主後，這間小微公開徵聘新的小微主。申請人當中有三位同事來自這一間小微的團隊。確定候選人名單後，其餘團隊成員在會議室集合。接著，候選人依次進入會議室，提出自己的主張。每一位候選人都會被問到：「你的遠景是什麼？」「你的規畫好在哪裡？」「為什麼我們要相信你的目標會達成？」、「在你的帶領下，事情會如何改變？」簡報之後，小微成員會根據他們聽到的內容交換意見。最後，所有候選人回到會議室，由團隊成員舉手表決最終人選。

著手開始

不管是晨星公司、戈爾公司、海爾公司或橋水基金，重點都一樣：除非正式的階層制願意讓路，讓自然產生、較少蠻橫作風與不死板的階層制得以發展，否則你無法打造健全的任人唯才體制。

想要在組織打造真正的任人唯才體制，你可以這樣做：

1. 開始時，請同事針對你在專業領域的各個類別、還有你為公司增加的價值打分數。在你的人脈網絡中分享你的分數，並且尋求改善的建議。邀請其他人跟隨由你帶頭所做的事。
2. 更廣泛的確保組織是根據同事評比進行能力與績效考核，而且每一位員工至少要有五位評分者。分數要對所有的人公開透明。
3. 在聘雇與晉升決策上，要大幅增加由同事進行評估的權重。

4. 盡可能把薪酬與職位分開看待，讓薪酬與同事評比的關係更緊密。
5. 重新設計決策流程，讓得到同事認可且有能力的相關人士具備更大的發言權。
6. 給予團隊「開除」不稱職或專制領導人的權利。
7. 最後，為每個人創造更多任人唯才的機會。讓團隊成員在各項職務之間輪調，對第一線團隊成員開放管理訓練，並且花時間指導其他人。

人本體制的目標是營造一個鼓勵人人全力以赴的環境。但是只要組織裡有很多人認為能出頭的都是吹牛專家、他們的能力與貢獻經常被誤判、高階行政人員占盡好處、許多領導人不值得追隨，就無法打造出這種環境。對付這種有害現實的解毒劑，是任人唯才的精英管理體制，這也是打造以人為本的組織的重要原則。

第 10 章

共同體的力量

回想一下，當你為了你關心的人完成某一件你覺得值得去做的事，因而感覺受到鼓舞與支持時的經歷。那時你全力以赴，感覺深受倚重，當下情感上的回報遠超過金錢上的報酬。或許你是在無家者庇護機構當志工，在你小孩的學校協助解決困難，為某位政治候選人籌辦募捐活動，或是和某個「專家小組」為發表新產品一起工作。無論當時的經歷是什麼，你可能會感覺像是成為某個事物的一部分，而不只是團隊成員，你們彷彿成為真正的共同體。

我們人類的內在建有共同體的程式。雖然靈長類與其他動物都會形成群體，但是沒有其他物種展現出這種刻意、親密的合作；這樣的模式成為人類生活的核心。有些研究人員主張，人類顯著的特徵，也就是有意識的關懷與思考，主要是用來當作社交互動的工具。[1] 我們的大腦似乎是為了讓我們成為共同體，因而能夠互相感知。

亞伯拉罕．馬斯洛（Abraham Maslow）把歸屬的需求列在生理與安全需求之上，此外，有無數研究證實了社交關係與福祉之間的連結。一份 2015 年的後設研究發現，孤獨跟過胖、缺乏運動、抽煙、飲酒過量或心臟疾病等健康問題一樣危險。整體而言，比起那些社會關係不足的人，社會關係牢固的人的猝死風險少了一半。[2]

在我們超級繁忙、由數位連結而成的世界裡，穩定、頻繁且體貼的人際關係能使我們保持振作，然而這種關係卻愈來愈難以獲得。這不光對我們的情緒健康是個問題，也影響到我們解決大大小小問題的能力。當法國哲學家阿勒克西．德托克維爾（Alexis de Tocqueville）在 1800 年代初期造訪美國時，他意外發現到，激發社會進步的因素不是貴族或官僚，而是平民自發組成的協會：

> 美國人不分年齡、身分與立場，都能不斷聯合起來。〔他們〕利用協會舉行義賣遊樂會、開辦學校、蓋旅社、組建教會、分銷書籍、派遣使者去找意見對立者；他們靠這樣的方式建立了醫院、監獄與學校。不管在哪裡，只要是在如雨後春筍般冒出頭的新事業最前端，你會看到法國政府、英格蘭勳爵，然而在美國，你會看到的是協會。我經常稱讚美國居民這種沒有極限的藝術，他們總是設法訂定一個讓許多人可以一起努力的共同目標，又讓他們自由的前進。[3]

在美國的偏遠地區，蓋穀倉就是一項典型的社區行為。當新的拓荒者加入一個農業社區，鄰居經常會合力為他們蓋一座穀倉。穀倉不只加強了互惠的行為標準，更提升社會凝聚力。往後當社區遭遇危機、需要合作因應時，這樣的關係將派上用場。如今，儘管政府與企業已經吸收社區的許多功能，社區對於個人福祉與集體成就依然不可或缺。要凸顯這個重點，我們將簡短的審視兩個運轉中的社區實例。

戒酒無名會

在世界各地，每一週約有 200 萬人參加小組聚會，為了沒有喝醉酒而彼此加油打氣。戒酒無名會（Alcoholics Anonymous，簡稱 AA）的成員形成非常龐大的專業社群網絡。想要入會只有一項標準：渴望戒酒。戒酒無名會的聚會可能辦在教堂地下室、娛樂中心或大會堂裡，但是每一場聚會都是他們自行籌辦與經營。由自願幫忙的人設法弄到會議室、準備咖啡、收集捐贈物資，發放資料並且彙整通訊錄。每一場聚會都會有「贊助者」，這些人會定期出席，渴望付出時間，為那些新加入的成員提供恢復正常生活的建議。

戒酒無名會之所以有效，是靠著聚會期間打造出來的關係。坦言酗酒經歷能為彼此打氣，在戒斷過程的暴風汪洋裡，成為一股穩定的力量。[4] 戒酒無名會的模式跟那些有資歷佐證、階層制架構的正規診療方案，形成鮮明的對比。戒酒無名會裡沒有認證、監督或監測，就連治療師與醫師也必須有酗酒經歷，否則不能參與戒酒無名會的聚會。儘管缺乏專業素養，戒酒無名會的 12 步驟社群，還是幫助無數人克服酒癮。[5]

同樣值得注意的事實是，戒酒無名會在履行服務時，並沒有一個正式的組織。戒酒無名會總共有 11 萬 8,000 個獨立團體，知名的「12 條常規」包含每個戒酒無名會小組都應該自己經營，以及保持非職業性質等類似宗旨，為團體的指導方針提供了框架，但是他們並沒有設立正式的規定。鄰近地點的小組可以選擇分享資源，像是聚會空間或是諮商專線，但是合作都是自發性的行動。儘管全球各地都有戒酒無名會，但總會中只有不到 90 人。這些人負責發送戒酒無名會的資料，並且為各地的協調人員舉辦年度會議。

正如《美國公共衛生雜誌》（*American Journal of Public Health*）的前總編輯在一篇總結戒酒無名會成立頭 75 年的文章中觀察到：「從看似無政府的混亂中，他們依循傳統而非規定，將在地的自治發揮到極致，屏除中央集權或按階層而生的權力，因此產生了一致與穩定。」[6] 這就是共同體的力量。

一起奮鬥

當你面對「如何大幅改善公共教育品質」的棘手問題，你會怎麼做？數十年來，這是教育學家、家長與納稅人所面臨最棘手的一個問題。儘管投注無數的努力進行教改，美國公立中學的表現還是一直走下坡。在 24 個工業化國家中，美國的畢業率曾經排名第一，但如今卻排名第 18 名。[7]

造成畢業率下跌的原因變化無常，非常複雜，以至於人們很容易就會將它視為單一的棘手問題。然而現實已經證明，沒有單一的解決辦法能夠扭轉局面，不管是降低師生比、提高教師收入、增加家長參與，或是改革學校的全部課程，都無法解決問題。不過，2006 年在俄亥俄州的辛辛那提市，一個專注於教育領域的智囊團「知識工作」（KnowledgeWorks），發起「奮鬥夥伴」（StrivePartnership）計畫。這項計畫形成無與倫比的共同體，因為組織的規模與範圍超乎想像，共有超過 300 個機構參與其中，包括學區、私人基金會、城市行政單位、地方雇主、當地大學，以及數十個支援團體，都是為了一起解決學生學業成績低落的問題。

奮鬥夥伴的成員體認到教育問題的系統性本質，把改善教育的目標設為「從搖籃到職涯」。為了確保凝聚力，這些夥伴設定一系列首要目標。他們自行建立 15 個名為「學生成功網絡」（Student Success Networks）的子社群，各自專注於特定議題，像是兒童的早期教育與輔導。每一個網絡都達成協議，以共同的指標來評估進步的程度，並且承諾要完全根據證據進行推薦與評估行動。許多網絡也票選出常見的問題解決方法，像是六個標準差（Six Sigma）等。這能幫助他們打造共同的語言，以及建立對問題根源的共同理解。

網絡成員每兩週會面對面開會兩小時，一起修訂目標、製作計畫，並且確認進展。在會議之外，成員會移動到社交平台上進行對話，例如利用 Google 網路論壇（Google Groups）。隨著網絡的凝聚力增強，各區域的關心重點逐漸縮小到時空背景。例如，數據顯示在學齡前兒童教育這一塊上，私立學校比公立學校更能夠幫助兒童做好上幼兒園的準備，於是市立學校的教育系統便做出改變，將資源投入私立學校的課程當中。[8]

學生成功網絡促使成員在所屬機構中孕育出大量的附屬網絡。例如許多當地學校建立起「戰情室」，把成績表貼滿牆壁。教師每兩週開一次會，檢討學業成績、曠課與行為問題的數據資料。透過仔細追蹤這些趨勢，教師變得更懂得將處境艱難的學生與外部的協助資源聯繫起來，並且辨識哪些種類的干預措施可以發揮最大的作用。[9]

奮鬥夥伴在辛辛那提市推出不到四年，在 53 個關鍵績效指標中，就已經有 34 個取得進展。學齡前教育的水準提升 9%，四年級學生的數學技能上升 14%，高中畢業率躍升 11%。[10] 這些成果吸引全國注意，如今全美各地已經有 70 個奮鬥夥伴社群。

由於面臨社群規模不斷增長的挑戰，奮鬥夥伴的合作團體不得不說清楚「行動理論」，也就是打造強健、聚焦於問題的共同體核心步驟：

1. 對共同體的夥伴而言，闡明共有、可衡量的成果很重要。
2. 辨識要達到這些成果，需要有哪些受眾參與其中。
3. 為了採取有效的行動，必須決定不同的夥伴需要哪些技能。
4. 規劃領導人團隊與參與者團隊，並支持他們進行持續、實驗性的學習。

儘管戒酒無名會與奮鬥夥伴截然不同，但他們都致力於解決複雜、非例行工作的問題。每一個想要戒掉酒癮的人都有獨一無二的體質、情感創傷與特質，在戒斷的過程中需要獨一無二的支持。每一間表現不佳的學校，也都面臨獨一無二的環境條件組合，不管在人口組成、文化、教學方法與制度面都各不相同，因此必須發展出一套同樣獨特的因應之道。在這兩種情況裡，成功都取決於當地成員的即興拼湊。所以，這些組織是共同體，而不是階層。驅使他們前進的不是行政命令，而是團結、無私、決心與當責。

科層體制擅長解決例行工作的問題，例如處理上百萬筆信用卡交易，或是大量生產不計其數的電腦晶片。而且，只要能事先明確指定好需要協調的任務，它還擅長整合不同來源的資源。然而，科層體制在遭遇新奇問題，需要全新、無法預先準備的合作模式時，卻會變得綁手綁腳。恰如奮鬥夥伴創辦人傑夫・艾蒙森（Jeff Edmondson）提到：「情勢複雜時，預先決定好的解決方案既無法用來可靠的查明實況，也無法實施。」[11]

市場也一樣無力解決最新穎的問題。市場能夠揭露偏好，例如確認有多少人願意花 5 萬 5,000 美元買一輛特斯拉的 Model 3，但它無法解決創新的問題，像是設計出一輛能夠自動駕駛的汽車。這需要共同體，不光是一疊合約而已。

要解決前所未見的問題，人們必須克服無法預見的阻礙，拓展人類知識的邊界。由共同體來達成目標是最好的做法：讓一群打成一片、彼此信任的夥伴共事，他們不在意職位，不受瑣碎規矩的束縛，對彼此負責，受到共同的目標驅動而緊密結合。這就是新創公司、贏得比賽的足球隊，或是美國海軍三棲特戰隊所經歷的現實。

共同體肥沃的土壤所滋養出來的成果是全力以赴、能力與創意，這是科層體制貧瘠的荒地裡種不出來的果實。所以「績效導向的共同體」是人本體制的支柱。

在更進一步探討之前，讓我們花點時間界定所謂的「共同體」。共同體不只是工作小組而已；工作小組只是一群向同一位主管負責的人，或是一群做類似工作的人。反之，共同體是一個信任關係的網絡，是一群對於帶來改變有共同熱情而一起開拓創新的人。

共同體與敏捷團隊之間確實有一些相同的特徵，例如清楚的目標與一定程度的自治權，但兩者之間還是有重大差異。敏捷團隊的原型是一小群負責開發特定軟體的程式設計師，在大多數情況下，他們都是獨立運作，但是碰到技術標準問題時，他們也必須互相依賴。這些技術標準明確指定了要如何連結軟體的不同部分，更複雜的連結問題會由團隊領導人定期碰面來解決。儘管敏捷團隊也有優點，但是在處理廣泛、複雜到難以劃分的問題時能力有限。當牽一髮動全身的情況出現變化、涉及跨學科，而且難以預先指定做法時，你就需要一個共同體。

「好吧，」各位可能會問：「但是我們真的能夠在一間大型的商業組織裡，打造普遍的共同體意識嗎？」幸運的是，答案是肯定的。

西南航空：大規模的共同體

西南航空有 5 萬 8,000 名員工，已經連續 46 年獲利。在 1990 至 2018 年期間，這間公司占了全美國航空公司一半的淨利，年營收卻只占航空業的 6%。[12] 要是照乘客數量計算，西南航空不但是西南美洲最賺錢的航空公司，也是美國國內最大的空運業者。平均來說，每天有超過 40 萬名乘客搭乘西南航空的班機。根據一個產業數據網站顯示，西南航空最熱門的上百條航線，平均贏得 65%的市占率。[13] 更重要的是，這些航線的年營收與員工人數比、可售座位里程數與員工人數比，以及其他效率指標，都重擊所有重要對手（詳見表 10-1）。

表10-1 美國主要航空公司的精選績效數據（2014～2018年平均值）

	乘客數／員工數	員工數／飛機數	飛行時數／員工數	可售座位里程數／員工數（千）	年營收／員工數（千美元）
西南航空	2,978	74	53.1	2,901	370
達美航空	1,697	104	36.0	2,691	341
美國航空	1,437	106	34.6	2,429	296
聯合航空	1,180	122	32.3	2,648	310

資料來源：麻省理工學院全球航空產業計畫的航空數據專案；作者分析。

西南航空的成本優勢部分出自於它偏好低成本的二線機場，像是芝加哥中途國際機場（Chicago Midway）與巴爾的摩—華盛頓國際機場（Baltimore-Washington International）。此外，他們的節約政策也像雷射光一般聚焦於極簡。西南航空只操作波音 737 一種飛機，而且不提供指定座位。儘管如此，這間公司最大的優勢不是商業模式，而是人事模式。西南航空的創辦人賀伯．克勒赫（Herb Kelleher）不僅嗜喝威士忌，還是位老菸槍，他曾說過：「我們成功的核心是競爭對手最難模仿的地方。他們可以買下一切有形的事物，但是買不到奉獻、熱愛、忠誠，這就像是參與一場十字軍東征的感覺。」[14]

奉獻、熱愛與忠誠是真實共同體的特徵，這也讓西南航空有別於競爭對手。儘管西南航空有 83％的員工加入了工會，但這間公司從未發起罷工。勞資之間的對抗關係是航空業最具代表性的特徵，然而西南航空卻是顯著的例外。這間公司還自豪的擁有業界最低的員工流動率。

飛機停在地面賺不了錢，所以航空公司都會努力減少整備時間。這項任務看似普通，但是班機要送走乘客、卸貨、補給食品，接著再回到空中，員工面臨的是一個即時解決問題的嚴格考驗。

地面設備必須在飛機落地、被引導停妥前就準備就緒。員工要接好空橋、協助旅客下機；接下來還有貨要卸、汙水箱要清空、水箱要補滿。此外，飛機也要清潔、補給飲食跟加滿燃油；而且可能會有故障的座椅要修，或是駕駛員座艙的儀器需要更換。搭機的旅客必須登機，空服員得執行安全檢查。乘載重量與平衡係數必須經過計算，還要填寫離境文件。在飛機上，大量的隨身行李得牢牢固定，同一時間，飛機下面還得有人把托運行李裝上飛機。總計飛機降落後，會有超過100項清楚明確的任務，分配給至少數十支團隊，其中包括地勤人員、登機門人員、機坪人員、行李人員、維護團隊、食物供應商、供油裝置人員、飛行員與空服員等。

幾乎每一次整備機場團隊都會遇到鳥事，不管是設備故障、難搞的乘客、電腦小故障、最後一分鐘才更改登機門、機組人員遲到、天候不佳，或是一時不慎的失誤。因此，機場團隊能否蜂擁而上，他們解決問題的能力與意願有多高，都會決定班機能否準時起飛。在西南航空，員工對於讓飛機快點起飛有很強的集體責任感。無論原因為何，班機誤點都被視為團隊的失敗。因此，飛行員撿垃圾或專業技工拋擲袋子都不是罕見的狀況。在緊要關頭，部門壁壘與職位都消失了。每個人齊心協力，讓飛機再度飛上天空。儘管西南航空的員工有清楚的職務區分，但是每一份職務說明書都隱含一項必須執行的指令，套用機坪主管的話來說就是：「你得做任何一件可以加強整體營運的事情」。

西南航空的平均整備時間是業界最短，只有 35 分鐘，在登機門組員配置只有其他航空公司一半人數的情況下，這是非常了不起的成就。[15] 一架西南航空 737 飛機平均每年每位員工的飛行時數是 53 小時，這個數字比最逼近他們的競爭對手還多了 50％以上。在其他航空公司中，狹隘的工作職務、貧乏的溝通、地位的差別以及缺乏團隊精神，都會阻撓共同體的精神，而這種精神正是支撐西南航空強而有力的即時協調合作的基礎。

儘管西南航空熱衷於追求低成本，但是旅客對這間航空公司的評價頗高，這也是共同體特質的產物。雖然克勒赫已經在 2019 年過世，但是對他而言，打造卓越事業的祕訣是「待你的員工如家人，用愛來領導。」[16] 邏輯很簡單：當員工感覺受到敬重，顧客也會有相同的感受。因此，在西南航空，員工永遠是公司的第一考量。根據職務不同，西南航空的薪資超越業界常態的 16 ～ 31％。值得注意的是，這些薪資溢價並未提供給主管，主管的平均薪酬落後業界指標大約三分之一。不過，西南航空也有慷慨的分紅方案。最近一年公司在這個方案上支出 5 億 4,4000 萬美元，大約是每位員工基本薪資的 11%。就像克勒赫曾對一群員工說過：「我們想減少一切成本，但是薪水、福利與分紅方案除外。這是西南航空競爭的方式，不像其他對手降低的是薪資與福利。」

西南航空還進行了許多事情，才能將公司打造成共同體第一、事業第二的組織。在西南航空，他們的事業基石如下所列：

1. 一個值得在乎的使命

凝聚共同體的是一種使命感，就像戒酒或是協助小學生上大學。自從成立以來，西南航空的使命就是讓所有的人負擔得起飛機票，而且覺得旅程愉快。1971 年西南航空首航時，搭飛機是奢侈的行為，於是克勒赫與同事決心藉由「將天空大眾化」來改變這種情況。面對強大的競爭對手以及不友善的監管環境，西南航空頑強的追求讓人人都「自由飛翔」的夢想。就像克勒赫多年摯友羅伊．史班斯（Roy Spence）曾經提到：「商業策略會變，但使命從未改變。在西南，人人都是自由鬥士。」[17]

新進員工都會飛到西南航空的達拉斯總部，參加名為「即刻入職」（Now Onboarding）的新訓課程。員工會獲得務實的建議，了解該如何落實公司的「戰士精神」（Warrior Spirit）、

「享樂態度」(Fun-LUVing Attitude)與「僕人精神」(Servant's Heart)等價值觀。老員工會分享公司發跡的故事,強調西南航空始終如一、熱情的致力於讓人人有機會搭飛機。內部文化顧問謝麗爾·修伊(Cheryl Hughey)說:「我們讓員工知道我們的來歷,擁護怎樣的價值觀,因為這就是家人會做的事。家人會彼此分享過去。」[18]

幾乎每一間公司都會有使命宣言,但是大部分的員工都不認為他們身負使命。成立逾 50 年來,自由飛翔依然是西南航空整個共同體的命脈。

2. 開放溝通,數據透明

坦誠的關係可以造就共同體,而建立關係的基礎在於溝通。直言不諱的溝通在任何環境都可能難以進行,但是在科層體制的背景下特別艱鉅。在科層體制中,吹毛求疵的主管經常以質問或逼供的方式來威懾人。職務上的部門壁壘也會抑制資訊交流,派系之爭更是破壞團隊工作,不信任的氣氛也會阻擋人們分享情報。

這些反常的病狀嚴重削弱協調合作。然而飛機的整備需要數十個人彼此即時、極度精準的溝通,如果某個人遲於反映問題或是請求協助,小拖延可能會變成大延宕。所以,西南航空才會鼓勵誠實、搶先一步的溝通。就像一位西南航空飛行員說的:「重要的是一起搞定。沒有指責。」[19]

開放的溝通還需要一目瞭然的資訊。在西南航空，財務資訊每一季都會在內部通訊《愛的航線》(*LuvLines*)上公開分享。而且他們特別關注四個「神奇數字」：淨收入、邊際獲利、可售座位里程數（available seat mile，簡稱 ASM）的成本，以及資本報酬率。員工可以拿數據與公司的「成功目標」(prosperity goals）相比較，並且算出他們能因此拿到多少薪酬。舉例來說，他們會知道，如果航空公司不針對某個特定變數改善績效，每 2 萬 5,000 美元的薪酬將減少 850 美元的分紅獎金。[20] 在西南航空，人人都使用相同的財務語言，這對溝通品質與合作精神的幫助無可限量。

許多公司的預設立場都是要保密，西南航空則是選擇完全開放。西南航空的鳳凰城（Phoenix）辦公室裡貼了一張海報，恰好點出重點：「如果你有知識，就讓其他人的蠟燭藉此點亮。」[21]

3. 有足夠的安全感可以做自己

如果你是共同體的一部分，你會感到安全，並且能夠做自己。這將打開學習與改善的大門。當你必須創新時，也會有信心承擔風險。

不像許多大型企業執行長，賀伯．克勒赫從未過於嚴肅的看待自己。他會穿著鮮豔的夏威夷花襯衫去開商務會議，伸舌頭佯裝生氣，穿著誇張的戲服參加公司派對，自我解嘲逗得同事樂不可支。克勒赫曾經以一場腕力比賽解決掉一件法律糾紛，只為了讓員工能在破敗的拳賽場地觀看精彩的表演而關閉公司總部。[22]藉由不受束縛、不加修改的自我，克勒赫讓西南航空裡的每一個人都能同樣展現真實的自我。他曾說：「我們給每一個人抱持不同意見的機會。你在工作時不必壓抑自我以符合一個受到限制的模樣，你可以享受工作時光，而且人們對此會有良好反應。」[23]

當你可以自在的耍瘋癲，也可以在搞砸某件事時擁有足夠的安全感坦承過錯。容許失誤與享樂一樣，都是西南航空企業文化的一部分。柯琳・巴瑞特在西南航空待了很久，她在最後七年擔任總裁兼營運長達到職涯巔峰，她解釋道：

> 你必須容許失誤。當人們犯的是誠實的錯誤，我們很能包容與寬恕。你必須非常注意處理失誤的方式，你如何提醒犯錯的人，以及如果有必要的時候，你該怎麼懲戒與提供建議。[24]

最後，鼓勵員工做自己，提升了顧客體驗。每一位西南航空的旅客都津津樂道，分享他們看見某個登機門的空服員穿著小丑服，用饒舌音樂講述安全須知，或是飛行期間的搞笑遊戲。

大眾很容易會以為，高績效的文化必須嚴厲、武斷與無情，但西南航空證明了還有另一套做法。真實、有趣與容許失誤等特徵，都讓加入共同體變得很有價值。

4. 有權自己做決定

19 世紀的美國開墾者不會徵得他人同意，才去蓋一座穀倉、把它漆成紅色，或是加個鐵皮屋頂。直到今天，最有效的共同體都是自我管理的組織。巴瑞特在擔任營運長期間，曾告訴員工：「你已經得到授權可以為顧客做決定，只要你做的事情不違法也不會敗壞道德，就別管政策與流程了。」[25]

西南航空第一線的團隊知道，在服務顧客時他們可以自由決定如何執行。正是這樣的自由而非一系列協議，讓西南航空的員工能為顧客創造難忘的時刻，例如：協助一對夫妻安排空中婚禮；替出現在登機門前卻沒照規定準備動物籠、氣急敗壞的旅客照顧小狗，或是邀請一位來到陌生城市治療癌症、而且沒人迎接的旅客到家裡作客。[26]

共同負責以及決策的自由讓社群成為一體。這項簡單的真理不只支撐起西南航空的文化，也是紐克鋼鐵的特色。就像紐克鋼鐵首開先鋒的執行長肯尼斯．艾佛森說的：「我們讓員工在尋找改善生產力的方法時，自行定義他們的職務。」[27] 透過持續溝通目標與任務，員工得以顯露個性與觀點、自在表達希望與恐懼，並且建立友誼的聯繫。這就是為什麼照指令做事的人不會成為共同體。

5. 同事之間的當責態度

在西南航空，團隊成員首先必須是對顧客與同事負責，其次才要對主管負責。一位機場主管提到：「我們共享成功，也共嘗失敗。」[28] 一位登機門空服員也對這種情感發出共鳴：「永遠都能指望下一個站在這裡的人。」

一般來說，同事之間的當責態度，會比部屬對主管的當責態度產生更高度的合作與投入。一位從其他航空公司轉職到西南航空的飛行員讚嘆同事的生產力：「我從沒見過這麼多人這麼認真做一件事。」[29] 另一位團隊成員則說：「在這裡，目標只有一個：100％的顧客服務。你能看到這項目標貫穿航空站，令人迫切渴望加入其中。」在一個績效導向的共同體中，員工很難容忍無所事事的人。但是，員工力求表現的壓力，在性質上比較像是為了達成同事共同的抱負，而不是跟隨老闆鞭策的規勸。

西南航空知道，如果公司不對員工負責，就不能期待員工彼此負責。儘管航空業是高度景氣循環的產業，但是西南航空從來沒有利用裁員來支撐獲利。就像克勒赫經常提醒同事：「沒有比裁員更能扼殺企業文化的做法了。」

6. 互相尊敬

身為人類，我們總是習慣與他們比較，像是用財富、學歷、能力、外在吸引力、時尚品味、體能或是社群媒體上的按讚數來一較高下。有時候，這些比較很有用，但是它卻更有可能造成自大的心態。為了對自我感覺更良好，我們總是貶低他人。不說也知道，高傲的態度對合作的精神有害。

在一個共同體中，地位差距會變小，人人都覺得自己很重要。這種情況絕非偶然。反之，這反映出一個有意識的抉擇，決定要平等對待每一個人，並讚揚每個人的貢獻。

多年來，西南航空致力於讓每一位同事都感覺受到重視，感受到每個職務對於實現卓越的顧客服務都同樣關鍵。為了闡明這項觀點，西南航空鼓勵員工觀摩學習彼此的職務。例如飛行員可能去卸行李，以便更加了解行李搬運員的工作。

在大部分的航空公司裡，機坪上有明確的階層制，技術高超的技術人員在上層，機艙清潔員在底層，但是西南航空不是這樣運作。「我絕對不會在〔競爭對手的航空公司〕上班，」西南航空一位登機門空服員說：「那裡的敵意大得驚人。但是這裡很酷，不管你有大學文憑還是只有高中同等學歷（GED）都不要緊。這裡沒有地位之分，只有良好的工作倫理。」一位地勤人員馬上附和：「這裡沒有人把別人的工作視為理所當然，機場的行李搬運工跟飛行員一樣至關重要。」

西南航空知道互相尊重是績效推進器。儘管市場對於某些技能給予的報酬高於其他技能，但是根據同事的收入高低決定人們對他的敬重程度是非常危險的做法。克勒赫對這一點堅定不移，而且人人都知道他絕不妥協。「地位與頭銜毫無意義，」

他說：「這些只是裝飾品而已；不代表任何人的本質。每一個人、每一份工作，跟其他人與其他任何工作一樣有價值。」[30] 對克勒赫來說，西南航空是一門能力的馬賽克鑲嵌工藝，而不是一座權力的金字塔。

7. 像家人的感覺

家庭是大部分人所經歷過最親密的共同體，其次則是我們跟知交好友組成的團體。讓這些關係與眾不同的是愛，一種讓你有內在價值的感受，一種你得到理解、儘管不完美但依然被愛的感受。愛是靈魂的糧食，但我們大部分人在工作上鮮少得到愛。蓋洛普有一份調查訪問了 19 萬 5,000 名美國員工的職場狀況，每 10 名受訪者，只有 2 位說他們在職場上有知交好友。[31]

在西南航空隨便問一個人：「你們跟其他航空公司有所不同的原因是什麼？」你可能會聽到「家庭」這個詞。從創立以來，西南航空就勤奮不懈的打造職場上強烈的感情聯繫。公司的股票代碼叫做 LUV 不是偶然。*

還記得克勒赫告誡要「待你的員工如家人，用愛來領導」嗎？如果背後沒有懷抱慷慨、仁慈與廣納百川的持續努力，這聽起來就像無可救藥的陳腔濫調。在西南航空，用愛來領導的起點是招募，這包含的不光是正式面試而已。就像資深人事主

* 譯注：LUV與Love（愛）同音。

管盧克・史東（Luke Stone）告訴我們的：

> 我們會考慮求職者在整個流程裡，怎麼跟我們的員工互動，因為他們對最終的決策都有決定權。從我們跟求職者接洽的那一刻起，在他為了面試而搭飛機過來時，如何對待我們的第一線員工？不光是面對最高階領導人時的應對進退，求職者在面試室裡跟每一個人怎麼互動？我們希望員工在工作時能做自己，就像他們在家裡一樣，所以我們的面試流程都是在看他們怎麼跟每一個人互動。[32]

同理心是理解與回應他人感受的能力，也是表現愛時不可或缺的要素。西南航空知道，要教會一個人如何當個空服員，比教會他們有同理心輕鬆多了。

西南航空對愛的重視都體現在「服務精神」當中。每一位團隊成員都被鼓勵要遵循「黃金法則」（Golden Rule），「敬重他人」，並「欣然接受我們的西南之家」。

巴瑞特在 1990 年成立「全公司文化委員會」，並委託委員會培育公司的獨特文化。如今，文化委員會吸引全公司共 240 人加入。在三年任期當中，委員會成員都會擔任當地的文化倡導者，並且一起在年度峰會上分享最佳實務。

一年到頭，各地與全公司都會有大量的獎勵，獎勵受到同事認可、實踐公司價值觀的員工。此外，公司還會舉辦各式各樣的活動，旨在促進服務精神。例如在霍奇日（Hokey Day）期間，文化委員會成員會用零食與自備的午餐給剛抵達的組員驚喜。組員休息時，委員會成員則會用「霍奇」這種小型手持式清掃機，協助他們清理機艙。一位參與霍奇日活動的員工說：「造就我們公司的一項成功因素，就是員工彼此重視。」[33]

把這項價值發揮得最明顯的，莫過於西南航空的員工大會。這項活動每一年都會在全美國三到四座城市舉辦，吸引成千上萬名團隊成員參與，很多人都是全家出動，或是帶朋友同行。員工會造訪公司各團隊設立的攤位，從執行團隊那裡獲得升等，慶祝里程碑，並與他們的「同心夥伴」（cohearts）同樂。

在科層體制裡，員工關係主要由職務與職權的差異來定義。在共同體制度中，則是由同理心與同儕之間的友愛與忠誠來維繫。這種愛與權力的區別引起 20 世紀重要的全球政策思想家漢斯．摩根索（Hans Morgenthau）的好奇心。他的觀點發表在 1962 年的一篇散文中，但在數十年後由美國學者羅伊．鮑麥斯特（Roy Baumeister）與馬克．利瑞（Mark Leary）做出巧妙的總結：

> 愛與權力之間的主要區別是，在愛裡面，每一方都渴望化解人與人之間的藩籬，然而權力尋求的是單方面的克服藩籬，透過權力大的一方主導，使對方的意志

成為雙方的意志。[34]

追求權力與追求真實的關係，兩者之間無法相容。所以西南航空特別重視「僕人領導學」。克勒赫跟大部分執行長都不一樣，他不害怕使用「愛」這個字。「一間公司，」他說：「如果是由愛而不是由恐懼來維繫，會更強大。」對他而言，每一位團隊成員都是家人。結果形成一個充滿感情的文化。鳳凰城有一位地勤主管所下的結論很到位：「最主要是人人都用心。現在我知道這裡為什麼人人都微笑了。」[35]

要是不警惕，共同體也可能變得思想偏狹，結黨排他，所以克勒赫總是迅速阻止部落主義。他曾經提起過一位員工的故事，那位員工展開對話的開頭是「在我的部門……」，克勒赫聽到時馬上跳起來說：「喔，你不再是西南航空的一員了嗎？不好意思，我不知道你已經拆分出去。我們通知證券交易委員會了沒？」[36] 重點是：西南航空所做的一切，目的都不只是建立當地的共同體，而是要建立延伸至全公司的「許多共同體的共同體」。

朝向共同體發展

大部分人都有兩個截然不同的自我。一個是大大在工作時展現的職業自我，一個是在家人朋友陪伴下展露的內在自我。

職業自我拘謹、戒慎、不輕易表露情緒。我們的同事對我們的內在自我只有模糊一瞥，而且他們通常不曉得我們的嗜好、家庭動態、健康問題、情感創傷與夢想。因為我們會告訴自己，或是別人會告訴我們，這些事跟工作不相關。這些當然都是廢話。

如果你正在經歷離婚，有個孩子苦於成癮問題，最近剛喪父或喪母，必須面臨一場手術，或是正遭遇其他人生危機，你會需要找人說說話，而且是關心你的人。如果職場上沒有這樣的人，或是你一天得連續八或十個小時獨自與你的焦慮或恐懼搏鬥，那麼你、你的同事以及你的組織都將因此變得更糟糕。還記得蓋洛普的研究發現，十位員工當中只有兩位員工表示他們在職場上有交到朋友嗎？根據研究，蓋洛普預估，如果數字乘以三倍，變成十分之六，那麼公司平均獲利能力將可望提升12%。[37] 如果他們彼此沒有建立密切關係，你很難期待員工投入工作。

你曾經聽過很多工作與生活平衡的說法，但很少聽到工作與靈魂的整合。工作不該否定或是壓倒私生活。相反的，工作應該承認私生活，與私生活整合。在一個績效導向的共同體中，職業面與私下那一面不會脫節或熔斷，反而會互相纏繞在一起。在工作中一如生活裡，我們的大部分時間都花在把事情搞定。但是必要時，我們需要知道我們可以依靠身邊的人。我們需要的不只是同事；我們需要擁護者、盟友與夥伴，他們是會挺你而且忠貞的職場朋友。

就像前文提過的，西南航空與紐克鋼鐵有著非常相似的文化。紐克主張「打造人，不是打造產品」，西南航空也說自己是「人的公司，不是飛機的公司」。[38] 這兩間公司都花數十年，把共同體的特質深植於聘雇、培訓與流程中。數十年來，這兩間公司的績效也都輕鬆超越對手。這是巧合嗎？不大可能。

著手開始

你能做些什麼來強化組織裡共同體的聯繫呢？根據我們從紐克鋼鐵與西南航空學到的教訓，下列是七項建議：

1. 重新設計使命宣言，如果可能，最好是整個組織的使命宣言，要寫得能讓每一位團隊成員在情感上產生共鳴，讓大家有共同的動機。
2. 竭盡所能提供團隊成員合作與行使集體判斷時所需的技能與資訊；協助他們變得更不依賴主管。
3. 在與人交會的過程中，找機會展露你的部分自我，並鼓勵其他人也這麼做。對於在工作之外遇到困難的人，要有一顆柔軟的心。
4. 要求你的團隊辨識出一塊領域，在這塊領域中如果他們可以獲得更大的自主權，就能達成更好的顧客體驗、或是改善營運，然後再審慎的擴大他們的決策特權。

5. 以鼓勵彼此當責的方式，制定團隊的目標以及獎勵辦法。
6. 創造機會讓員工見習其他人的工作，以此培養互相尊重的態度，並且盡可能努力去減少明確的職位與階層。
7. 雇用有同情心的人，遵守黃金法則，並且讚揚仁慈之舉。

這一切都得放長遠來看，強大的共同體不會在一個月、甚至一年內就建立起來。

當你的團隊、單位或全公司有人像紐克鋼鐵的約翰．費瑞奧拉一樣，說出「比起公司，我們更像一個家庭」時，你就知道你已經成功了。[39]

第 11 章

開放的力量

當組織與社會開放時，將會欣欣向榮，如果封閉，則會失去活力。紐約或倫敦等城市的韌性，便是開放與多樣化的產物。紐約市內五個行政區的居民說著 800 種不同的語言，這讓它成為全世界語言最多樣化的城市。[1] 在大西洋彼岸，倫敦市有 30%的居民持有非英國護照。[2]

在生氣蓬勃的城市裡，人們在思考模式、穿著、宗教、工作、戀愛、玩樂上都有許多差異。這種多樣化創造非常好的組合空間，可以有無限多的機會用新方式混搭創意、人才與資源。

開放也是世界一流大學維持韌性的祕訣。牛津、康橋、巴黎與波隆那（Bologna）等大學吸引學者已經超過 800 年。和城市一樣，卓越大學也受益於正向回饋的作用。想像一下，如果你是個天縱英才的年輕物理學家，夢想是獲得諾貝爾獎，你會想在哪裡做博士後研究呢？最有可能的選擇就是已經產生一大堆諾貝爾獎得主的大學了。英才吸引英才，這就是精英大學可以很容易維持地位的理由。

不意外的，城市與大學是創新的泉源。從 2015 年至 2017 年，舊金山、聖荷西、紐約與倫敦總計共有將近 1 萬 3,000 筆創投資本交易，占全球交易總額的四分之一。[3] 在 2013 年至 2017 年期間，美國的大學申請超過 3 萬 3,000 項專利，並且孵化出超過 4,800 間新創企業。[4]

開放式創新的魅力

近年來，渴望收割開放果實的企業，推出大量開放式創新的新方案。眾包已經成為最普遍的變種方案。有個經典案例是，線上房地產上市服務商奇絡（Zillow）提供百萬美元獎金，徵求能幫助他們改善評估資產價值能力的演算法。這場比賽吸引來自 91 個國家 3,800 位參賽者，優勝團隊裡有來自加拿大、摩洛哥與美國的創新者。

企業也把手探向顧客。丹麥玩具製造商樂高（Lego）透過網站鼓勵共同創作，死忠粉絲可以在網站上針對未來的產品提案新構想。提案如果吸引超過一萬人支持，將由樂高的專家複審後投入生產，像是樂高創意系列的《回到未來》汽車時光機（DeLorean car），就為原創者帶來 1% 的權利金收入。在經營超過十年的時間裡，樂高創意系列已經收到超過 2 萬 6,000 份提案。

孵化器是另一種開放式創新的行動。企業投資財力支持的孵化器多半位於創意熱點，像是矽谷、柏林與特拉維夫（Tel Aviv），他們提供新創企業空間、工具與指導，以換得股權的回報。空中巴士、可口可樂、嬌生（Johnson & Johnson）、萬事達卡（Mastercard）與沃爾瑪（Walmart）只是其中幾個已經建立起新事業孵化器的巨人。

儘管孵化器很流行，但是沒有什麼證據顯示開放式創新讓大型企業變得更擅長發明或是更有適應力。在實務上，外部眾包與共同創造往往只能帶來邊際收益。舉例來說，奇絡的創新比賽只讓這間公司的「奇估值」（Zestimate）演算法準確率改善了 13%；以百萬獎金來說這或許足夠了，但是不太可能讓奇絡成為改變業界生態的業者。樂高創意系列的影響力也同樣平庸。在十年期間裡，只有 23 種顧客提案的玩具組投入市場，跟同期在內部開發出來的 7,000 種產品數量相比，實在微不足道。

我們或許會對孵化器寄與更多厚望，因為它們多半是用來鼓勵激進的創新。2017 年，沃爾瑪在新澤西州成立孵化器八號店（Store No 8），宗旨是開發「扭轉零售未來」的能力。[5]這是個大膽的目標，但實現的勝算渺茫。問題不是出在沃爾瑪上，而是投入創投的單位本身固有的局限。大部分孵化器都設在遠離總部的位置，理論上這能幫助他們遠離老套的企業思維，但也導致孵化器很難徹底運用母公司的技能。而且，當孵化器的人員編制是缺乏內部人脈的新手時，這個問題會更嚴重。實務上，當孵化器設立在矽谷或倫敦的新創中心肖迪奇（Shoreditch）時，他們要招聘新血可能會比較順利，但是這無法提供太多保護，讓他們免於高層的干涉。在我們的經驗裡，公司的老闆經常用前途、政策與流程來駕馭孵化器，但是這些做法並不適合用來孕育一項高風險、難以事先計畫的新事業。此外，單一孵化器通常人員編制小，也不太可能一次完成太多構想。基於以上所有理由，孵化器對母公司的財富鮮少會產生催化作用。

亨利・伽斯柏（Henry Chesbrough）2003 年的著作《開放式創新》（*Open Innovation*）讓這個同名概念廣為人知，他在書中提到，開放式創新計畫經常在鼎力支持的執行長離開後失去動能，這樣的事實顯示，這些計畫多半無法產生確保它們能夠制度化的成果。[6] 哈佛創新科學實驗室（Harvard's Laboratory for Innovation Science）的研究人員卡林・拉哈尼（Karim Lakhani）也同意，「開放式創新的流程給人加強創意產出的指望，但是我們很少聽說成功推出的新技術、產品或服務是出自這些管道。」[7]

可笑的是，大型組織本來就對外開放。員工每天都跟上萬、甚至上百萬名的顧客互動，高階主管與經理也不斷跟供應商、顧問與監管機關等利害關係人交談。既然如此，為什麼開放式創新可以帶來更大的不同？為什麼典型的企業沒有像城市或大學一樣有韌性又創新？因為說穿了，這些企業的管理者通常是那些面對不合慣例的構想就緊閉心扉的人。

排外的心胸

正如超過半世紀前湯瑪斯・孔恩（Thomas Kuhn）說的，我們是自身典範的囚徒。即便是科學家這個聲稱效忠於公開調查的團體，也經常在面對新證據時抗拒放棄熟悉的理論。孔恩觀察到：「所有重大突破都是以舊思維的方式突破的。」

導致我們的思路卡住的理由很多，但是「拒絕承認」名列第一。我們往往不會去質疑令人難過的事實。例如，在 2016 年，美國廣播與有線電視營運商康卡斯特集團（Comcast）有一位高階主管在會議上說，他的公司一點也不怕新媒體。他宣稱 YouTube「基本上只是一個邊欄」，而 Netflix 的節目「還沒強大到對我們有重大影響」。[8] 這些說法完全無視一項事實：這兩間公司的串流服務都以逼近指數的速度在成長。

第二，即便我們沒有拒絕承認，也常常對於不合我們心理認知的數據不以為意。在普哈拉（C. K. Prahalad）對「金字塔底層」進行的開創性研究之前，大部分的商業都漠視每日只有 5.5 美元生活水準以下的 35 億人類。[9]

最後，我們大部分人都被急迫性消耗殆盡。匆匆一瞥，我們都沿著例行儀式與工作的軌道碎步疾跑。我們周遭是一個令人好奇的世界，但我們經常錯把這些軌道的邊緣當成地平線。

換句話說，我們會互相提醒要保持「開放的心胸」是有理由的。我們知道拒絕承認、保守的思維與繁忙，將會窄化我們的眼界。然而，科層體制會讓這種情況雪上加霜，理由有幾個：由上而下的權力結構不利於異端想法；眼前的營運壓力導致人們幾乎沒有餘裕去發現新事物；部門壁壘分明阻礙了跨界學習；沉迷於保持一致，因而削弱對新機會的追求；以及對有價值的情報往往會強烈維持保守的做法。最後得到的結果是：科層體制導致我們失去判斷力。

開放式創新是一項重要概念。推開窗，打開門，把屋頂炸飛。但是不要期待看見想像力如繁花盛開或是組織重生，除非你和同事打開心胸，面對世界近乎無限的可能性。

開放的心胸

為什麼有些人可以看見令人眩目的新可能，其他人卻只看見熟悉而沉悶的灰色調呢？是因為有些人的心智被賦予獨特的創意基因嗎？但是在大多數情況裡，或許比起卓越的大腦，啟蒙更像是卓越經歷的產物。

想想史蒂夫．賈伯斯在 2005 年論及個人漫長的探索過程時說：

> 由於我已經〔大學〕輟學，不必修一般課程，所以我決定上一堂書法課學習怎麼寫。我學到襯線及無襯線字體、改變不同字母組合間的空間、以及造就優良的

> 排版的因素。書法優美、歷史久遠，有種科學難以形容的藝術之美，令我著迷。這一切都不可能在我人生中實際運用。但是十年後，當我們在設計第一台麥金塔電腦（Macintosh）時，我全都回想起來了。[10]

誰想得到書法課的意外經驗會改變人類與電腦的互動呢？但創新就是這樣運作的。顯現節（Epiphanies）* 無法預先編排、閃電無法即刻出現。不過，你可以打造避雷針。如果你打算為新的可能開放心胸，就可以大幅提升創意靈光乍現的機率。

在與世界上最知名的創新者一起研究多年後，我們已經知道，有四種認知習慣，在偵測新商機上特別有力。

習慣 1　挑戰未經檢驗的假設

讓我們回到孔恩對科學創新的經典研究。在回顧數十年的科學進步後，他推論：

> 透過發明新典範而有所突破的人，幾乎都非常年輕……或是他們對於改變典範的領域來說是新來者。這些人受到以前正規科學傳統規則的影響不多，特別

* 譯注：慶祝耶穌降生後首次在外邦人（指東方三賢士）面前顯露的節日。

> 可能看見這些規則不再能為一場可以遊玩的競賽畫出明確的界線，因而想出另一套規則來取而代之。[11]

你或許不再年輕，但依然能培養佛教禪師鈴木俊隆知名的「初心」。[12] 鈴木在 1971 年過世，他不可能預見創新中心（InnoCentive）這個眾包平台的出現（企業在此平台上，把問題發包給超過 39 萬名成員組成的「解答者」團體），但是一份針對平台上 166 個競賽的研究，證實了他的論點：多數成功的解答者，來自與問題沒有直接關聯的學科。[13] 透過運用其他領域的知識，這些橫向思考者在專家失敗的地方取得成功。

傳統的信念會產生傳統的結果。新進者具有創新優勢的理由在於，他們的思維還沒受限於多年的產業經驗。但是，有一個危險是：傳統智慧多半是正確的。在航空業，質疑「安全至上」或「人們想要準時抵達目的地」的假設相當愚蠢。不過，西南航空推翻人們認為具有競爭性的票價代表無情、非人性化服務的想法，則是天才之舉。

既然如此，挑戰便在區別物理定律以及對於武斷意見死咬不放之間的差別。這是個難以捉摸的任務。你要如何開始？

首先，找出雷同之處。隨著時間過去，孵化器的策略有趨於一致的傾向。有一項實用的練習是，把相同產業的商業模式排在一起，找出重疊的區塊。當你看到競爭對手在做相同的事情時，問自己：「這個政策或做法的背後，有什麼相同的假設嗎？」然後再問：「如果我們質疑這個看法，會發生什麼事？」數百年來，旅館老闆都假設得擁有場地才能供旅客留宿。Airbnb推翻了這個看法，如今他們在全球有超過600萬個房源。

第二，聚焦於沒有改變的事物。你的策略裡有哪些層面已經好幾年、甚至數十年停滯不前？隨著時間過去，沿襲下來的實務會像壁紙一樣變得不顯眼。你的職責是要質疑這些被視為理所當然的做法是否依然合理。例如，儘管不斷受到傳統汽車製造商群起反對，特斯拉還是挑戰了要透過獨立經銷商才能銷售汽車的長期做法。這間公司打造的時髦門市經常位於豪華的購物場所，提供顧客省去麻煩的購物流程。特斯拉知道，那些降低顧客體驗品質的正統做法是最應該挑戰的對象。

第三，走極端。挑選一些績效參數，例如價格、選項、可取得性或是速度，然後提問如果目標是改善十倍，會發生什麼事？ 50 年前，一位退休醫師戈文達帕・文卡塔斯瓦米（Dr. Govindappa Venkataswamy）立定一項偉大的目標，要消滅印度非必要的失明。他有數百萬名同胞罹患白內障，卻負擔不起矯正手術的費用。這位醫師納悶，要怎麼讓手術費用降低至少90%？為了想出辦法，他看向速食業。「如果麥當勞可以賣出上百萬個漢堡，」他心想：「為什麼〔我們〕不能賣出上百萬次視力矯正手術？」[14] 如今，文醫師的專科醫院網絡，亞拉文眼科醫院（the Aravind Eye Care System），每年可以進行 50 萬台白內障手術。每一位外科醫師每一年平均開 2,000 台手術，相形之下，美國的外科醫師一年平均開 125 台手術而已。透過這些以及其他省錢的方式，每一台手術的費用得以降到先進經濟體的 5% 左右，而且亞拉文眼科的手術發生併發症的機率，經常比西方國家更低。

人生中大多數時刻，你只要遵循傳統智慧即可，這一點也不丟臉。但是偶爾你會需要退後一步，檢查你所認定的觀念。養成習慣，把每一個設想都當成總會有機會證明是錯誤的假說。

習慣 2　對正在改變的事物有所警覺

心胸開放代表對正在改變的事物開放。成功的創新者專注於窺看超出眼界的事物，也就是看起來將來成熟時具有革新潛力的新興趨勢。

大型企業經常看起來對新趨勢興趣缺缺。舉例來說，為什麼懂得利用女性對一般體適能運動與瑜伽日益成長的熱情的是露露檸檬（Lululemon），而不是 Nike 或 UA（Under Armour）？有一部分要怪正統思維。傳統運動服飾公司不認為瑜伽是運動，畢竟瑜伽沒有職業聯賽，也沒有超級巨星的背書。但是，如果說運動需要體能，瑜伽絕對合格。要是你懷疑，請打開瀏覽器搜尋「側烏鴉式」。

Nike 與其他業者，等於是對兩個正在加速的趨勢失察。首先是愈來愈多沒時間的女性，愈來愈重視體適能，想要有非常適合穿著上街、進健身房、再穿回家的衣服。第二是體適能的定義發生改變。健康不再只是瘦個幾磅，而是達到更大程度的身心平衡，因此露露檸檬的標語無處不在：「你對人生的展望直接反映出你有多喜歡自己。」我們寫到這裡的時候，露露檸檬的市值已經達到 290 億美元。對 Nike 與其他同業來說，這是目光短淺的代價。

所以，我們要如何對未來打開心胸呢？

第一，給自己一些出其不意的機會。這表示你要在新場所閒晃、跟你通常不會互動的人交談。這表示要擴大你的新消息來源，在網路上追蹤一些工作領域對你來說很新的人。就像小說家威廉．吉布森（William Gibson）觀察到的，「未來就在這裡，只是分布不均。」換句話說，你在這裡枯等可能看不見，但是如果你去尋找，就可以找到未來。

例如，如果你想一瞥數位的未來，比起矽谷，你最好造訪中國。中國占有全球電子商務超過 55％的銷售額，擁有世界最大的數位支付系統，在物聯網方面保持領先，在數位服務方面則已經實現貿易順差。[15]

請花點時間思考。你近期看過什麼事物新奇、意外，又快速成長？

或許你看到的是：

- 比起「擁有」，愈來愈多人寧可選擇「訂閱」。
- 愈來愈多人運用擴增實境（AR）連結數位與實體

世界。

- 零售從交易轉變為體驗。
- 愈來愈多人愛好在地品牌。
- 擴大運用區塊鏈技術。
- 歐美政治活動的中心日益萎縮。
- 數位科技對心理健康的負面影響。
- 對大型機構的信任日益衰退。

或者，你看到的是跟上述相反的情形。

當你集中全部的注意力觀察一個有意思的趨勢後，要問自己：這會帶來什麼？會造成什麼連鎖效應？會造成反潮流嗎？光是注意到趨勢還不夠；你得預測會引發什麼漣漪。

習慣 3　重新討論技能與資產的用途

開放心胸表示重新思考組織的身分。你可能習慣以你製造或銷售的事物來定義事業，但是如果要看見新商機，你必須看得更深入。你需要問：「是什麼樣的技能或『核心能力』支撐著我們的成功？」然後再問：「我們可能運用這些技能創造新的產品或服務嗎？」

城市娛樂指南的可敬出版商 Time Out，是以能力為根基進行創新的絕佳範例。每個月有 740 萬人閱讀它的雜誌，超過 2 億 1,700 萬人次使用它的線上推薦。和許多出版商一樣，Time

Out 在廣告收入銳減的情況下為存亡奮鬥。Time Out 有一項重要資產是，致力於文化探索的網絡。挾著逾 40 座城市中的在地探子，這個網絡對於偵測最好的餐廳、俱樂部與活動非常在行。幾年前，Time Out 在里斯本（Lisbon）的團隊想出一個利用公司裡文化策展人才的巧妙方法。

比起光是報導吃吃喝喝的最佳聚會地點，團隊成員更想知道如何讓遊客與當地人，更輕鬆的享受該城市所能提供的最優惠價格。答案是：邀請里斯本最酷的餐廳、酒吧與小吃攤商在一個單一、有趣的地點設置前哨基地。那是夢幻組合，不到一年就讓概念成真。里斯本的 Time Out 市場占地 7 萬 5,000 平方英尺，陣容有 24 間餐廳、3 位米其林星級主廚、8 個小吃攤、8 間酒吧、4 間食品店，還有一間夜總會。此外，這裡還有烹飪學校、共同的辦公空間，一個有 900 個座位的音樂場地。Time Out 拿走營收的 30%，並負責經營酒類與軟性飲料的銷售。該市場在 2018 年吸引 390 萬訪客，成為里斯本第二大觀光景點。不意外的，這個概念正在輸出到其他城市，包括芝加哥、邁阿密、波士頓、紐約和蒙特婁。

看看你的組織四周。是否有技能或資產能讓你以類似的方式重新討論用途？不看你永遠不會知道。

習慣 4：挖掘沒有被滿足的需求

有時你得先打開心，才能打開腦。你必須靠顧客夠近才能感受到他們的感受。唯有如此，你才有機會以提升人類精神的方式來轉化顧客體驗。

科層體制重視思考勝過感受，所以大部分企業在解讀顧客情緒方面都差得出奇。他們每天都以無數的方式激怒顧客。你一定曉得，如果你曾在電話中苦等客服代表跟你通話。讓等候通話的時間更加無法忍受的是，你還得忍受毫無意義的信口胡說，彷彿是專門設計來增加皮質醇的分泌。

好險，還是有一些公司知道這一點，他們的做法是提升顧客體驗，並且因此獲利，而不是削減顧客體驗。當亞馬遜開始推出 Prime 會員服務時，提供所有訂單不限次數兩天到貨，解救顧客每次下單都得考慮運費的需求。亞馬遜的無人便利商店 Amazon Go 也是旨在減少顧客體驗中的摩擦，亞馬遜最近推出的這間實體店終結了結帳流程，你只需要在進入商店時掃描一下 Amazon Go app，挑選想要的商品，即可走出商店。

讓顧客愉悅的創新不必然是高科技，或甚至必須成本高昂。你有沒有經歷過把手機遺留在公廁的小惡夢呢？如果沒有，你很幸運，但這比你所想的還頻繁發生。有一家管理高速公路服務區的日本企業發現，員工每個月花 30 小時讓手機回到顧客身邊。它的創意解決方案是什麼？讓使用者關上廁所門時，門閂寬到讓人可以放置智慧型手機或鑰匙圈，這是一個讓你幾乎不可能遺落物品的簡單破解法。就像史蒂夫・賈伯斯曾說過的：「不是非得改變世界的事才算重要。」

關鍵在於，接收到顧客旅程的每一個階段，你有沒有產生各種情緒狀態。你得尋找情緒線索，例如鎖眉、噘嘴、困惑的表情或下巴收緊的小動作，然後問：「是什麼造成這種情緒？我們是如何讓這個人失望的？」

未來不是非洲大草原上的獅子，它不會偷偷穿過長草，猛然撲向獵物，儘管對漫不經心的人來說，狀況看起來就像是這樣。透過訓練與練習，任何人都能夠學會對新的可能性開放心胸。不過，會協助員工精通這些技能、對於團隊成員的創意資本進行投資的組織還是太少了。這是巨大的失敗，但並非無法補救。第一步是承認每一個人，無論職務或頭銜，都應該有機會培養他們的創意天賦。

封閉策略

讓組織充滿新思潮還不夠，能夠把這些洞見提煉成有連貫性的策略同樣很重要。有些權威人士會要你相信，在加速變革的世界，策略不再重要。不過他們錯了。

在前幾章，我們主張組織需要少一點單調沉悶，多一點活潑生氣。這表示要把大單位拆分成小一點、獨立的事業，並授權第一線單位能夠明快做出決策。但是，敏捷固然重要，知道要前往哪個方向也同樣重要。

跟一群新創企業競爭時，如果大型企業想要勝出，必須利用規模與範圍的優勢。這往往需要許多營運單位協調一致。打進新市場可能很辛苦，但是當團隊合作時，他們就有機會分享洞見與投入的資源，從而提升勝算。紐克鋼鐵為了擴大汽車事業而分頭作戰就是一個例子。同樣的，透過共享技能與資產，營運單位能夠獲得成本優勢。這是海爾傾全公司之力研發舉世無雙的物聯網平台卡奧斯（COSMOPLat）背後的邏輯。這些超強檔策略的目標不是限制第一線的創新，而是協助內部創業者拓展得更快。

同樣的，還需要方向性的恆心，為了那些延伸到下一個規畫期間之外的目標。讓新事業或新的能力成長，都需要時間。在超過十年之前，蘋果致力於成為世界級的晶片設計者。透過研發專利的電腦晶片，這間公司希望能進一步將擴張的產品組合差異化。過去這十幾年內，蘋果進行了一系列的併購，用意在拓展低功耗晶片的專業知識。他們還挖走幾十位一流設計師，給予他們精益求精所需的資源。這些努力帶來可觀的收益。近期運用於 iPad Pro 的蘋果處理器 A12X Bionic，比大多數筆記型電腦擁有更高的處理能力。而今，蘋果所有的硬體產品都拿專利晶片當賣點，而且這對於提供給顧客的利益，像是人臉辨識與延長電池壽命來說至關重要。如果蘋果的晶片事業是一家獨立的公司，可能排名全球第四大。[16]這就是堅持的力量。

一致性很重要，但創意也同樣重要。一項策略最重要的是它跟其他策略的不同。重點在於，如果你的組織對於未來沒有獨一無二的觀點，就不會產生策略。

我們生活在混亂而難以控制的時代，但我們並沒有活在後策略年代。任何希望維持價值的組織，都需要對未來有觀點，才能確保一致性、激發創意與鼓起勇氣。當然，策略必須夠健全才能撐過意外情形，但是沒有遠見，組織就等於沒有舵。

任何高階團隊可以自問最重要的問題是：「在接下來幾年，我們的組織將如何重新發明自己，以及周遭的世界？」每位高階主管都應該練習以「從……到……」的形式，寫下自己的答案。然後高層團隊應該問自己：

- 在關鍵的優先事項上有共識嗎？我們是否看法一致？
- 我們的企圖會不會讓競爭者嚇一跳？是否差異化？
- 這項策略是否顯露出我們竭盡所能？我們的野心夠大嗎？

我們發現這些問題的答案經常是「不」。策略的推演一團混亂、出乎意料又缺乏自信。

一份 2018 年資誠（PwC）的調查顯示，在 6,000 名受訪的高階主管中，只有 37％說他們的公司有定義明確的策略。73％懷疑公司的策略是否創新，只有差強人意的 13％覺得，他們的組織對於打造聚焦於未來的能力有一份準則說明。[17] 沒有一項結果會讓人感到意外。在大多數企業中，策略規畫流程是精英論的、刻板的、推斷的。它是一種由上而下、聚焦於預算的儀式，只利用組織集體想像力極小的一部分，換句話說，這與發現新商機那種興奮與參與感非常不同。要等到這些改變發生，企業才會嗅到一點未來。

開放策略

如果你問一位執行長：「誰負責制定策略？」他可能會告訴你：「我啊。」或是回答：「高階主管委員會。」這是個問題。就像我們在前面幾章提到的主張，高階主管經常抗拒放棄舊有的確定性，也處於拙於看見未來的位置。即便高階團隊都是天縱英明的先知，他們創造力的總和，也應該不足以應付手頭的工作。

既然改變遊戲規則的商業構想非常稀少，那麼想出突破性策略的可能性，就得仰賴組織產生大量策略選項的能力了。自上而下的流程的問題在於，高層沒有足夠的腦袋做這件事。組織需要的是產生上千個、而不是數十個新奇構想的方式，並且運用群眾智慧，將眾多構想提煉成能另闢蹊徑的策略。

企業理所當然會沉迷於追求營運效率，但是策略效率呢？你要怎麼知道你的組織是否運用資源去獲得最高的合理報酬？你要怎麼知道公司的資產與能力是否部署在最佳的合理商機上？答案是「你不會知道」，除非你的組織在決定押注前，有先探索大量的潛在選項。

制定策略時，在你聚合彙整出最終結果之前，你得先把想法分散，而且要離得很遠。這需要一套鼓勵激進思考與廣納新意見的流程。策略的制定應該是一場全公司的對話，對員工、顧客與外部夥伴開放。

不過，目標不單單是產生大量構想。如我們提到的，一致性也很重要。當你掃視所有選項時，你要問：「主題是什麼？我們在哪裡可以捕捉規模與範疇的優勢？有什麼變化的機會能重塑我們的特殊性？概括我們最大膽夢想的攻頂志向是什麼？」

跟由上而下做決策的方式相比，開放式的制定策略流程會更混亂、更花時間，但也更值回票價。根據我們的經驗，這些流程包括下列幾項。

更激進、大膽的點子。當策略對話包含大量且世代交替的參與者，要構想出一個改變遊戲規則的策略，勝算就會提高。你需要新意見幫你發現新選項。

提升投入程度。員工如果參與制定策略，他們會為這項策略更加全力以赴。一個參與式的流程會產生人人都有歸屬感的策略，不會只有執行長或董事會成員有歸屬感。

可信度更高。對大部分員工來說，策略的制定是黑箱作業。公司偶爾會吐出一個新優先事項，但為什麼是「這一個」？其他選項受到什麼樣的考量？這個最終定案是透過哪些標準制定的？大部分員工對這些問題都摸不著頭緒，所以如果你要大家信任一個策略，他們需要知道策略是怎麼建立的。

更精細（Granularity）。由上而下制訂策略本來就是抽象的概念。當一位執行長說「我們在醫療照護方面有個大好機會」時，他是什麼意思？有什麼憑據？相形之下，當一個開放式的策略制定流程產生50個、甚至100個與醫療照護相關的點子，你可以肯定最終定案的策略將會很精細（granular）。當你閱讀標題下的文字，會發現內容都很具體，不是泛泛之論。

更快履行。當你祕密的制定一項策略後，員工可能要花好幾個月才能意會到這份新的遊戲計畫，前提是真的有內容可以讓他們消化吸收。在開放的流程中，人們會即時看見策略的形塑過程。等到策略成形時，他們已經填好火藥，準備行動了。

更少慣性。隨著企業成長，科層體制層層疊疊，領導人開始玩保衛戰。他們的座右銘是：「成功別毀在我手裡。」結果形成守成、缺乏活力的組織，唯一能逃脫的方法是，建立一群支持未來的擁護者，他們必須比擁護維持現狀的人更多、更強大。開放式的策略流程會給予反抗者相同的發言權，這有助於擺脫膽怯的牢籠。

開放策略的實際案例

如果你還是看不上開放策略的種種優點，想想以下幾個簡短案例中開放策略產生的作用。

3M：對顧客開放

成立超過 115 年的企業不多，而且成立這麼久卻依舊蓬勃發展的企業更少。這讓 3M 更加出類拔萃。以 3M 超過五萬種的產品品項來看，它或許是世界上最持續創新的企業。消費者主要是透過無痕膠帶與便利貼認識 3M，但這間公司的年營收高達 320 億美元，其中有 85％的貢獻來自工業產品，例如軟性電路板、反光材料、醫療織品，以及數不清的薄膜、粘著劑與研磨劑。

在典型的一年裡，3M 近三分之一的銷售額會來自五年前還不存在的產品。許多突破性進展都能追溯至公司的開放性，並且系統性的讓顧客參與尋找新商機的方法。3M 甚少將自己視為多種業務的集合體，而是自認是各種能力的組合。在公司 46 項核心技術當中包括微生物偵檢、蒸氣處理、顯微複製、奈米技術與陶瓷材料。在 3M，創新表示找到運用這些能力解決顧客問題的新方法。

這種神奇魔力大多發生在 3M 的 90 間實驗室與技術中心裡，這些單位每年招待超過十萬名顧客造訪。典型的行程從到訪參觀的企業簡報開始，接著是 3M 產業與技術專家接受許多開放式提問，以發掘顧客的深度需求。接下來是參觀「創新世界」展示廳，重點在於 3M 的 46 個技術平台。最後是聚焦的腦力激盪，這可以將 3M 的能力與問題配對。汽車供應商偉世通（Visteon）曾經有過類似的參訪行程，並且激發了新構想：

運用薄膜讓塑膠內裝零件產生訂製零件的外觀與觸感。另一個突破性進展則是運用 3M 的新雪麗（Thinsulate）材料，提供輕量的隔音效果。

3M 每一年都有上千場開放式提問的對談，這讓顧客有機會共同制定策略。在對談中，他們會一再被提起這個：「我們應該做什麼還沒想到的事？」

思科：對創業家開放

座落於聖荷西的思科，長期仰賴灣區的創業生態圈來感知與抓住新興商機。多年來，它收購超過 200 家年輕企業，並且擁有全矽谷最活躍的創投部門。最近，思科求助開放式創新來開發創業人才。桂鐸．喬雷特（Guido Jouret）是早期帶領思科致力於開放式創新的前任高階主管，他解釋道：「我們認為，藉由對更寬廣的世界敞開大門，可望收割至今為止逃離我們注意範圍的構想，並且在過程中，擺脫以公司為中心的方式去看待技術、市場與我們自己。」[18]

和其他企業不同，思科對開放式創新的努力，並未著重在解決狹隘的技術問題，而是用以滿足公司制定策略的流程。在 2007 年，思科透過首發挑戰賽 I-Prize，幫公司挖掘下一個十億美元的事業。來自 104 個國家的 2,500 位創新者參賽，共產生了 1,200 個構想。獲勝團隊拿到 25 萬美元獎金，他們的提案聚焦於智慧電網。

2016 年，思科舉辦創新大挑戰（Innovation Grand Challenge）比賽，目標是探索物聯網商機。為期六個月，同樣提供 25 萬美元獎金，吸引超過 170 個國家參賽者提出 5,713 份提案。接著由上百位產業專家所組成的評審團協助縮小範圍，再由一群傑出人士組成的專業小組挑選前三名獲勝者。分數最高的團隊受邀在思科創新中心建立新構想的雛形，並向思科的創投團隊做募資簡報。

思科從 2017 年起就舉辦年度的全球問題解決者挑戰賽（Global Problem Solver Challenge），聚焦於運用數位技術處理難以對付的社會問題。在 2018 年，最高分的構想是可攜式胎心音監測器。提案的是孟買的新創企業，這個廉價裝置的設計，可以在農村地區用來偵測高風險的妊娠。這樣的年度競賽為思科的核心策略帶來直接貢獻，到了 2025 年時，他們駕馭的物聯網將會對十億人產生正向的影響。[19]

透過各式各樣的開放式創新計畫，思科持續測試與調整策略。喬雷特說：「我們〔了解到〕世界各地的人如何思考思科，還有我們該如何追求市場。和其他公司一樣，我們往往會以某種方式看待世界，像是我們應該進入這個事業，但不應該進入那個事業。許多參賽者對於思科的能力有更寬廣多元的看法。」[20]

北美愛迪達：對員工開放

年營收逾 230 億美元的愛迪達，是世界首屈一指的運動品牌。儘管這間企業在歐洲足球賽事中勢力龐大，但在美國卻經常受挫。2014 年時，這間公司決心改變這種情形，指派馬克．金恩（Mark King）擔任北美區總裁。金恩曾讓高爾夫球具製造商泰勒梅(TaylorMade) * 成功的轉虧為盈，現在他要負責重振這個品牌，讓愛迪達的北美公司回到正軌。

金恩抵達這間公司位於俄勒岡州波特蘭的總部時，他遇見一支有才幹但士氣低迷的團隊。這個事業群剛把第二名的寶座讓給 UA，而且可能會連續第二年銷售量衰退。它正在失去零售貨架空間，而且獲利遠遠落後遍及各大城市的競爭對手 Nike。距離總部九個時區之遙的美國團隊知道，他們需要在開發美國特有運動文化方面做得更好。

金恩的第一個挑戰是說服董事會提高對北美的投資。作為增加投資的回報，金恩保證讓愛迪達成為美國成長最快速的運動品牌；對於那些習慣北美單位長年績效不佳的人來說，這樣的承諾聽起來很駭人。金恩不只拿到了資金，還採取既務實又具有象徵性的一步棋：把全球設計主管調到波特蘭來。

在四處討教美國的營運狀況時，金恩發現大量遭到壓抑的創意。他估計，北美 3,500 名員工的內心深處，藏有文藝復興的原始素材。問題在於如何提升創意思考的品質，讓新構想浮現，打造成長策略；而且他們不能花上幾年，在幾個月內就要

* 譯注：泰勒梅也是愛迪達旗下的品牌。

做到。答案以愛迪達創新學院（Adidas Innovation Academy）的形式出現，這是一個為期十週的計畫，可以教導員工像一個改變遊戲規則的人一般思考，並邀請他們協助塑造公司的策略。金恩坦言相告：「沒有新構想，不可能點燃成長。」他說：「這是你的機會，共同創造我們事業未來的機會。」

訓練計畫的核心是為期四週的單元課程，課程會介紹先前我們提過的改變遊戲規則的習慣。每一週參與者都會面臨必須想出新洞見的挑戰，並且要在一個共同平台上貼文。整體而言，員工產生超過一萬個洞見，有一些甚至挑戰現有的策略。例如，要成功只能正面迎擊 Nike 或 UA 嗎？其他的點子則著重在公司雷達尚未偵測到的趨勢，像是快速成長的電競產業（e-sports），玩家組隊比賽電子遊戲，有時還會在歡呼的觀眾面前比賽。

接下來四週，員工的挑戰是把洞見變成商業構想。有一個洞見強調零售業者與公司內部們壁壘分明的商業團隊互動不佳。他們的創新提案是：打造一個與離線、線上零售商互動時更簡單、更連貫的介面。

在這一個月的時間裡，參與者捕捉到近千個商業構想，每一個構想的潛在影響力與可行性都會受到同事的評分。有了這些評價後，員工會將構想貼上標籤，以便搜尋並減少重複。

儘管形成構想的過程並沒有限制構想的類別，但是大部分構想最終都被歸類為 12 個左右的策略主題，例如增加女性員工、重新塑造與零售商的關係。在這些歸類中，構想經常會有互補的狀況，而且總的來說，這也協助他們確認到更廣泛的商機。

2015 年底，所有註冊這個學院的人，都受邀協助篩選有前景的構想。這個過程中有 9 項提案特別醒目，後來在一場全員參加的「創智贏家」（shark tank）* 活動中進行推銷。現任北美總裁錫安・阿姆斯壯（Zion Armstrong）回憶這場活動：「給大家機會推銷構想，實在非常激勵人。我在後面熱淚盈眶。透過開啟對話，我們實際上是在說：『我們會聽你說，給你投資。你能造就不同的局面。』」[21] 活動結束時，許多提案都快速投入開發。

馬克・金恩在 2018 年 7 月下台。在他任職的四年時間裡，北美銷售額成長了近 50%，營業利益率（operating margin）則是翻了三倍。金恩與阿姆斯壯歸功於同事以新方式釋放的創意。儘管參加創新學院完全是自願，但有超過兩千人參與，一千人拿到他們改變遊戲規則的證書。創新學院不但打開新視野，也開啟了企業文化。回顧這空前的努力成果，金恩說：「這真的培育出一種好奇心的文化，讓我們更樂意進一步思考與質疑。你可以得到由上而下的順從，但你無法得到由上而下

* 譯注：原指美國實境秀競賽節目，由創業者提出創意，遊說「鯊魚」投資（鯊魚指創投業者或是成功的創業家）；在這裡「創智贏家」是指活動名稱。

的全力以赴。」[22]

儘管這些開放策略值得讚賞，卻走得不夠遠。我們認為每一個組織都應該對所有走向他們的人開放策略對話。這個世界上不缺原創性思考，但大部分企業都沒有加以利用。他們沒有在線上發布技能與資產的一覽表，並且問這個世界：「當你擁有這些能力時，你會做什麼？」他們沒有建立一個不斷線、讓顧客、供應商、夥伴、創業家、產業專家、業餘發明家等所有人都能張貼想法的平台。他們沒有規畫出聰明的解決辦法，既保護智慧財產權，又獎勵貢獻作品的人。他們沒有邀請外部創新者與內部團隊一起工作。他們沒想過要打造強大的魅力，吸引世界最激進的思考者與實行者。

對各位來說，為策略對話打造一個開放、不斷線、即時處理的中心，會不會聽起來太天馬行空了？如果是，想想蘋果為了培育大量的開發者社群所付出的非凡心力。任何一個想開發應用程式的人，都可以使用專屬的開發平台，裡頭有數十個訓練課程，一大堆開發工具、指導者與全球活動。蘋果得到的回報是什麼呢？超過 200 萬個在 iOS 系統上執行的應用程式。創新者的回報是什麼呢？蘋果支付千億美元以上的報酬。要是組織能建立一個全球的開發者網絡，何不打造一個全球的商機發現網絡呢？有些企業，像是海爾公司，便以海爾開放生態鏈平台朝這個方向邁進，但是還沒有人為此全力以赴，這是你的組織抓住機會的好時機。

著手開始

因此，如何擁抱開放的優勢？如何從一個幾乎沒有開放式創新計畫，或是計畫支離破碎的組織，變成一個在思考與策畫未來上，把開放提升為頭等要務的組織呢？

1. **處理恐懼氣氛**。在大多數組織中，不同意老闆的意見會受到處罰，結果會議室裡盡是應聲蟲。你得讓抱持異議變成安全的行為。這代表你必須一有機會就問：「我的思路在哪裡卡住了？」「你有看見其他選項嗎？」「你會用什麼不同的做法？」

2. **投入資源以打造創意技能**。公司在要求員工或顧客提出構想時，往往很挫折，這些構想不是食之無味就是不可行。要提升訊號雜訊比（signal-to-noise ratio），你要訓練人員想得不一樣，就像愛迪達用創新學院所做的事。

3. **以簡單、低成本的方式，解開開放策略流程的難題**。如果高調的策略駭客松令人卻步，那就從小地方著手。要確保每一場聚焦未來的會議中，有數量不成比例的年輕人、新手，還有在其他產業工作的人參與。在我們所知道的一家企業，主管向數百名年輕員工簡報他們的計畫，而員工會即時在推特上貼文提出他們的批評與建議。重點是，把新人納入策略對話的方法有很多。

4. **社群化**。開放策略的力量不僅僅在於可以產生大量構想，還包括當點子碰撞、好奇的人們互動時併發的魔力。在一個線上策略平台上，這代表要讓創新者輕鬆發現正在從事類似構想的同事，然後如果他們願意，可以選擇合作。

5. **將想法連結行動**。大部分組織都有某種線上意見箱，只是提交的意見往往就此消失。員工都想知道「誰會檢討我的意見？什麼時候？是否違反了準則？如果受理，會拿到什麼資源？應該花時間做這件事嗎？」如果這些問題的答案不清楚，許多貢獻者將會退出。

6. **讓外部人覺得像自己人**。無論你身處什麼職務，都能打造自己的開放式發現網絡。邀請顧客、供應商與產業專家，並主導關於未來的對話。把它想成是引進新意見、提出新問題的即時示範。

7. **別再依賴執行長制定策略**。要做到這一點很難。高階主管需要放棄幻想，別再假裝他們是獨一無二、先知先覺的策略家。唯有如此，組織才能對開放策略嚴肅以對。

每一個組織都必須成為開放的組織。內部與外部人員之間那條厚實、黑暗的界線必須消失，也必須永遠排除策略由長官帶頭的看法。唯有如此，組織才有機會和卓越城市或馳名大學一樣有韌性。

第 12 章

實驗的力量

親愛的讀者，你是 40 億年前實驗的產物。自洪荒以來，有性生殖、基因突變與基因漂變（人口遷移）一再修改基因序列和自然選擇，為了競爭資源與交配，確保最好的那一面會被下一代複製與共享。你和每一個人類都一樣，本身就是演化實驗室。你的基因中包含大約 150 個非父母遺傳的突變。

你的人生也是實驗室。小時候你以不同的行為做實驗，看會不會吸引父母注意，接著之後在學校試圖吸引喜歡的人注意。你也會用髮型與穿著做實驗，或許有段時間還實驗性的跟人約會。在大學裡，你決定在主修科目之前，先選不同的課程當實驗。後來，你又實驗了不同工作、嗜好、儀式、朋友、政治觀點，甚至宗教。而你至今還在嘗試新事物，因為停止實驗，就是停止成長。

這樣的狀況適用在你身上，也適用在機構裡。任何組織演進的步調，有很大一部分取決於它所進行的實驗數量。儘管如此，多數雇主對於渴望「在做中學」的工作者，只提供了微乎其微的鼓勵。

科層體制厭惡實驗

通常來說，設計與做實驗的能力，是研發或產品開發部門裡一小群專家的領域。即便在這些部門裡，超出範圍狹窄的 AB 測試（A/B test）以外的任何行動，通常都需要主管核准。在我們的調查裡，一萬名《哈佛商業評論》讀者當中，61%的大型企業員工表示，第一線員工要嘗試新事物「很難」。蓋洛普 2019 年的工作大調查也證實這一點，結果揭露美國只有 9% 非管理職的員工強烈同意，他們可以自由承擔改善產品與服務或解決方案的風險。[1] 就連主管也覺得受到限制。在波士頓顧問集團對高階主管的長期年度民調裡，「厭惡風險的文化」與「開發時間過長」不斷被評價為阻撓創新的最大阻礙。[2]

設立科層體制是為了製造出把可靠程度發揮到極限的產品，不單單是為了可行的原型產品。在科層體制裡，偏離標準的方法必須排除，而非讚揚。要求科層人員做實驗，他的手會出汗。實驗室如果押注風險上，可能會像香蕉皮一樣害你滑一跤。一旦進行某件事的失敗機率大於成功的機率，會產生什麼結果？人們認為集體癱瘓好過個人蒙羞。

厭惡風險會因為組織過濾掉高風險專案的投資審查，因而更加惡化；在此，高風險是指成功率未達 90%的任何事物。對於重大資本額的計畫來說，這種審慎還算合理，但如果是對零散的實驗也這麼計較，那就十分愚蠢了。這道數學算式簡單到令人尷尬：一項一億美元的投資計畫，如果有 10%的失敗風險，那預期會損失 1,000 萬美元；然而一個 5,000 美元的實驗，如果有 90%失敗風險，那預期會損失 4,500 美元。儘管牽涉的金額微不足道，但我們並未遇見多少組織願意為了這十分之一的成功機率挹注資金。瘋狂的是，在大部分組織裡，比起第一線操作員拿到幾千美元資金來進行一個實驗，執行長更容易透過董事會拿到好幾百萬美元的資金。

狀況總是會事與願違，當我們渴望避開風險，反而經常會讓風險變得更大。把錢砸在有利條件不多的跟風計畫裡，比起為許多剛在萌芽邊緣的點子投入種子資金更加危險。在劇變的時代中，漸進主義是最冒險的對策。我們需要的是徹底改變對實驗的想法。目標不光是減少與新產品相關的不確定性、或是讓產品更快上市，而是打造一個組織，讓在裡面工作的每一個人都能拓展可能性的範圍。這是為了避免組織變得無足輕重所買的保險。

一項進化優勢

1956 年，英國出生的控制論（cybernetics）* 先驅羅斯・阿

* 譯注：針對訊息傳遞與控制的科學研究，尤其涉及人與動物的大腦，和機器與電子裝置進行的比較。

什比（Ross Ashby）系統性的闡述了「必要多樣性法則」（law of requisite variety），這後來成為系統理論的種子概念。這條法則指定，一個系統要生生不息，必須能夠對它所處的環境造成的多樣化挑戰，產生同等多樣化的回應。阿什比的說法是：「只有多樣化能汲取多樣化。」用我們的話來說就是，唯有不停的實驗，才能在不停的變遷中保護一個組織。

每到秋天，一棵橡樹會掉下上千個橡實，但最後只有少量的橡實會落地生根；在有性生殖中，上百萬個精子終將找不到卵子；創新也是類似的數字遊戲。

一間創投公司在投資少量新創企業前，會檢視上千份商業計畫、面試上百位想要成為創業者的人。即便如此，大部分的新創企業都將破產。一份研究顯示，在 2008 年至 2010 年拿到首輪資金的 1,098 家新創企業中，到 2017 年時已經有 70%歇業或是只能勉強自立。每 20 家新創企業中，只有 1 家以 1 億美元以上的價格被收購或公開上市，而只有 5 家新創企業或 0.5%以下的比例，企業估值達到 10 億美元。[3]

創投的金主都知道，他們要親吻很多隻青蛙才能找到王子或公主。儘管他們大部分的押注都將一無所獲，但偶爾會巧遇下一個 Square 或是 Airbnb。因此，儘管表面上創投的回報趨近於零，但平均報酬可能非常高。但是，在我們的經驗裡，很少有公司理解專案風險與投資組合風險之間的區別。每一個潛在實驗的價值都會受到評估，並預期它會超越標準很高的可行性門檻。光是這兩點就足以確保，公司絕對不會砸錢在那種實際上可能帶來千倍報酬的超瘋狂構想。

不管是對科層人員還是團隊成員，學著認可失敗都是個問題。構想不成功令人氣餒，但是在此，你一樣可以採用投資組合的方式。想想馬修・迪菲（Matt Diffee）的經驗，他是個漫畫家，作品經常出現在《紐約客》上。這份雜誌的漫畫編輯每週都會收到大約 1,000 份像迪菲這樣的自由工作者投稿，每一位可以交 10 份草稿。為了提高被選上的機率，迪菲通常會產出 150 項構想，再選出少量構想來投稿。如同任何創意專家都會告訴你的話，成功的祕訣在於多產。

一個組織所能給予最重要的自由，是讓員工不怕失敗的自由。你或許還記得我們講過紐克鋼鐵布利茲維爾廠的故事，有一位第一線團隊成員為了找出成本與耐久性可以改善兩倍的巨大盛鋼桶，他花了許多年實驗新材料。他的實驗有時候會碰到瓶頸，但是多虧了以實驗來實踐學習力的文化，他才能夠持續堅持不懈。

實驗精神

亞馬遜可說是世界上最創新的公司，很少有組織像它這麼全心擁抱實驗。亞馬遜的突破包括：為第三方賣家打造的平台亞馬遜商城（Amazon Marketplace）、世界上最普及的電子閱讀器 Kindle、雲端運算遙遙領先的領導者亞馬遜網路服務（Amazon Web Services）、亞馬遜的語音助理 Alexa，還有實驗性質的免排隊結帳雜貨店 Amazon Go。在這些成為新聞焦點的創新背後，是數百個比較不受矚目的突破性進展，例如亞馬遜的環保包裝是設計用來減少過度包裝的新方案，至今已淘汰掉 21 萬 5,000 噸的包材，省下 3 億 6,000 萬個裝運箱。

亞馬遜持續的成長，並非出自區區幾位高層想出來的絕妙新方案，而是鼓勵不斷自下而上進行實驗的企業文化產物。「我們的成功，」傑夫・貝佐斯說：「是我們每一年、每一個月、每一週、每一天所做的一堆實驗產生的作用。」[4] 貝佐斯也經常提醒同事，如果你事先就知道某件事行得通，那就不算是實驗。

亞馬遜最受矚目的實驗，是員工格雷・林登（Greg Linden）早期嘗試打造的電子商務推薦引擎。林登在 1997 年剛加入這間公司不久，就好奇有沒有可能透過類似超市在結帳櫃檯附近陳列糖果或小東西的機制，誘使顧客做出衝動性購物。林登認為，亞馬遜可以利用它大量寶貴的數據，提供每位顧客根據他們的偏好量身打造的各種品項。林登旋即模擬出一個網頁，裡頭有一堆客製化的推薦商品。他的同事對這個構想的反應都很熱烈，但是一位具有影響力的副總裁反對。他擔心這項功能會把結帳流程複雜化，便下令林登擱置計畫。一般來說故事通常到這裡就結束了，但是林登知道在亞馬遜，決策仰賴數據大於意見，所以他繼續努力。當他展開測試時，馬上得到正向的結果。顧客喜歡這種個人化的建議，營收也猛然飆升。如今，亞馬遜約有 35％的零售銷售額來自網站上的推薦商品。林登的突破為他贏得公司崇敬的「做就對了獎」（"Just Do It" award），這是貝佐斯向 Nike 運動鞋借來用的名稱。

這段經歷為林登上了關鍵的一課。正如他後來寫道：「每個人都必須要能實驗、學習與疊代（iterate）。職位、權威與傳統不應該擁有權力。創新要興盛，必須根據測量結果主宰政策。」[5] 你能想像公司執行長贊同這項主張嗎？如果不能，那你的組織在奔向未來的比賽中，勝率非常低。

實驗需要耐心，這是在大部分科層體制中罕見的美德。這個問題的罪魁禍首通常是缺乏野心。如果缺乏崇高的抱負，專案團隊可能會在創造突破的早期遇到實驗失敗就想放棄。蘋果花了四年與無數實驗，才將 iPhone 觸控螢幕的技術臻至完善。蘋果的工程師沒有放棄，是因為他們看見這是重新定義人與科技互動的機會。同樣的，字母公司（Alphabet）旗下的 Waymo 為了開發出能更安全有效運輸的自動駕駛汽車，已經堅持了十年。重點是：當你認為自己從事的是史詩級的任務，實驗失敗時並不會壓垮你的鬥志。

財捷公司：打造實驗文化

或許財捷公司這間在全球服務超過 5,000 萬名顧客的金融軟體供應商，是最賣力打造實驗文化的公司。財捷在 1983 年推出第一項產品 Quicken；這是一種小型企業會計軟體，以 5.25 英吋的軟磁碟片包裝。如今，財捷提供一系列雲端產品，其中涵蓋報稅準備軟體 TurboTax 與 ProConnect、簿記軟體 QuickBooks，以及自動金錢管理應用程式 Mint。他們還透過行銷第三方金融產品給不斷擴大的客戶群來賺錢。過去十年來，財捷的銷售額翻倍，來到 70 億美元，股價也比標準普爾 500 軟體指數成長快兩倍。

財捷致力於實驗，是沿襲自創辦人史考特・庫克（Scott Cook）的想法。在創辦財捷以前，庫克在寶僑工作，他體認到恐懼風險的文化，並且對此感到沮喪。因此，他渴望自己創辦的公司能為員工帶來解放的體驗。

可是隨著公司成長，庫克意識到他們也一樣容易染上科層體制遲鈍麻木的作風。於是，財捷雇用數十位主管，他們有犀利的分析技能，卻很少人願意挺身而出；每一項管理意見都有多達 50 頁的幻燈片資料背書。在又一次更令人無感的規畫會議後，庫克不耐煩了。他宣布，以後不會再有「科層體制的決策」。公司也「不再透過簡報檔、遊說、職位或權力做決策了。」從今以後將「根據實驗做決策」。[6] 庫克告訴同事要走出去，挖掘沒有被滿足的需求，詳細闡述如何滿足這些需求的假說，接著建立原型產品，然後請真正的客戶進行測試。此外，庫克補充，即日起公司裡每一個人都應該以這種方式工作。

SnapTax 的誕生

大部分團隊成員都受到公司對實驗新發現的熱情所激勵，例如 TurboTax 的產品經理凱蘿・豪爾（Carol Howe）。豪爾對 iPhone 能簡化大量任務印象深刻，她好奇智慧型手機是否能簡化報稅任務，這將成為一種比皮膚擦傷更好處理的體驗。要是顧客能使用智慧型手機來填寫報稅表格呢？豪爾與幾位同事便很快走出去，找顧客交談，詢問他們對財捷最近的桌機工具有何想法？他們如何使用智慧型手機？他們有辦法想像用手機報稅嗎？年輕顧客對這個構想尤其興奮。

下一步是組合分鏡腳本，以圖解的方式呈現應用程式將如何運作。豪爾與團隊用這個很不逼真的原型產品為武器，四處奔走，蒐集更多回饋意見。六週後，他們有了第一個初步建立的應用程式。接下來兩個月他們必須每一週都進行衝刺計畫（sprint）來做測試、檢討、腦力激盪、寫程式，然後再度測試。原本的構想是在線上提交報稅表單之前，幫顧客把資料從手機轉到電腦上。豪爾回憶道，當團隊「測試次數愈來愈多，眼界也愈打愈開。許多顧客會問：『為什麼資料得回到電腦上？』」[7] 2010 年初，這項專案發起不到六個月，財捷便在加州為納稅人推出了 SnapTax。一年後，這款應用程式在全國推出，而且短短幾週下載次數就超過 35 萬次，還超越憤怒鳥（Angry Birds）成為 iTunes 商店上第一名的應用程式。[8]

SnapTax 是財捷公司的快速勝利。在其他個案中，實驗活動所花的時間更長。多年來，財捷一直夢想能在專業報稅業務上占有一席之地。2012 年 4 月，一位中階產品經理布萊恩．克羅夫特（Brian Croft）竭力推銷一個構想，他想做一個網路平台，讓財捷的顧客能接洽獨立的報稅代理人。獲得許可後，克羅夫特的小團隊製作一部實現構想的短片。在向 250 位未來顧客展示短片後，三分之一的人表示對這項服務感興趣。團隊很有信心他們是走在正確的道路上，於是他們做了試用版，取名為 PersonalPro，並與一小群報稅代理人與顧客開始進行測試。結果大有可為，然後在 2013 年初展開更大規模的試驗，有 200 名會計人員與 2,000 名顧客參與。[9]

到 2014 年初時，歷經數回合的研發後，產品概念已經準備好進行更嚴格的測試。這回只在達拉斯都會區推出，但是他們獲得兩個意外的結果。第一，幾乎三分之一的註冊顧客是小型企業主，他們也是對新服務最滿意的客群。第二，在幾個案例中，顧客說他們比較想要申報文件獲得即時建議，而不是把整個任務外包給會計師。[10] 為了回應這一點，財捷將 Personal Pro 分割成兩項產品。一個是小型企業主與會計師的媒合平台，另一個是 TurboTax Live，可以為準備自行報稅的消費者提供即時建議。這兩項服務在財捷目前推出的產品中都顯著的起了重要的作用，而且支持著公司更廣大的策略：打造一個顧客與夥伴連結的生態系統。

讓實驗成為主流思想

就像紐克鋼鐵的艾佛森和海爾公司的張瑞敏，庫克的終極目標是為公司注入創業的熱忱。「每一位員工，」他說：「都該像創業家一樣思考，進而創作、發明，並且找到更好的方式來改善顧客的生活，這是每一個人的工作。」庫克知道這樣的規勸不會帶來太多改變。為了支持這個說法，他邀請同事比賽打造「一系列讓人人輕鬆、快速、便宜進行實驗的制度與文化」。[11] 庫克主張這樣的新方案就像 SnapTax 與 TurboTax Live，應該成為規範，而非特例。整間公司都得變成一間實驗室。

庫克所下的戰帖激發出多年的努力，讓全公司都具備做實驗的能力。現今，財捷以五個關鍵方式來培育實驗的環境。

實驗團隊。財捷圍繞著前景可期的構想，編制許多「發現小組」，就像 SnapTax 與 PersonalPro。通常團隊會納入來自工程、產品經理與設計的成員，庫克把這稱為「一個駭客、一個老千和一個夢想家。」[12] 一旦選派成員後，這些團隊就在指揮系統外運作，享有極高的自治權。為了確保他們不會陷入科層體制的泥淖，團隊都會配上高階主管擔任贊助者。例如 SnapTax 團隊的指導者是 TurboTax 產品管理的副總裁、財捷工程部副總裁，以及庫克本人。贊助者每週與團隊開一次會，提供訓練指導、排除瓶頸，並協助他們獲得資源。另一種支援是財捷創新催化劑（Intuit's Innovation Catalysts），這是由 200 名實驗「黑帶」組成的團體，他們投入 10％的時間協助同事辨識顧客需求、設計實驗與建立原型產品。

創新培訓。設計實驗需要技能，而在財捷公司，每位員工都有機會成為專家。公司的創新課程名叫樂在設計（Design for Delight，簡稱 D4D），課程長達一週。協助員工在三個領域建立技能：用同理心理解顧客、發展構想與快速製作原型產品。新進人員可望在頭三個月內完成課程。進一步的培訓是透過「精實起步」（Lean StartIn）完成，這是為期一週的工作坊，團隊成員會運用樂在設計的方法處理顧客痛點。在這五天裡，小組會開發出四到五個原型產品，進行多種測試。[13] 自從 2012 年推出後，已經有超過 2,000 名員工參加過精實起步。

實驗時間。直覺也支持運用「自由玩耍時間」進行實驗。他們鼓勵所有同事花 10％的時間在喜愛的專案上。員工可以將這段時間整併成許多時段，公司也鼓勵他們與同事的排程同步，以處理扎實的問題。在一個典型的案例中，負責 QuickBooks 的團隊累積好幾個月的自由玩耍時間，好讓他們有完整的一週去針對新產品的特色進行腦力激盪。在這一週內，團隊打造出公司招牌產品手機版的原型產品。[14] 傑夫．席亞斯（Jeff Zias）是財捷公司裡的一位創新領導人，他認為過去十年來，自由玩耍時間已經催生出 500 個各式專案，最終得以提供產品或服務給內、外部的顧客。

專用資金。財捷的創新者有許多實驗資金來源。每一個部門都有為目前產品升級的實驗預算。打算進行實驗的人，還能在定期的創新挑戰與駭客松中爭取資金。最後，創新者可以尋求執行長基金（CEO Fund）的支持，這是庫克建立的無條件資金池，用以確保異想天開的構想不會資源匱乏。投資的規模多半不大，資金只有幾萬美元、期間僅兩到三個月，但是當構想需要更長的時間孵化，規模還可以拉高。例如 PersonalPro 在三年裡拿到好幾百萬美元。[15] 現有的事業群被期待要跟執行長基金較量對顧客有益的點子。

賦權給部門。支援部門負責培養實驗能力。在 2012 年，財捷的 IT 部門把建立線上測試的時間從兩個月大幅縮減為兩小時；隔年，法務部門發布指導方針，說明在哪些條件下不需要公司規定的批准就能進行實驗；公司也期待人事部門對他們提供的服務進行實驗。幾年前，一位人資專案經理提出一項測試計畫是在最後的聘雇決定前，先把應徵者納入公司正在執行的專案中。結果非常出色，現在已經成為直覺招募流程的關鍵環節了。[16]

實驗不只是電子商務巨頭與軟體公司專屬，豐田（Toyota）的員工每年貢獻上百萬則的改善建議。大部分的建議都不只是構想，而是已經產出成果的實驗報告。根據我們估算，這在經濟層面上的影響，將是生產力提升每年數億美元。

亞馬遜、財捷與豐田證實了，把整個組織當成實驗室是可行的。從上到下，他們抱持的精神是「證明給大家看，不要光說不練」。不管是用聚苯乙烯泡沫塑膠做出模型、在餐巾紙上畫出草圖、安排分鏡圖，或是拍攝影片，這些公司知道，把概念轉變成事物的簡單舉動，經常可以揭露出隱藏的瑕疵，以及展現出讓構想變得更好的機會。在人本體制中，每個人都需要成為製作者，捲起袖子、勞心勞力，打造一些事物。

儘管實驗看起來很浪費（看看那些被浪費掉的橡實！），或許會使抱持科層體制思維的人苦惱，這卻是率先前往未來的唯一道路。

著手開始

如果你準備好要將組織變成探索博物館，請見下列待辦清單：

1. 建立共同的承諾，把你的組織裡每年的實驗數量提升至10倍到100倍。訂定暫定目標，設定每個團隊、部門與事業單位必須進行的實驗數量。以每年每位員工做一次實驗當作目標是不錯的起點。
2. 幫助每一位員工具備設計與進行實驗所需的技能。有很多設計思考與快速打造原型產品的教學軟體，能讓你與同事共享。
3. 鼓勵大家做實驗，而非制定精良的計畫，並且讓這一點成為獲得種子資金的必要條件。如果有人對建立事物的構想不夠在乎，就別投資。

4. 移除團隊成員投入資金與進行實驗時面對的阻礙。從你的團隊開始，建立小規模的實驗預算。鼓勵為你工作的人每週預留幾個小時的自由玩樂時間。
5. 要求全體員工每個月報告他們如何支援當地的實驗，他們做了什麼事讓第一線團隊更容易嘗試新事物。
6. 減少實驗出錯後由個人承擔後果的風險。提醒大家大部分的實驗都會失敗。確保團隊成員只要進行實驗，無論成敗都會得到獎賞。
7. 要求每個階層的領導人負責指導實驗。要求員工針對主管是否營造出鼓勵承擔風險、多多做實驗的環境打分數。

大自然永不止息。它不會靜置不動，不會等待災禍降臨，不會請求批准，不會規畫，它只是一再嘗試。你的組織需要的也是這個。這表示我們要讓大家終其餘生的工作都具有實驗性質。用偉大的管理思想家貓王（Elvis Presley）的話來說就是，現在應該是「少一點對話，多一點行動」的時候了。就這樣去嘗試吧。

第 13 章

悖論的力量

如果人生簡單一點，不是很棒嗎？如果永遠都不需要取捨，永遠不必做選擇；如果魚與熊掌都能擁有，這樣是不是每件事都會順利一點？或許吧，但這也會讓人生無聊到難以忍受。坦白說，你真的希望不必再動腦筋嗎？當然，總有些時候我們會希望選項不要這麼死板，或是但願可以有多一點數據資料。但是我們當中的大部分人，可能沒那麼渴望世界上每一項決策都這麼容易描述，還可以套用模式，簡單到可以把抉擇的工作委託給演算法。難題能讓人生變有趣。

悖論的不可避免

有些取捨很簡單，像是我該出門跑步然後洗個頭，還是堅持完成手邊的工作？這類取捨有許多只是受到時間的局限，畢竟，我們一天就只能做那麼多事。

最難的取捨通常會牽涉到對立或看似對立的目標。例如，我要避免青少年的兒女做出差勁的決定（同情），還是應該讓他承受後果（責任）？我該保守投資以保護積蓄（財務安全），還是我該更加冒險以期輕鬆退休（財務收益）？我該花一個週末幫朋友搬家（愛別人），還是該去爬山幫心靈充電（照顧自己）？這些決定，就像我們所面臨的大部分決定，都牽涉到悖論（paradox）。

我們人類常常在思考，這就像是我們的派對遊戲，但是最能激發我們賣力思考的就是悖論了。「悖論」正如字面意思，所牽涉的不光是一個選擇，而是兩個都想要、卻又互相排斥的選擇。在某些案例裡，選項將反映出深刻、但顯然互相對立的真相。我們的大腦在面臨看似會讓理想互相衝突的重要抉擇時，會不斷拉扯與延展。在沒有悖論的世界裡，就沒有需要賣力思考的事，也沒有機會變得更有洞察力。不管我們有沒有自由意志都不重要，因為風險都會很低。丹麥哲學家索倫．齊克果（Søren Kierkegaard）說得對，他認為悖論是「知識分子生活裡的痛苦感傷」。我們很幸運，悖論似乎瀰漫整個宇宙。讓我們想想一些例子。

確定性與不確定性

科學是對自然定律的探求。物理與化學的法則讓我們能極其準確的預測自然現象。一直到 20 世紀初，許多科學家都還認為，要是能精確說明某個時間點的宇宙狀態，就能預測所有的未來狀態。如今，大部分物理學家都認為這是錯的。儘管我們對某些事情的預測相當可靠，例如行星軌道與液體加熱的變化，但是這種預測能力在次原子的層次卻失靈了。

次原子粒子是目前科學已知的最小結構，能夠同時以多種狀態存在，這就是知名的「疊加」(superposition)現象。粒子只有在觀察到時才能假定它的特定狀態。問題是，我們不可能預先知道它會是什麼狀態。這不表示沒有人能預測一個次原子粒子一定範圍的結果，但也代表我們對於物理系統變化的預測能力有先天的局限性。發現這麼明顯的不可預測性非常令人不安，就連愛因斯坦都為這個涵義而掙扎，他曾說過一句知名妙語：「上帝不跟宇宙玩擲骰子。」或許他是對的，但是我們的宇宙不只具有高度可預測性，同時又具有高度不可預測性，這一點無庸置疑。

左派與右派

政黨往往會把自己放在一個從左到右的光譜上是有原因的。對於人性、國家角色與改革的優點等議題而言，左右可以展現出十分鮮明的不同預設立場。英國哲學家羅傑·斯克魯頓(Roger Scruton)表示保守主義「與保存事物有關」，他說：「當然不是要保存每一件事物，而是要保存我們所喜愛與珍視的事物，如果我們不注意，可能就會失去它們。」[1] 保守派對於魯莽的改革以及其始料未及的後果十分謹慎。相對的，進步派認為社會進步必須積極促成。從來沒有「夠好」這回事，因此必須持續推動改善社會的大工程。表 13-1 總結保守派與進步派看待

表13-1　左派VS. 右派

進步派的世界觀	保守派的世界觀
傳統與制度使得既存的權力結構永久存在，往往成為社會正義的阻礙。	一旦拒絕得來不易、深植我們的制度與傳統的知識，走向社會混亂的大門將會打開。
國家是個人權利的最終擔保人，國家權力可以用來改善人類的條件。	國家是人類自由最大的威脅，國家權力必須嚴格畫下界線。
個人是否蓬勃發展，主要取決於社會所提供的機會。	個人是否蓬勃發展，取決於他們的性格與選擇。
有鑑於偏見、貧窮與其他社會弊病的現實，改革主義的政策能大幅減少系統性的不平等。	有鑑於個人能力與偏好的天生差異，應該沒有政策能產生平等的結果。
我們在建立一個更加正義的社會時所面臨的艱鉅挑戰，需要我們對改革方法大膽進取。	由於人為缺失以及始料不及後果定律（the law of unintended consequences）*，我們應該要對大膽的改革方案慎之又慎。

*譯注：始料不及後果定律指的是立意良善但結果經常適得其反的現象。

世界的重要差異。

保守派與進步派都有思考上的盲點。一位保守派人士可能會宣稱個人的成功是認真工作的結果，而無視基因、種族與階級的影響程度。相反的，一位進步派人士可能怪罪於制度受到不正當手段所操縱而導致個人面臨困難，卻將自律與韌性的重要性輕輕帶過。單看每一個觀點的話都很危險，沒有進步主義的保守主義，就是崇拜過去；沒有保守主義的進步主義則是任意破壞過去。羅爾夫・沃爾多・愛默生（Ralph Waldo Emerson）在提到左右兩派時曾巧妙的說：「每一半都很好，但不可能是完整的。」[2]

憐憫與正義

許多信仰體系的核心也是自相矛盾的。讀《舊約聖經》，你會發現對上帝的個性有許多衝突的說法。《詩篇》第 7 篇第 11 章說：「神是公義的審判者，又是天天向惡人發怒的神。」啊！幸好，全能的神也有祂柔軟的一面。再繼續讀，《詩篇》作者又宣稱：「耶和華有憐憫，有恩典，不輕易發怒，且有豐盛的慈愛。」（《詩篇》第 103 篇第 8 章）呼！但是等一下，上帝這麼兩極嗎？神學家會告訴你上帝不是兩極，祂的性格只是反映出憐憫與正義之間固有的矛盾。

當我們違法時，我們懇求憐憫：「很抱歉我超速了，警察先生，但我去接女兒快遲到了。」當其他人犯罪，我們則要求正義：「看那白癡是怎麼開車的，希望有個警察把他攔下來。」儘管我們都希望天秤傾向我們這一邊，但還是得承認，憐憫與正義都不可少。

我們大部分的人都不想要生活在一個嚴刑峻法、沒有寬恕、沒有改過自新機會的社會。那就像是在塔利班的政權之下度日。然而老實說，恩典過多我們也不會開心。想像看看，在一個沒有人需要為自己的行為負責的世界裡，沒有法律或道德界線，壞人不管做什麼事都能逍遙法外。那樣的世界就會像是拉斯維加斯，而且差不多三天後，它看起來就俗不可耐了。

每一個幼童都有過憐憫與正義的第一手經驗。「我知道媽媽愛我，」一個四歲小孩這樣認為：「但是當我丟玩具時，她變得很討厭，愈來愈討厭。你知道接著會發生什麼事，沒有玩具了，我坐在一張椅背很硬的椅子上。她說這叫作『冷靜椅』；但我會說這叫浪費時間。奇怪的是，十分鐘後她會回來抱抱我，不過每件事都令人掃興。這太令人困惑了，但如果你問我，我猜這是愛與紀律的矛盾吧。」的確是啊，小不點。查爾斯．西蒙（Charles Simeon）是劍橋大學國王學院的牧師兼研究員，他在提到憐憫與正義時說得好：「真理不在中間，也不在某一端；真理在兩端。」[3] 英國作家柴斯特頓（G. K. Chesterton）在定義悖論時表達過相同的想法，他說：「兩條對立的真理之繩，纏繞成一個分不開的結。」[4]

悖論令人憂愁氣惱，而且大腦要持有兩個對立的意見並不容易。可是當我們與悖論搏鬥，就是在面對世界的本來面目，充滿複雜與意味不明。抗拒「非此即彼」的思考，並且能夠有建設性的處理悖論的人，將占有優勢。他們的反應具有細微差別，不落俗套，這代表更符合他們所處的現實世界。

科學家如果欣然接受截然相反的理論框架之間的衝突，會有機會發現全新、更深刻的真相。在憐憫與正義之間能機靈的做判決的法官（以及家長），會更有人情味、判決也更有效果。

能夠抵擋意識形態破壞的政治制度，更能制定出有效的政策。精通悖論對我們的組織來說，也同樣攸關生死。

遲鈍

你的組織裡，有什麼彼此競爭的優先事項嗎？或許是規模與彈性、紀律與創意、勤奮與速度，或是審慎與冒險。每一項取捨都反映出更深層的矛盾，一種介於利用（exploit）與探索（explore）之間的張力。數十年前，組織學理論家暨諾貝爾獎得主詹姆士．馬奇（James March）主張，任何組織最基本的問題是：「投入開發足夠的資源，以確保當前的生存能力；以及同時付出足夠的精力探索，以確保未來的生存能力。」[5]

證據顯示，沒有太多組織做對這件事。就像我們在前幾章提到的，孵化器很少創造出未來。通常來說，他們不是開創新商業模式或重新定義顧客期待的人，也不是利用新科技或駕馭新興趨勢的第一人。相反的，他們獲得效率是藉由一再重複做相同的事。

想想大型製藥廠的狀況。在2018年，世界最大的十間製藥公司在研發上花了超過760億美元，占全球總額的42%。[6]不過，同年核准上市的59種藥物中，只有15%來自前十大藥廠的實驗室。[7]銷售額不到十億的小型創新者，拿走了核准上市藥物中的63%。

佩托．夸特雷卡薩斯（Pedro Cuatrecasas）是曾經讓 40 多種藥物上市的產業老手，他將大藥廠難以捉摸的問題歸咎於科層體制：

> 〔大藥廠〕對於他們能以紀律、命令、手續與效率來管理和委任工作的成果信心滿滿。不幸的是，上述這些特質扼殺了創意與創新。自由、自發、靈活、容忍、熱情、幽默與多樣化，被笨重又死板的組織結構取而代之，這種組織結構的特徵是嚴格規畫、控制、服從規定與極度的科層體制。[8]

創新是每一個組織的命脈，在製藥產業更是如此。但是即便在這裡，創新的保護者也經常被中央集權、沉迷於服從的行政官僚所擁有的龐大力量淹沒開發與探索。

在大部分組織裡，開發與探索應該並駕齊驅，有一項卻被棄之不顧。想想你自己的組織。在圖 13-1 所顯示的取捨中，它支持哪一邊？領導人把哪些因素視為必要、哪些又是非必要？高層會注意什麼、忽視什麼？

科層組織不是忘記取捨，只是他們系統性的偏愛右邊的項目。這有部分是天生特質的問題。大型組織裡填滿會計師、律師與專業主管。藉由性格傾向與培訓，他們對穩定與保障的偏好，大過動態與大膽。這種心理框架在權衡輕重的流程中受到

圖13-1 探索VS. 利用

你會如何為組織中這些優先事項的重要程度評分？

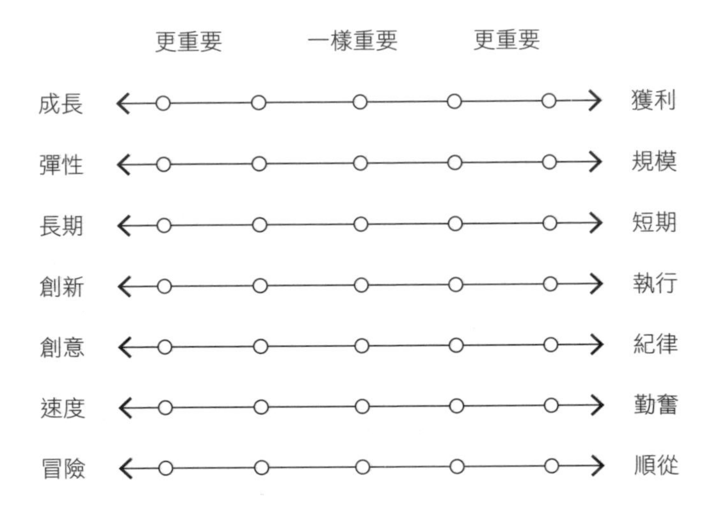

強化，設定目標、編列預算、專案管理、績效考核與升遷等流程偏好永恆不變，而非偏好變革。

資訊不對稱會進一步使取捨帶有偏見。公司的資訊系統蒐集大量的營運效率數據，但通常無法計算未開發利用創意、浪費自發性、放棄機會、策略慣性以及對失敗過度恐懼帶來的成本。如果你的數據只給了你一半的全貌，你不可能在取捨上變得精明。

組織對細微差別的最後一擊是：科層體制厭惡模稜兩可。由於每次取捨未必都能一勞永逸，他們的秩序感因而被破壞。統一是美德。他們不在乎任何一種通用的政策在大部分狀況下都是錯誤的政策，例如全面凍結人事，不公平的懲罰一個小型但快速成長的單位，或是積極實施對高價值顧客造成不便的政策。組織提供的選項應該要允許第一線的人員為了最有效的進行，可以在當地視情況自由取捨。可是對科層組織來說，這會腐蝕「秩序」，實在令人生厭。要是大家都有自由做自己的事情，他們要怎麼管理一間大公司？他們得知道組織裡正在進行的所有事，然而這只有在人人都遵循同一個腳本時才有可能辦到。這樣的想法差不多可以解釋，為什麼高階領導人偏愛統一的架構與通用的政策，沒錯，這個做法可能會造成局部最佳化，但是這也會減輕高階主管的認知負荷。對高層而言，這麼做讓世界「看起來」可以理解，從而讓他們有維持掌控的幻覺。

科層體制對模稜兩可的厭惡，會導致非黑即白的思維：不是中央集權就是地方分權、不是自治就是順從、追求規模就不可能敏捷。無可否認的，有些取捨確實會導致零和的結果，例如花一美元拿去買庫藏股，就不能花在研發上。然而，不是每一回取捨都能穩定持久。50 年前，製造業的高階主管相信成本與品質是互斥的。你可以買一輛打造得一絲不苟、能開 20 萬英里的賓士車（Mercedes-Benz），或是一輛勉強能開的破車像是 Yugo*，這玩意一輩子大部分的時間都在商店裡展示。然後，1970 年代，日本汽車製造商重新想像這個取捨的想法，

* 譯注：南斯拉夫的國產車品牌。

震撼了他們的競爭對手。他們認為，透過改善品質的系統性方法，例如統計流程控管、擴大培訓、重新設計流程、提升團隊工作、以及極具野心的品質目標，能夠製造出價格不高但品質可靠的汽車。憑藉著超越長期被視為非此即彼的取捨想法，日本汽車製造商獲得持續一個世代的競爭優勢。

當然，最終他們抵達了邊界。品質提升得到回報，但也只能到達某個程度。如果你想要手工搭配的皮革座椅，還是得準備好多付一點錢。但是，每當說到開發與探索，許多主管常自認為已經來到邊界，儘管他們還差一座大陸之遙。他們在圖13-2 上的 A 點，卻以為要是不放棄一單位的「開發」(在水平軸上向左移)，不可能再得到另一個單位的「探索」(在垂直軸上向上移)。他們可以看見移動到 B 點的方法，但無法想像如何到達 C 點。

圖13-2　重新想像利用與探索的權衡

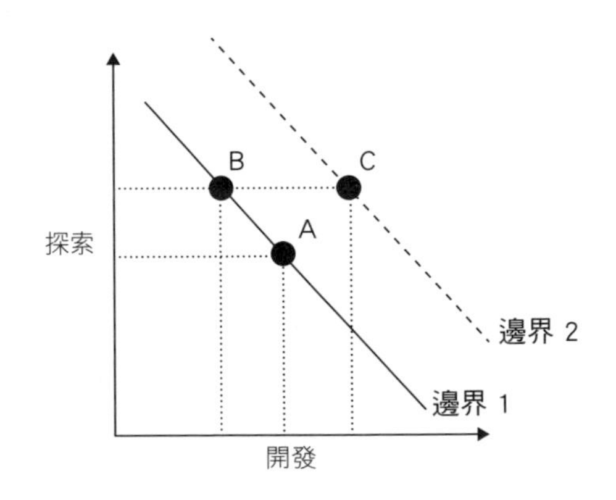

在許多組織裡，要進行比較高階的取捨時，會因為宗教式的狂熱而受挫。如果你在「精實」教會中長大，可能會反過來瞧不起其他信仰體系的優點，因為你堅信嚴格與系統化是創造價值最理所當然的途徑。反過來說，如果你經歷「設計思考」的洗禮，則會認為同理心與橫向思考是成功的關鍵。這些根深蒂固的信念有可能把取捨的辯論變成聖戰。負責財務的人認為創意類型是危險的非理性行為，而夢想家會覺得會計師是無法開竅的呆子。只要每一方都在意識形態的碉堡裡消極以對，就無法移動邊界。

遲早，單方面的取捨會引發反作用，像是：「天哪！我們已經好幾年沒有出現能上報紙頭條的成長了。」通常在這種狀況下，組織會雇用一位新執行長來扭轉頹勢，但接著就會做過頭。長期在某一端的鐘擺，被推到另一頭去了。

在出發之前，我們來概括一下：

- 科層體制是複製的機器。它們是設計來利用，不是設計來探索。
- 科層體制有單一文化的傾向。它們是由在天生特質上偏好維持現狀的人所營運。
- 科層體制的資訊系統無法捕捉取捨偏向一方的隱藏成本。結果，許多決策不夠全面，因此造成局部最佳化。

- 科層體制往往在整個組織堅持統一的取捨。儘管不精確，但這可以維護中央的權力與秩序感。
- 科層體制厭惡模稜兩可，這導致彼非即此的思維。比起維持創造張力，組織寧可一刀鋸開互相衝突的優先事項。

拙於取捨所受的懲罰，在 50 年前或許還能忍受，但那是以前。如今，企業必須是對效率精打細算的模範生，同時還得是打破規則的創新鬥士。在過度競爭與快速變遷的世界裡，獲勝者將是機靈、且具備適時取捨能力的人，或者更有可能是，能夠徹底重新定義開發與探索的邊界的人。

你要如何在實務上達成目標？如何避免拙劣的、由上而下的取捨？你要如何跳脫非此即彼的思維？

在鑽研歐洲最具持續獲利能力的瑞典商業銀行的經驗時，大部分的答案都能找到。

瑞典商業銀行：超越非此即彼

在超過 50 年來，瑞典商業銀行的績效都輕鬆超越歐洲同業。2008 年的金融危機也安然度過，毫髮無傷，並且從那一年起，幾乎所有績效指標都打敗了競爭對手（見表 13-2）。

數十年來，瑞典商業銀行已經證實，它精通金融業最困難

表13-2　瑞典商業銀行與歐洲同業[a]的財務績效（2009～2018年）

	成本營收比[b]	一般管銷費用占營收的比例	年營收成長率	年度存款成長	不良貸款占總貸款率	資本報酬率	公司股東總報酬率
瑞典商業銀行	46.6	39.5	2.9	8.7	0.2	12.8	274
歐洲同業團體平均值[c]	63.3	67.8	-1.1	2.1	3.3	6.0	117

a.指在瑞典商業銀行在主要市場（斯堪地那維亞、英國、荷蘭）的競爭對手，包括：荷蘭銀行（ABN Amro）、西班牙對外銀行（BBVA）、巴克萊銀行（Barclays）、德國商業銀行（Commerzbank）、丹麥銀行（Danske Bank）、德意志銀行（Deutsche Bank）、匯豐銀行（HSBC）、荷蘭國際集團（ING）、比利時聯合銀行（KBC）、駿懋銀行集團（Lloyds）、北歐聯合銀行（Nordea）、瑞典斯堪地銀行（SEB）、渣打集團（Standard Chartered）、瑞典銀行（Swedbank）與蘇格蘭皇家銀行（Royal Bank of Scotland）。

b.指營業費用占淨利息收入與非利息收入的比例。

c.單純的未加權平均值。

的兩項取捨能力。第一，它的資產負債表不必膨脹，就能實現強勁的成長，以及第二，它嚴格控管成本，但對顧客的服務並未失去人性。

金融服務業的成長經常伴隨著的代價是，犧牲掉審慎行事的做法。在經濟大衰退的前期，許多銀行對次級貸款視而不見，並莽撞的押注在複雜的衍生性金融商品，但是瑞典商業銀行不在隊伍裡。它像是一窩野兔裡的一隻烏龜，避開高風險的押注，同時努力成長得比對手快速。儘管他們是審慎行事的模範生，這間銀行卻慷慨報答股東，在 2009 年至 2018 年期間，公司股東總報酬率超越對手集團的兩倍。

瑞典商業銀行的顧客服務也同樣優秀。在一份英國民營銀行的調查裡，瑞典商業銀行的顧客滿意度打敗同業，成績高出10 分以上（滿分是 100 分）。[9] 如果你好奇，他們是不是利用成本結構去鍍金，答案是否定的。過去十年來，瑞典商業銀行的成本營收比（成本占營收的百分比）平均值是 46.6%，比它的歐洲同業低了 17.7%之多。

瑞典商業銀行能夠獲得對手無可匹敵的績效，關鍵在於他們非常不正統的組織模式。1970 年時，一位在瑞典北部區域銀行工作的經濟學家揚．瓦蘭德（Jan Wallander）被派任為瑞典商業銀行的執行長。當時這間銀行正在虧損，還捲入與監管單位的爭執之中。當瓦蘭德分析銀行績效不佳的原因後，他愈來愈堅信，引發問題的是過度中央集權。這間銀行的總部人事膨脹、規畫流程嚴格，使得銀行對經濟情況與顧客需求的轉變反應遲鈍。在當時，核貸得花兩個月才能完成。此外，銀行的高階主管做了一大堆糟糕的授信決策，危及資產負債表。

瓦蘭德後來寫道：「所有公司都遭受強大拉力，被拉往集權的方向。就像水滴會輕易滴落下來，無法避免，除非特別留意把水擋在外面。」[10] 儘管很難量化，瓦蘭德還是逼同事對過度中央集權的成本誠實以對。他認為：「要編造出吸引人的數學論據，來證明大規模營運的優點很簡單，比較困難的是說明缺點。它的缺點是以死板、緩慢、官僚、缺乏透明等詞彙來描述，儘管這些說法曖昧不明，卻和實際影響一樣真實。」[11]

瓦蘭德認為，高階主管欠缺聰明決策的脈絡，他們離顧客與市場趨勢太遠了。不意外的，總部的人不苟同。瓦蘭德對他們的反對不為所動，他大刀闊斧做出的其中一個動作是，凍結上百個總部委員會的工作，並終止執行「藍色備忘錄」；藍色備忘錄是公司上對下的政策指令，以每天新增十條指令的速度增生。由於無事可做，總部的職能開始萎縮，行銷部門從 40 名員工縮減到剩 1 位。直屬組織也砍到剩三個階層，分別是總部、區域辦公室與各地分行。瓦蘭德形容這猶如「擋下火車」。

隨著中央組識萎縮，瓦蘭德藉由提升各地分行的自治權，將關鍵取捨在地化。銀行全體員工都要接受信貸審核與業務開發的培訓。他們還發展出新的資訊系統，以提供第一線人員必要的數據資料。此外，分行被賦予自主權，能夠決定授信與否、貸款與存款的利率牌價，並且設定行銷的重點事項（最後他們也可以負責人事決策）。瑞典商業銀行另一個背離標準的做法是，由分行根據服務地區負責服務企業客戶。當地主管可以要求總部支援，但顧客關係的經營還是歸分行管。

每一間分行都有一個儀表板，揭露成本營收比、顧客流失率、每位員工的獲利率、貸款履約率，以及每位顧客的獲利率。目標是要把每一間分行變成獨立經營的事業，如同瓦蘭德經常一講再講的口頭禪：「分行就是銀行。」當其他銀行把分行看作門市，只負責銷售產品與處理交易業務時，瑞典商業銀行把分行視為負責建立長期關係、經過充分訓練的企業。

瓦蘭德認為，價值是在組織的地理「邊緣」創造出來的。既然分行員工對距離最近的顧客有最充分的了解，他們最適合做出細微、即時的取捨，協助公司調停互相對立的反對者。

要了解邊緣發揮作用的力量，我們可以看看這間銀行集團如何在成長與風險之間做取捨。在 2009 至 2018 年期間，瑞典商業銀行的貸款投資組合成長速度，幾乎比所有歐洲對手都更快速，但這樣的成長卻不是靠著犧牲放貸標準換來的，因為他

圖13-3　瑞典商業銀行與重要歐洲銀行的貸款業務成長與不良貸款率（2009～2018年）

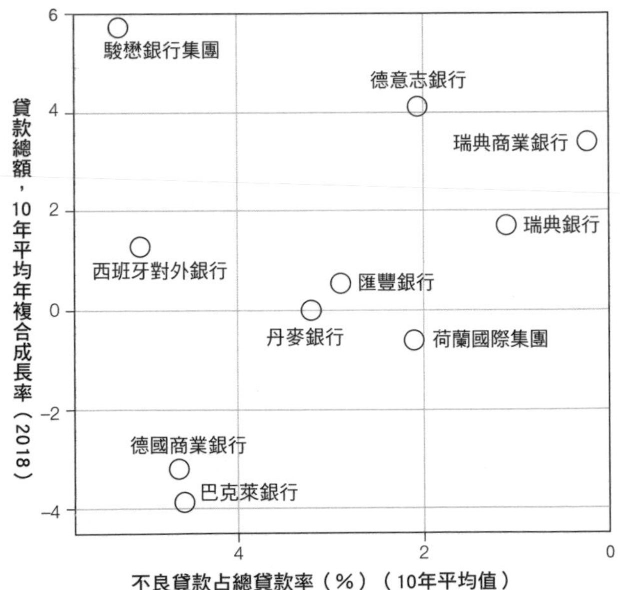

資料來源：標準普爾智匯金融資料庫；作者分析。

們的不良貸款率是整體業界最低（見圖 13-3）。那麼，瑞典商業銀行是如何完成這個妙計的呢？

祕訣就是在地化。瑞典商業銀行所有放貸業務都由分行員工完成，不管是顧客為了買富豪 XC40 汽車貸款三萬美元，還是提供富豪汽車集團（Volvo Group）三億美元的循環信用額度都一樣，分行一半的員工都有放貸的職權。每一份貸款申請在放行前都得經過面談。如果貸款金額較高或者貸款申請人是新顧客，他們可能會開好幾次的面對面會議。儘管信用評分系統對放貸決策會有影響，但不會取代判斷。例如，有位貸款申請人工作經歷不穩定，看起來是個沒吸引力的顧客，直到稍微調查後，發現他有個有錢的叔叔，可能願意共同簽署貸款合約。另一位申請人的工作待遇優渥，但卻受雇於一間岌岌可危的公司。藉由在放貸流程中捕捉、納入非標準資訊，瑞典商業銀行比其他比較中央集權的競爭對手，做出更精明的放貸決策。

在地化也幫助瑞典商業銀行預測違約問題。核貸後，分行員工會定期與貸款人會面，要是有違約風險，將會採取行動。瑞典商業銀行董事長帕爾・波曼（Pär Boman）認為，70%的呆帳根源於「貸款人的信用資格開始下降後的干預不足」。[12] 在地的控管讓他們更有可能在早期發現潛在的違約風險，並避免或減少違約。

最後，地方分權還能減少系統性風險。在一家典型的銀行裡，授信決策由非常小的一群風險管理者完成，他們的決策受制於以信用評分為基礎的放貸規定、貸款成數限制與其他因素。中央集權的授信決策還會受到公司優先考量事項的影響，例如提升小型企業貸款人的市占率，或是對特定產業減少曝險。這種集權、由規則驅動的方式，有集中而非分散風險的傾向。

就像《黑天鵝效應》（*Black Swan*）作者尼可拉斯・塔雷伯（Nassim Taleb）與葛瑞格里・崔渥頓（Gregory Treverton）教授觀察到的：「儘管集權減少了偏離常態的情況，讓事情看起來運作得更順利，但也放大了這些偏離發生時所造成的後果。把動盪集中在少數但更嚴重的事件裡所造成的傷害，與累加的小型偏離造成的結果相比，根本不成比例。」[13] 透過把授信決策分權給地方，並阻止上對下的制定優先順序，瑞典商業銀行反覆自我施打疫苗，以預防大型、愚蠢失誤的風險。

在地化也是打造扎實顧客關係的關鍵。如果你跟大銀行往來過，就知道那種經驗可以多沒有人情味。你會發現自己經常在枯等，期盼半個地球外的客服中心接通你的電話。瑞典商業銀行不會這麼做。每一位顧客都會拿到分行經理的姓名與電話，分行還會指派一名員工作為代理人。他們把內部轉接降到最低程度，因為每一個人都獲得授權，有資格解決顧客的問題。分行會自己做行銷，並根據當地需求量身打造銀行的數位平台。對顧客來說，瑞典商業銀行就像在地的公司，老闆知道你的名字，而且很高興見到你。

在一個典型的例子裡，英國的樸茨茅斯（Portsmouth）分行經理開車去倫敦希斯洛機場（Heathrow Airport）見顧客，在需要完成申貸手續的顧客搭機出差的前一分鐘攔下他。[14] 正是這類的服務，為瑞典商業銀行贏得同業比不上的顧客滿意評分。

瑞典商業銀行如何能提供麗思—卡爾頓飯店（Ritz-Carlton）等級的服務，成本卻又比對手更有競爭力呢？再看一次表 13-2，各位會注意到，瑞典商業銀行的一般管銷費用（銷售、一般與行政成本）占營收的比例低於 40%，而對手平均是 67%。正是這樣龐大的效率優勢，讓瑞典商業銀行有了解決「高接觸／低成本」悖論的能力。與競爭對手相比，瑞典商業銀行對科層體制人事的投資不足，對顧客服務則是投資過度。藉由這麼做，它拒絕其他大型銀行典型的非黑即白思維。（有關瑞典商業銀行成本優勢的格式圖，見圖 13-4。）

自由與控制

瑞典商業銀行以及其他每一個組織，最根本的取捨都是自由與控制。這個拉扯存在於探索與開發兩難的最核心。要打造個適應力強、創新又能鼓舞人心的組織，人們需要有自由去冒險、忽視政策、尋求外部管道、追求熱情，以及偶爾失敗。

圖13-4　瑞典商業銀行與傳統銀行的成本優勢比較

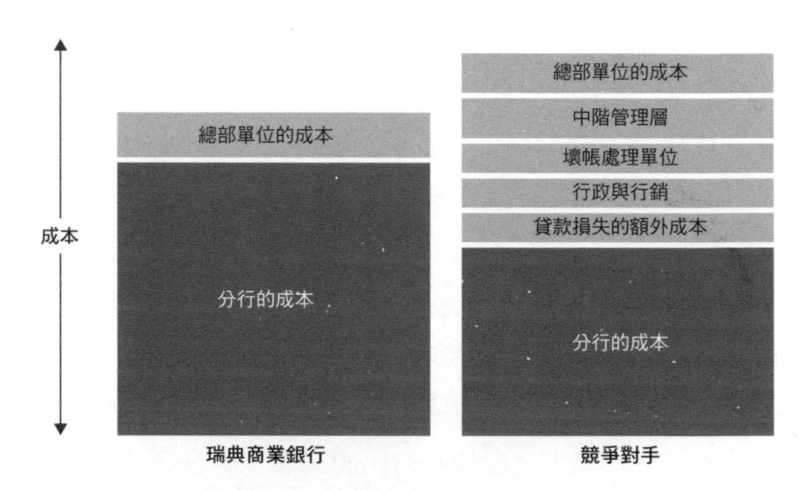

資料來源：瑞典商業銀行投資人簡報（2014.10.6）。

相反的，要打造一個實現六個標準差的高品質、不斷賺錢的組織，你需要很多雷厲風行的做法、維持一致與紀律。一個組織要怎麼兩者都做好？那就像是在找一個舉重跟韻律體操都能拿奧運金牌的人。試著想像那樣的體型！

看起來不可能，但或許有辦法可以把圓形變成正方形。在我們的經驗裡，許多主管認為自由與控制互相排斥。用數學來表達的話，就是自由乘以控制等於一個常數，所以自由要變多，控制就得減少。因此，任何一個擴大第一線員工決策權的請求，都可能引發猛烈反彈，例如：「大家會鬆懈。」「標準會下降。」「大家會濫用自由。」「我們會失焦。」「員工們掌握不了全貌。」「每個人都會做出無意義的重複動作。」

這種焦慮可以理解。在任何組織裡，一定程度的控制是必要的，然而在科層體制的模式裡，控制是透過下列因素實現：狹隘的角色、密切監督、嚴格的開支限制，以及極少的自主時間。這些行動能讓組織避免一切弊端，但代價是犧牲適應力、創新與主動積極。這種取捨是無法避免的嗎？有沒有方法既確保控制，又避免付出「科層體制硬化症」的代價呢？謝天謝地，答案是「有」。

讓我們回到瑞典商業銀行，在那裡，第一線員工擁有空前程度的自治權。為什麼這一切的自由沒有導致不負責任的行為呢？這家銀行怎麼能夠如此激進的地方分權，又不失去營運上的紀律呢？祕訣是區分「達到什麼結果」與「如何執行」，也就是把目標與手段分開。創新往往是以全新的方法實現相同的利益，達到克服歷史上重要取捨的目標。舉例來說，在 Kindle 發明之前，愛書人士外出時都得面臨取捨：要忍受扛著一大堆書的麻煩，或是承擔手邊沒有一本愛書的風險。就像亞馬遜重新發明了閱讀的「方法」，瑞典商業銀行也重新發明了掌控的「方法」。

沒有藉口

瑞典商業銀行的每一間分行都自負盈虧。在營收方面，分行的進帳是來自於放貸產生的淨利，以及銷售共同基金等投資產品所獲得的費用。[15] 核貸後，貸款就會留在放貸分行的資產負債表上，直到貸款到期。要是抵押貸款拖欠債款，分行就會身陷困境，必須確保償債回到正軌。要是貸款被打入呆帳，虧損會被視為費用，記在分行的損益表上。分行負責他們所有的直接營業費用，例如指定人員職位、簽下租賃合約、決定薪酬，以及核准行銷預算等。總部的服務諸如 IT 與人資，也會根據實際使用情形向分行收費，每年由分行主管所組成的委員會負責談判服務費用，這些人一向很會跟總部殺價。

在其他銀行，分行負責的是雜七雜八的 KPI，例如上對下制定顧客獲取的目標值、交叉銷售、人事成本與其他績效規範。他們設想這些雜七雜八的一堆目標，將會使分行績效發揮到極致，但是他們錯了。科層體制對這些目標的希望有多高，建構替代目標就有多難，根本沒有簡單的方式，能充分捕捉所有驅動獲利能力的因素。如果由總部來訂定目標，不管目標有多少項，都無法取代訓練有素的現場決策者的智慧。與常見的假設相反的是，規定的政策以及由上頭制定的目標將會腐蝕當責心態，而非鼓勵當責心態。當第一線員工受制於嚴格的政策，被迫為一套假的 KPI 努力，他們就能把失敗推給上面的人。他們會說：「畢竟，我們只是照你要求的去做。」反之，當他們真的自負盈虧，掌控所有驅動獲利能力的變數時，一旦表現不符合要求，就沒有指責的對象了。

自治權與當責互相排斥的概念根本不存在，這是組織認為員工會為不負責任找藉口所做的可疑假設。在瑞典商業銀行，這既不是假設，也不是現實。以下是一位分行主管談自家銀行的當責文化：

> 我們確實很自豪可以花更少錢買到東西。要是我們買票券，我們會很驕傲我們買到的是便宜票券。如果瑞典商業銀行每位員工都這樣想，我們的成本營收比自然會比任何銀行都低，因為人人都得為他們的成本負責。人性都喜歡達成這樣的事情。我們在家裡都喜歡這樣，對吧？我談到一個划算的價格！而且我們喜歡為組織這麼做。我認為這是提供人們誘因的一種非常微妙、聰明的方式。[16]

自治不代表能免除績效壓力。瑞典商業銀行的每一間分行都必須爭取新顧客，並且把成本營收比壓到 40％以下。曾經有案例是分行績效持續不佳，分行主管就被換掉了。這間銀行裡，沒有人有打混摸魚的自由；他們有的是成功的自由。

公開透明

成功的壓力可能來自內部或上頭，但是，通常更有效的誘因是來自同儕。在瑞典商業銀行，自治權是靠公開透明來制衡。月報上會有每一間分行績效指標的排名，像是成本營收比、貸款品質、總獲利以及每位員工的獲利率。前總裁亞恩·莫藤松（Arne Mårtensson）提到，「徹底的地方分權，只有搭配快速又開放的資訊系統才行得通」，這樣問題「才不會藏在管理層的角落與縫隙中，任其惡化」。[17]

公開透明也會刺激良性競爭。「我們肯定會跟離我們最近的分行競爭，」一位英國分行主管解釋：「你內心深處會想，『好吧，我們一定能打敗他們，因為我們了解他們。』」[18]

在瑞典商業銀行，平庸無處藏身。就像瓦蘭德曾經這樣解釋：

> 我們只是傳達了〔一份〕顯示哪一間分行在上、哪一間在下的平均排名。高階主管不需要督促大家，他們只有告知而已。主管都知道怎樣的績效是可以被接受的，你不能長期在排行榜上苟延殘喘！同儕壓力在這個流程中起了很重要的作用。[19]

切身利益

在工作中能獲得重大利益的人，往往會做出正確的事。你可以回想一下第 7 章提到，瑞典商業銀行的員工參與了慷慨的分紅方案。一位團隊成員在職涯裡，也可能累積七位數的儲蓄金。這讓人們比較容易專注於做正確的事。

超越鐵籠 *

多年來，管理學的理論家一直告訴我們，大公司在取捨方面做得很差勁，而且也很難挽救這樣的局面。標準建議是把組織一分為二。在《雙元組織》(*The Ambidextrous Organization*）裡，備受尊敬的學者查爾斯・歐萊禮（Charles O'Reilly）與麥克・圖許曼（Michael Tushman）認為，企業可以既大又敏捷，前提是：「把他們新的探索單位，跟傳統的利用單位分開，才能容許不同的流程、結構與文化。」換言之，把聚焦於未來、冒險、動作快的人擺在孵化器或加速器裡，然後把他們跟沉迷於成本、受規定束縛的核心工作人員分開。不過，這怎麼看都是逃避的方法。想像一下，這就像是告訴一對在愛與紀律之間掙扎的父母，應該把一個孩子永遠放在冷靜椅上，對另一個孩子則是無止境的、不加以批評的接納。這很荒謬。最後兩個孩子都得去做心理治療。

我們可以做得比這樣更好。如同我們在本章看見，處理悖論有三個積極的策略。第一，像瓦蘭德一樣，對於始終偏向某一方的取捨所造成的隱藏成本，我們得誠實以對。我們需要等同心臟超音波的檢查，來揭露我們增長的科層牙菌斑。

---

* 譯注：標題典故出自馬克思・韋伯（Max Weber）的名言：「理性就如鐵籠。」韋伯認為科層體制摒棄人情，每個人都成了　部龐大機器中的零件。人類變得愈來愈理性，也愈來愈單調，失去了信念與激情。韋伯認為這種理性正像「鐵籠」，束縛住人類自身。

第二，我們要為第一線員工做出精明、即時的取捨，給予訓練與配備。這是所有領先企業擁有績效優勢的關鍵。他們承認，可以捕捉在地、特定脈絡知識的大數據，也就是可以把決策從二流變成有見地的那種大數據，根本不存在。

最後，我們必須重新發明控制的方法。人類的自由永遠不是絕對的，但我們可以選擇控制的方式。在科層體制中，人們受制於依循慣例與狹隘的角色定義、瑣碎的規定與持續的監督。在人本體制，控制來自於對表現傑出的共同承諾，來自對同事與顧客的當責，來自員工得到組織尊重時所湧現的忠誠。在前者，你最終會處於馬克思・韋伯（Max Weber）所謂的「鐵籠」；在後者，你最終會處於一個充滿幹勁的職場，一個極度自治與當責會互相強化的環境。

著手開始

承認、在地化、去兩極化，這就是打造一個能同時完成兩件事的組織的祕訣。

因此，你要從何處著手，開始幫助你的組織成為處理悖論的大師？以下是一些建議：

1. 誠實面對組織固有的偏誤，會導致對重要取捨帶有偏見。在重要的對話裡，你要特地納入一些意見不同的人。

2. 挑戰自己也挑戰別人，設法找到更有說服力的數據資料證明預設取捨立場的隱藏成本。不要假設沒有數據等於沒有不利影響。
3. 如果你是主管，請抵抗在全公司將取捨標準化的強力主張。要願意為了給在地單位更多適當的決策權，犧牲掉一點統一性。
4. 絕不接受非此即彼。要有創意的思考該如何達成目標，同時又不犧牲其他同樣重要的目標。
5. 有系統的給予人員做出聰明取捨的資訊與技能，然後減少取捨的數量。
6. 讓第一線人員真正的自負盈虧，大幅裁減 KPI 的數量，讓大家為成果負責。
7. 即便你不是執行長，還是能設法「擋下火車」。質疑把權力與決策推向中央的齒輪所發出的每一個喀噠聲。

當你和組織裡其餘的人都學會愛上悖論，工作會變得更有意思，你的組織也會變得更有能耐。

在第三部，我們已經展示過人本體制的工作原則：業主精神、市場、任人唯才、共同體、開放、實驗與悖論。目前，還沒有任何一個組織可以完全涵蓋這些以人為本的概念。但我們已經掃視過許多人本體制的先鋒，像是橋水基金、海爾公司、瑞典商業銀行、財捷公司、晨星公司、紐克鋼鐵、西南航空、萬喜集團、戈爾公司，以及其他同類組織，他們讓我們得以窺見，當這些工作原則轉化成政策與實務時，會出現哪一種類型的組織（見表 13-3）。

雖然這個框架在意義上並不完整，但它向我們表明一個最終可以幫助組織克服「核心無能」（惰性、漸進主義與冷漠）的方法。我們不必再在一個能力很差、甚至比員工還差的組織裡自我放棄。

然而，要取得進展並非易事。你的組織領導人可能不像肯尼斯・艾佛森、揚・瓦蘭德或張瑞明等人那麼開明，你的高階主管可能也並不急著拆毀科層體制的大廈。那麼，要打造一個有適應力、徹底授權的組織還有希望嗎？當你算出科層體制拖累組織的成本、向領先企業學習，並且回到最根本的假設後，你可以做什麼？然後又要做什麼呢？如果你不是執行長，可以從哪裡起步？這些是我們最後三章要談的問題。

表13-3　科層體制vs.人本體制

科層體制	人本體制
權力由職位賦予	影響力是向同儕爭取而來
策略由高層制定	策略是開放的全公司對話
資源透過指令分配	資源透過市場機制分配
創新是專業化的活動	創新是每一個人的工作
根據命令與政策強行推動協調	協調是合作的產物
人們被塞進狹隘的角色裡	角色由個人技能建立
主管分派任務	團隊分配工作
控制來於自監督與規定	控制來自於公開透明與同儕壓力
幕僚群是獨占服務的供應者	幕僚群與外部賣家競爭
致力爭取升遷	致力增加價值
根據上對下制定的目標評價各單位	單位負責在地盈虧
薪酬與職位相關	薪酬與影響力相關
員工很少在財務上分到一杯羹	員工有明顯的財務分潤
有管理層	團隊與個人自我管理
關鍵取捨由高層決定	關鍵取捨由在地單位做最有效的考量

第四部

邁向人本體制

如何達成目標？

第 14 章

米其林：把頭幾個步驟走對

前往人本體制的旅程，要如何起步？要如何把一個著重順從的組織，變成一個能激發幹勁、促成貢獻的組織？就像我們在第 3 章的主張，科層體制不容易徹底擊敗。它有種熟悉感、有系統、很會防守，而且會自我複製。偶爾，像是在紐克鋼鐵、瑞典商業銀行與海爾公司，他們有勇敢又不正統的執行長能克服這些阻礙，而且往往還需要一個早期危機來推波助瀾。但是如果你的執行長不是哲學專家，而組織又處於災難邊緣，你該如何著手呢？

無論你採取何種方式，都必須鼓勵激進思考，重新定義有影響力的利益。這套方法必須難以推翻，要能實現更優越的經營成果，並且維持執行上的誠實正直。這是很嚴苛的要求，但是米其林的近期經驗，可以提供我們如何起步的實用教訓。

任何熱愛汽車或法國傳統烹飪藝術的人，都聽說過米其林，他們胖嘟嘟的輪胎人，是世界最受認可的企業標誌之一。米其林總部位於法國中部的大學城克萊蒙費朗（Clermont-Ferrand），遍布全世界的 70 座工廠每年生產近兩億個輪胎，小到 27 吋的單車輪胎，大到用於礦業機器的 13 呎巨大輪胎。

米其林的勞工多達11萬7,000人，其中近半數都在這些工廠裡。

數十年來，米其林創下許多第一的紀錄。1895 年，它首度為巴黎—馬德里道路賽的賽車配備充氣輪胎；它在 1934 年率先推出防爆輪胎；1946 年率先推出輻射層輪胎（radials）。近年來，米其林一直在全新的不同領域裡創新。在責任制的旗幟下，這間公司致力於大幅提升第一線的職權與當責，這項創舉在 2020 年初可望提升價值五億美元的製造力。[1] 這間公司 2012 至 2019 年的執行長尚·多米尼克·盛納德（Jean Dominique Senard）表示，此次改革將成為米其林「最自豪的成就」。

他們不為高階主管保留職權驕傲，而且這項創舉還受到盛納德的支持，因此責任制在米其林更像是從下而上的產物，而不是上對下的產物。既沒有來自規畫管理辦公室的監督，也沒有每週或每月的里程碑。反之，它只是一個始於 2013 年的不起眼專案，當時已被調職去掌管勞資關係的前工廠主管貝特朗·巴拉林（Bertrand Ballarin）與一群第一線主管討論，要進行一個地方分權的大膽實驗。

正視精實的限制

責任制的概念是從挫折中誕生的。在 2000 年代中期，米其林推出「米其林製造方式」（Michelin Manufacturing Way，簡稱 MMW），這項計畫是在全公司推行，透過標準化流程、工具、儀表板與績效審核，來提升生產力。新方案推出後，工廠領導人愈來愈擔心這項計畫會排擠在地的自發性與創造力。而且這項方案也有違該公司共同創辦人愛德華．米其林（Édouard Michelin）的名言：「我們的一項工作原則，是把責任交給完成任務的人，因為他對任務最清楚。」當時米其林人事部門的主管尚—米歇爾．吉永（Jean-Michel Guillon）擔心鐘擺太過偏向中央集權的方向。他對一位同事遲疑的說：「我們是不是有失去靈魂的風險？」[2] 其他高階主管，包括盛納德在內，都感受到他的擔憂。

到了 2010 年，標準化製造方式所產生的報酬逐漸變少。同時，縮短產品週期的必要、新競爭者出現，以及服務的重要性提高，都迫使米其林必須變得更有創意、更具彈性。

創造自治權

為了找到出路，2012 年初，吉永與公司製造部門的一位高階主管舉辦了一場工作坊。儘管 20 位參與者想不出新計畫，但都同意第一線團隊需要更大的自治權，來讓他們追求自己的目標，並且改善地方的營運。

工作坊中最直言不諱的參與者是巴拉林，當時是他擔任米其林上海廠主管任期的尾聲。在一間以員工都待很久而出名的公司裡，巴拉林是個例外：他在法國軍隊當了 30 年軍官，2003 年才加入米其林。儘管如此，他很快就建立起拯救績效不佳工廠的聲譽。他帶領的上海廠是與中國國營企業合資的工廠，一直以來都是米其林績效最差的工廠。巴拉林在讓上海廠翻身之前，就透過把重心移到製造飛機輪胎，讓法國中部一家工廠免除關門大吉的命運。每一個案例，巴拉林都聚焦於「社群層面」，打造共同使命感、提升工人技能，並給予製造團隊更多自由。巴拉林有許多頑強的同事懷疑他的作風。就像巴拉林後來打趣說的，他們覺得他的方式「跟詩一樣實用」。

工作坊舉辦過幾週後，吉永邀巴拉林加入人事部門，擔任勞資關係主管。巴拉林渴望「增加集體智慧與對我們的生產系統的熱愛」，他很快就點頭答應。

投入新職務後，巴拉林埋首於社會科學研究，鑽研驅動人們採取行動、全力以赴的動力來源。他特別受到 20 世紀哲學家西蒙娜．韋伊（Simone Weil）著作的啟發，這位哲學家的著作表現出對動力與同理心的善辯。巴拉林也讀米歇爾．柯洛齊亞（Michel Crozier）的經典《科層體制的現象》（*The Bureaucratic Phenomenon*），這本書清晰的說明大型組織如何失能，以及柯洛齊亞所謂「下令改革」的種種局限。巴拉林的想法在眾多著作的薰陶下成形：「我們一直是用極其狹隘的人性觀點在安排工作。我們以為人在嚴密監督或是受到金錢驅使下才會賣力工作。結果，我們工廠裡的人都只發揮了部分能力而已。」這背後更深層的信念是：如果大家本來就有創意，並且對工作懷抱熱情，那麼他們應該帶頭設計自己的工作環境。巴拉林認為，應該由員工而非總部幕僚負責帶頭「確定自治權與當責對他們的意義是什麼」。

到了 2012 年夏季，巴拉林已經草擬出由下而上發起主動權、標記為 MAPP（法文「績效與進步的自主管理」的縮寫）的梗概。其中七大原則是關鍵：

1. **必須是自願參與**。主管與他們的團隊將會被問到，是否自願成為 MAPP 的「示範者」。不會強迫參加。

2. **由第一線團隊帶頭發現行使自治權的新方法**。他們會構思在地實驗，以處理兩個問題：「我們有哪些決策，可以在沒有主管介入下自己完成？」以及「我們有哪些問題，可以在沒有維護、品管或工業工程等支援團隊的參與下自己解決？」

3. **示範團隊將由來自不同地區與產品群的一般員工組成**。這將確保實驗結果盡可能通用。

4. **鼓勵團隊聚焦於他們的努力成果**。示範者不是拿到全面的決策權，而是瞄準一到兩個關鍵領域去擴大自治權（見表 14-1）。透過聚焦，他們能更快起步。

5. **給予團隊完整的 1 年時間進行實驗**。有鑑於這項挑戰很創新，示範者將需要時間與空間釐清如何提升在地的自治權。目標不是快速弄到幾項最佳實務，而是測試團隊能把授權的界線開拓到什麼程度。這個時間框架也跟米其林年度績效管理週期相符，這讓責任制的績效影響力更容易衡量。

6. **即便示範者正在嘗試新方法，也要兌現他們的營運承諾**。巴拉林說，目標是「在示範者身上維持相同的績效壓力，這讓成果更具可信度」。

7. **將不會有管理上的干涉**。工廠主管與支援人員只有在團隊提出要求時，才會提供支援。「這是團隊成員的流程，」巴拉林警告同事：「不應該受到主管染指。」

巴拉林的實驗方法與米其林由上而下的工程文化背道而馳，但卻十分吸引吉永。吉永後來告訴我們：「我對其他有自治權的職場很熟，例如戈爾公司。但是，這些個案研究的可應用性受到限制，不是規模比較小，就是他們從一開始就走這個路線。對我而言，我們顯然得自己開闢道路。」公司還是會要

表14-1 為製造團隊規畫發起實驗的領域

領域	1號工廠			2號工廠		…	17號工廠
	第1團隊（混煉製程）	第2團隊（機械預備）	第3團隊（裝配）	第4團隊（修補）	第5團隊（檢驗）	…	第38團隊（裝配）
績效管理	×						
與其他產線團隊的關係		×					
團隊凝聚力				×			
團隊領袖的角色		×					
新團隊成員上工							
招募							
解決自治問題			×				
人事與出缺勤							×
管理的標準與協議		×					
管理的技能與能力							×
工作豐富化					×		

求示範團隊「做好規畫」，這安撫了那些對實驗沒那麼熱衷的高階主管。

發現責任制的力量

避開潛在質疑者後，巴拉林向工廠主管伸手，請求協助尋找自願者。第一個登記的是米其林勒皮市（Le Puy）牽引機輪胎廠的裝配人員。一位團隊領導人奧利佛・杜普蘭（Olivier Duplain）解釋他對 MAPP 的熱忱：「打從我 2011 年到這間公司起，就注意到製造現場有太多專業知識被浪費掉了。我深信我們能從員工身上獲取更多。我把示範者專案視為一個有趣的機會，當我向團隊建議執行這項專業時，每一個人都很感興趣。」截至 9 月底，巴拉林已經招募到來自 17 座工廠的 38 個團隊，共計超過 1,500 名員工，這是米其林公司員工總數的 1%多一點。

接下來幾個月米其林內部亂哄哄的。巴拉林參加每座工廠的專案啟動會議。他提醒工廠主管：「自治權的一切行使重點，是讓團隊發現解決方案。他們唯一需要你協助的地方，是鼓勵他們更大膽、更有創意。」

巴拉林為每一支團隊耐心解釋一份說明責任制使命的文件，內容聚焦在「達成什麼目標」而不是「如何達成目標」。主管被鼓勵要「放手」，並且把他們的角色從「做決定」轉化成「賦予能力」。每支團隊都被要求以筆記或影片記錄他們的進展，這些紀錄將於年末時分享。儘管有一些團隊成員質疑公司怎麼會突然對授權這麼熱衷，但大部分人都樂見有機會成為巴拉林「實驗室」的一分子。

示範者實驗在 2013 年 1 月開始，到了 3 月，點子與實驗的數量源源不絕的增加。巴拉林說，引爆點是這些團隊理解到，不會有人來阻止他們。在勒皮與洪堡（Homburg）有兩個示範者經驗，是這個流程如何完成的經典案例。

勒皮

杜普蘭站在他的 40 人團隊面前，用一個問題來介紹責任制的概念：「我今天要做什麼，才能讓你們想像明天就接管我的工作？」後來他告訴我們：

> 我獲得非常有意思又出乎意料的答案：「奧利佛，這個問題我們不能回答你，因為我們不太確定你都在做些什麼。早上做設備檢查、檢討個別任務時，我們有看到你幾個小時，但十點左右你就離開，不知道跑哪去了。也許你花很多時間泡在咖啡館裡？」

杜普蘭意識到，脫節是雙向的。就像團隊成員不確定他都在做什麼，他對他們的工作也不熟悉。所以他們達成協議：杜普蘭會加入輪班，跟部屬一起輪班幾次，然後來自三個輪班時間的三位部屬，會形影不離跟著他工作一週。最後，他們會一起確認可以拓展責任制的領域。

第一個爭取更多自治權的行動，牽涉到輪班時間的排程。杜普蘭給團隊幾項基本限制，例如要確保每一個班次必須具備哪些技能的操作員，然後他就退出討論流程。團隊的早期決策之一是把長期服務的同事從夜班調到日班，另一個變動是設法讓同事之間換班更有彈性。在初嘗自治權後，這支團隊著手接管生產計畫。獲知工廠每一週的生產目標後，團隊便安排每日目標，並分派每一個班次的作業員與機械具體的任務。不到幾週，團隊在這項任務上就完全自治，而且極有效率，有效率到讓勒皮的規畫幕僚人員感到意外。

洪堡

米其林在洪堡市輪胎製造廠的示範團隊，位於勒皮廠北方 700 公里、座落在德國的薩爾（Saar）地區，負責製造輪胎零件，像是細鋼絲繩與鋼絲圈。他們一直苦於工作流程的問題，所以團隊選擇聚焦於改善內部的協調合作。

在過去，這支團隊的每日生產目標一直都是由工廠的工程部門來設定。不過，近期引進的裝配機器很難配合，如果團隊要滿足內部顧客需求，工作會變得更加複雜。有時團隊會生產過多，有時又太少。規畫工程師花好幾個月想要解決這個問題，卻沒什麼成效。

示範團隊花了幾週研究問題，最終搞定它了，他們的做法是跟下游的裝配團隊建立直接溝通管道。在輪班的開始跟結束時，兩個團隊的代表會花 15 分鐘開會討論設備問題，並且協調生產時間的安排。這個簡單的機制馬上就消除了製造流程的問題，停機時間從每天兩小時降為零。根據巴拉林的說法，洪堡的經驗提供很有說服力的教訓，揭露出由總部進行規畫的局限，他表示：「工程團隊無法預測每一個問題。如果你容許員工自行調整，並且讓他們建立起自己做決定的能力，將能更有效率的解決問題。」

跟勒皮的同事一樣，洪堡的團隊成員開始尋找其他可以自我管理的領域。漸漸的，他們負責管理出缺勤，並且開設一個 WhatsApp 群組，推動及時人員調整的機制。

凝聚共識

在 2013 年上半年，示範團隊是各自獨立工作。隨著夏天來到，在米其林製造部門極具開創精神的主管奧利佛．馬歇爾（Olivier Marsal）的協助下，巴拉林開始讓團隊進行橫向連結。他們兩人不只主持每個月與示範團隊的電話會議，還架設一個網域，叫做 MAPP 平台，示範者可以在此分享研究結果，處理共同的問題。

隨著年關將近，巴拉林聚焦於讓這些團隊彙整出一套證實有效的實務做法。她們開設一系列為期三天的工作坊，讓來自各個示範團隊的代表齊聚一堂，代表包括主管與三到五位操作員。對許多參與者而言，這些會議是他們第一次出差，也是首度被諮詢到管理相關議題的意見。

在工作坊的第一天，示範團隊分享他們的實驗概要影片。影片播放時，團隊成員會插話發表即時評論，偶爾還會暫停播放，以進行深入討論。接下來兩天，參與者要為自治團隊的代表性做法下定義。為了協助團隊彙整定義，每個團隊都要填寫一張卡片，上頭列有關於責任制經驗的四個問題：

1. 具體而言，這套做法改變了哪些事？
2. 這套做法與其他既存的做法有什麼不同？
3. 為什麼這項改變很重要？
4. 有哪些關鍵的促成因素（例如新技能或新知識）？

參與者總共完成 120 張卡片，被分成六個類別：發展共同使命與目標、安排工作、培養能力、驅動創新、與他人協調合作，以及管理績效。（請見圖 14-1 與 14-2 了解「管理績效」類別的 22 項實務工作。）接下來一個月，這個框架成為其他團隊渴望探索責任制不可或缺的資源。嚴格來說，這不是由人事部門或顧問提出的理論架構，但是對於在現場實際工作的人

圖 14-1 摘錄自「MAPP 平台」上的管理績效領域

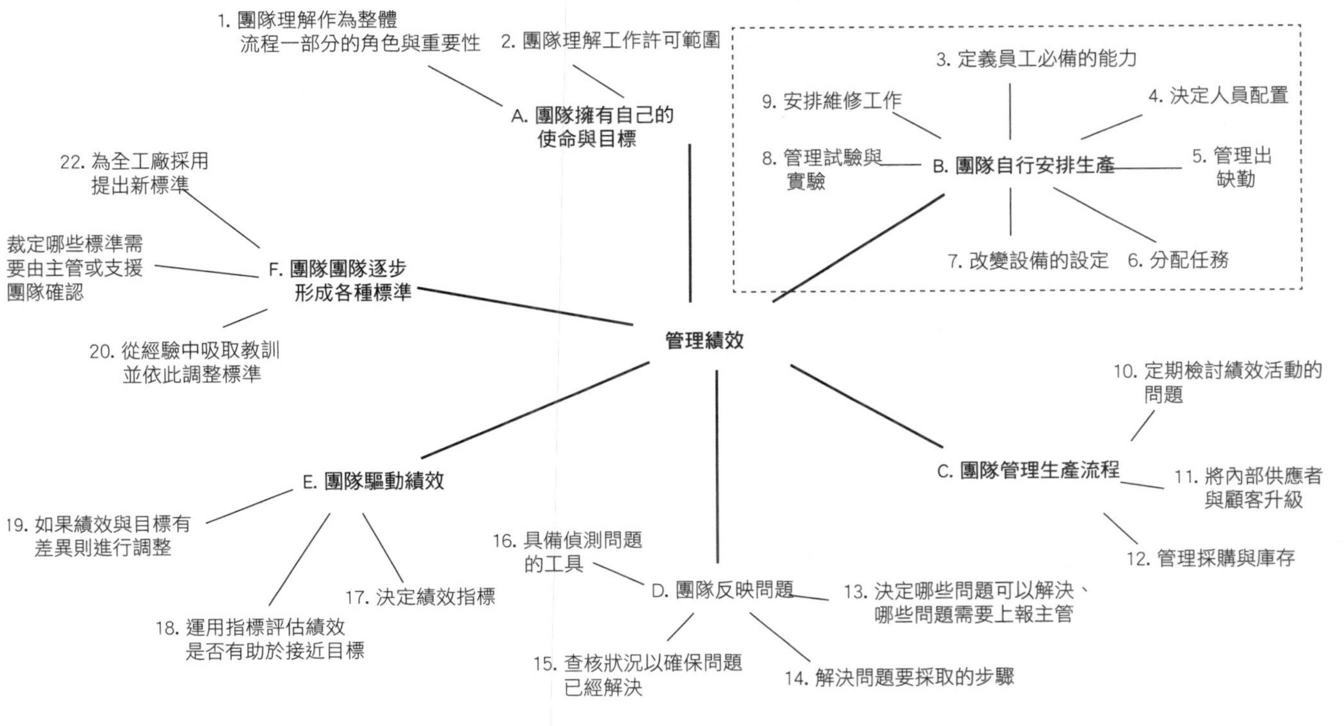

資料來源：米其林；作者的綜合整理。

圖14-2　「B. 團隊自行安排生產」的細節概觀

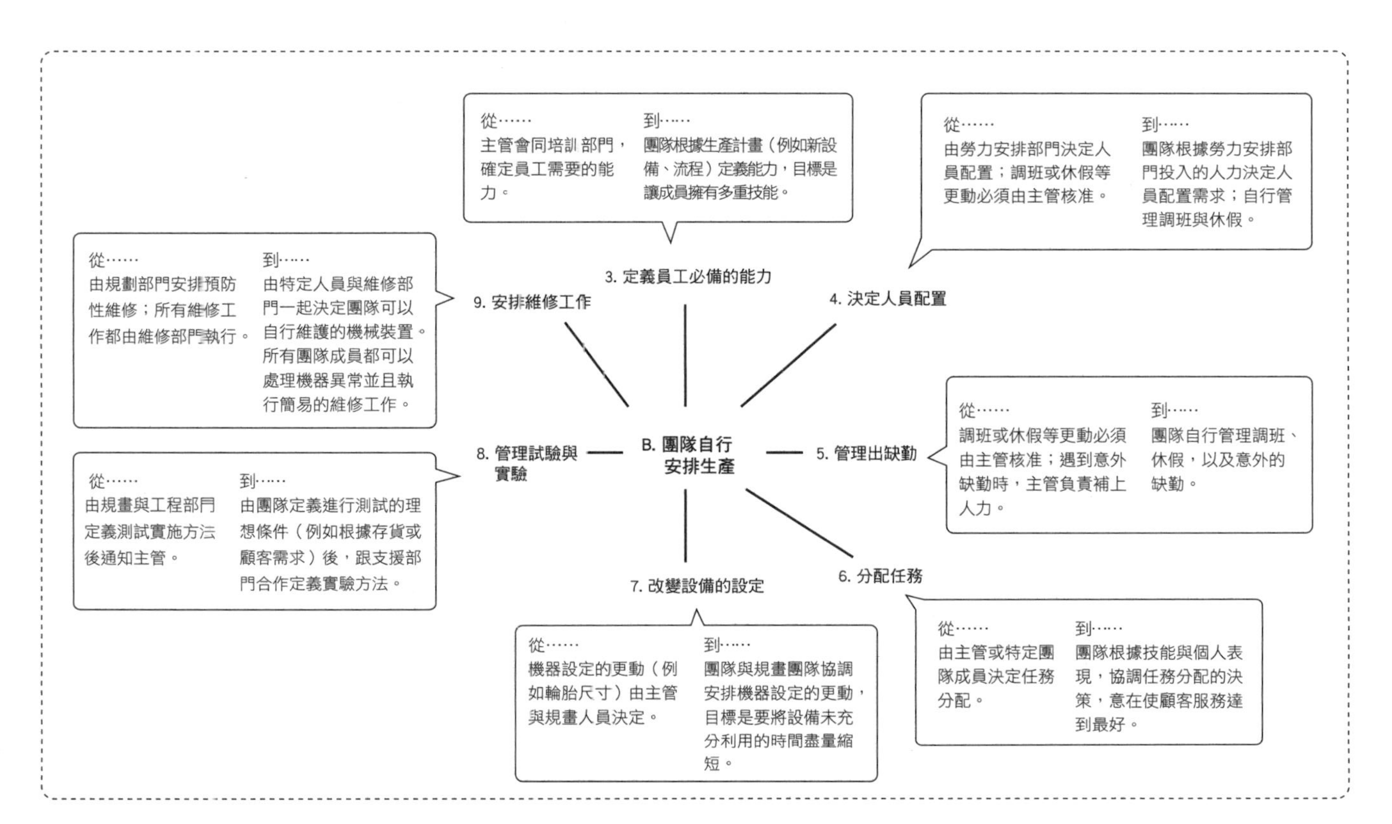

資料來源：米其林；作者的綜合整理。

來說，已經是一份夠詳盡的選單。

工作坊活動也被用來評估責任制對生產力與員工參與度的影響。結果這兩方面的成績都相當非凡。到了同年年底，洪堡示範團隊已經見到成果，他們最熱賣的幾款輪胎的不良率從每單位 7%降到 1.5%。與此同時，團隊生產力提升了 10%，缺勤率則從 5%降到幾乎是 0%。單單一個單位的幾項改變，就讓洪堡廠的生產力上升，從額定產能的 88%提升到 92%。其他工廠的示範計畫也傳出類似的進展。米其林在波蘭奧士廷廠（Olstzyn）的不良率銳減 50%，羅馬尼亞札勒烏廠（Zalau）的示範團隊則是將新進操作員達成生產力目標的時間，從五天縮短到三天。此外，員工參與度也飆升了。這些團隊成員的共同感受是，他們職涯裡首度感覺到像是在管理自己的事業。把這種變化捕捉得最到位的，或許是某支示範團隊所準備的海報。海報上頭畫著兩輛火車，第一輛是實施 MAPP 之前的蒸汽火車，而主管坐在火車頭，對著員工咆哮下令，員工則是懶洋洋的各自躺在後面的無蓋貨車裡。第二輛火車是實施 MAPP 之後的法國高速列車，每個人都坐在同一節客車車廂裡。

邁向成功

隨著示範團隊的成果帶來好兆頭，巴拉林與馬歇爾準備把目標設得更高。在吉永的協助下，他們歷經波折，在 2013 年召開高階領導會議。在播放過精選的示範者影片後，巴拉林做出總結，並表示績效已經進步，員工參與度也正在提升。然後，他獅子大開口：他想要在全工廠的層級測試責任制。這會迫使工廠領導人與支援部門，為了給予團隊更大的自主權，必須重新定義自己的職責。更加引起軒然大波的是，他認為工廠的決策權需要擴大到與總部幕僚群相當的地步。

巴拉林深知，他所挑戰的是百年的科層體制正統，所以他力勸聽眾大膽思考。「米其林，」他問道：「為什麼無法成為 21 世紀的豐田，為什麼無法成為透過擴大每一位員工的自由度與當責，為世界帶來新管理模式的公司？」

儘管巴拉林的發表時間安排在當天最後、而且是在長達一週的馬拉松會議即將結束之時，他的發表時間還是超時許多。因為高階主管都渴望向示範者學習更多，並且熱切的想要分享他們的感想。2019 年接任盛納德成為執行長的弗洛朗．梅涅谷（Florent Ménégaux）熱情高喊：「我們有機會成為向來渴望成為的企業。」巴拉林原本懷抱希望，想要在兩座工廠測試責任制，但是會議結束後，他得到允許將實驗規模擴大到六座工廠。吉永與米其林的研發主管泰瑞．蓋提（Terry Gettys）自願擔任下一階段實驗的顧問與擁護者。

巴拉林返回辦公室，思考該如何繼續進行。他想要堅持自願參加制與實驗的原則，但也知道全工廠層級的實驗將更加複雜、需要更長的時限。根據他的判斷，有些員工高達上千人的工廠，或許實驗需要進行五年，還得設置期中評估來檢討進展。

再一次，巴拉林著手招募新成員。這回有 18 座工廠領導人舉起了手。從這些工廠裡，以最大限度的地緣與事業多樣化作為考量，他挑選出六座測試工廠，分別位於愛爾蘭、加拿大、美國、德國、波蘭與法國。

2014 年春季，來自各個工廠的代表，包括工廠主管與部門主管，都來到克萊蒙費朗總部參加為期三天的專案啟動會議。他們聽取示範者工作的簡報，並重新探討 MAPP 平台上的實務分類。跟之前一樣，巴拉林提出的路徑圖更像是指引方向的指南針，而非語音導航的詳細指示。只要在各自工廠的脈絡下可行，他們可以採納任何解決方案。這不像其他公司發起的專案，不會有上對下的指導方針，也不會有每個月的檢討會議。不過工廠可以尋求 MAPP 團隊的支援，這支新成立的團隊是由前工廠領導人與專家組成，他們致力於整理示範者的知識。

測試工廠的進展

2014 年的夏、秋兩季，測試工廠為他們的計畫提供更多細節與資訊。第一步，勒皮邀請員工參加為期一天的腦力激盪會議，思考如何把工廠轉型為授權模式。這項活動產生超過 900 個構想，隨後被歸類為 13 個重點領域，例如跨團隊協調合作、多重技能、共同表決，以及發起在品管與安全方面的新提案。每一個重點領域都有小型團隊投入努力，團隊是由第一線操作員所組成，支援人員則負責把最有前景的構想轉化成可執行的實驗。許多被選去開發的構想，之前都已經被示範團隊測試過了。

波蘭奧士廷團隊邀請了 200 位團隊成員參加開幕式。在為期兩天的活動中，他們確認責任制的重點項目，像是把每日生產規畫的決策授權出去、讓工人參與招募、改變薪酬標準，以及讓人人都變成業主。這裡的狀況與勒皮廠一樣，每一個領域都成立跨部門團隊，負責開發與測試特定的構想。

不過最顯著的不同是，奧士廷的發起團隊將「信任」視為實驗的關鍵。就像工廠主管雅洛斯瓦夫．米夏拉克（Jaroslaw Michalak）解釋道：

> 過去我們的營運方式，隱含著對操作員不信任的預設立場，認為信任需要被爭取。現在，我們開始全然信任每一個人，是否要對一個人失去信任，全看他的行為。這樣的改變聽起來微不足道，卻產生很大的影響。現在，當我們考慮改變的做法時，想要維持控制的人就得負起責任提出證據。

擴大團隊自治權

在測試工廠中，團隊成員開始在安全、品管與排程上扮演更重要的角色。奧士廷廠裡有一位第一線團隊成員被提名，負責安排每日生產計畫，他必須決定每一個班次要生產哪些產品，以及哪些機器需要停機維修。

在許多工廠裡，操作員開始參與高層的規畫會議。這是第一次，他們能夠參與工廠設計、資金計畫、人員編制與年度目標的相關決策。

隨著責任增加，第一線操作員要求獲得更多資訊。米夏拉克提到：「沒有適當的資訊，我們不能期待操作員做對決定、有良好的商業判斷力。在過去，第一線工人不知道他們製造的輪胎去了哪裡，以及出廠要花多少成本。現在他們知道的跟我們一樣多。」

促進自治權的另一個因素是建立技能。在洪堡廠，維修、品管與工程的支援部門為操作員開設培訓課程，打造備有設備與備用零件的培訓教室，讓操作員可以練習修理機器。在其他工廠裡，像是奧士廷廠與北卡羅萊納州格林維爾廠（Greenville），他們推出的是建立商業敏銳度的課程。

重新定義主管的工作

當製造團隊要求擴大自治權的同時，測試工廠的主管則致力於重新定義自己的角色。每座工廠發展出情緒智商、如何

「在背後領導」等主題的培訓課程。在格林維爾與勒皮，主管每幾週開會一次，以解決問題與分享學習經歷。像是：他們嘗試過什麼？哪些方法有用、哪些沒用？事後證實，這類的同儕激勵做法對於引導員工從主管過渡到導師的角色，非常有幫助。

見到測試團隊授權給第一線所得到的成果後，有一些工廠領導人受到鼓舞，開始效法他們。奧士廷廠的製造主管把清算產品裝運量的決策下放，交給一位團隊領導人處理。在勒皮廠，工廠主管勞倫．卡龐蒂（Laurent Carpentier）把編列預算、生產計畫、挑選設備與維繫顧客關係的權力，移交給部屬。「我親自負責安全與重大人事決策等問題，」卡龐帝說：「但是其餘的事，就看團隊怎麼提案或是設法搞定了。」「每一個人，」團隊領導人杜普蘭補充道：「都有所提升。」

在一個雙贏的局面裡，獲得授權的團隊會給予主管自由，讓他們可以聚焦在更能夠增加價值的工作，例如建立團隊技能與資源規畫。一位團隊領導人談到責任制如何改變他的職務時，他這樣總結：「以前是我解決他們的問題，而且可能不是以最好的方式解決他們的問題，現在則由專家當場解決問題。」

重新談判與總部的關係

和紐克鋼鐵的工廠不同的是，米其林的工廠經常依賴總部幫忙設定標準、明定流程，以及分派生產配額。對巴拉林來說，很顯然的，除非工廠在這一塊上獲得更多自治權，否則責任制就會陷入泥淖。向總部奪權是一大挑戰，但有間工廠確實取得了進展，其中奧士廷廠進展最多。他們的主管體認到，關鍵是要爭取目標實驗的許可，然後再運用實驗結果爭取更多自治權。

所以，他們的第一個實驗，關切的是每個月的生產目標。奧士廷廠邀請克萊蒙費朗總部的規畫部門代表，參加一整日的工作坊來探索這個議題。在此期間，當地團隊成員主張他們所處的位置更適合做這類決定：他們跟顧客保持即時互動的關係，而且班表需要變動時，他們會第一個知道。總部承認這一點，同意進行一個月的測試。實驗明顯成功後，總部慢慢開始下放排程的職權給所有工廠。透過類似的實驗，奧士廷廠逐步獲得好幾項裁量權，其中包括品質審核，以及主要資本採購（例如輪胎模具）的決策權。這是數十年來頭一遭，集權控制的齒輪開始逆向轉動。

嵌入責任制

2016 年底，巴拉林與所有製造部門主管，以及 MAPP 團隊所有成員，一起造訪了每一座測試工廠，以評估實驗進行滿兩年後的進展。儘管步調不一致，但人人都努力加緊腳步。六座工廠的員工參與度超越歷史標準，而責任制正在提升標準的底線。克利斯汀・提爾羅夫（Christian Thierolf）是 MAPP 的合作成員，根據他的估計，責任制已經讓洪堡廠的生產力提高了 10%。透過下放更多責任給第一線工人，洪堡廠得以在不增聘主管或專業人員的條件下，把勞動力擴充了三分之一。勒皮與奧士廷等工廠也回報了類似的進展。

這樣的成績給予責任制更多動力，馬上又有 12 座工廠被遊說加入開路先鋒的行列，而且 MAPP 的漣漪現在擴散到製造部門之外。2018 年，由 70 個跨單位團隊提出構想，加上極少數的高階主管策劃，米其林展開一場大規模的重組，讓營運單位的數量倍增，並且進一步將決策權下放給地方單位。眼看責任制已經獲得廣泛的接受，執行長梅涅谷宣布，「授權」將成為公司新的正字標記。「我們太大、也太全球化了，」他主張：「以至於無法依賴全公司裡每一個人的技能。人人都應該得到機會，能夠負責的發揮技能才對。」[3]

儘管取得令人欽佩的進步，但巴拉林與共同策劃者，卻對他們的成就謙虛以對。事後看來，他們相信要是總部的高階主管給予更多鼓勵，測試工廠會進步得更快。成果並沒有如同某些人所期望的那樣激進。當米其林的主管工作迅速改變之際，官方的科層體制卻依然毫髮無損。儘管如此，大部分內部人員相信，授權之路已經無法逆轉了。

不像大部分由上而下的倡議，責任制最初的目標很廣泛，方法則是刻意被模糊了。這樣做的用意在於，比起強制實施的詳細協議，寧可建立大家投入的承諾。巴拉林理解，要引領真正的改變，必須透過說服與堅持，而不是委任與指標。身為米其林自治權的使徒，巴拉林走遍一座又一座工廠，尋找信徒與皈依者。他清楚知道，這些工廠的支持大過其他一切，他們的支持決定他的使命最終的成敗。

關鍵在於，巴拉林與他的團隊領悟到，就算想要改變第一線操作員的工作，他們也沒有實地經驗可以設想到所有需要的條件。更確切來說，他們仰賴示範團隊來發現、解決與詳細計畫推行責任制過程中的許多面向。在每一個具體細節上，巴拉林與 MAPP 團隊都表現出謙遜而非傲慢的態度。

透過建立由自願加入的團隊組成的聯盟，巴拉林可以避免與尚未準備好分權的領導人交戰。他沒有跟頑強的敵軍正面駁火，而是從側翼包圍他們。他建立一支擁護軍隊，擔保他們能從授權的第一手經驗中獲得好處。他藉由四散、由下而上的方式滲透組織，此外也從未讓人探聽到責任制是公司重大的倡議方案，以此將反彈程度縮到最小。巴拉林身為前任軍官，清楚知道要是游擊隊既專注目標又分散執行，就會很難被攻擊到。

透過與跨部門第一線團隊共事，而且這些團隊仍然必須為業務目標負責，巴拉林也避開了危及營運的風險。實驗有時會失敗，但是既然規模都很小，這些挫折就絕不會造成財務風險。

試圖顛覆科層體制現狀的人，都要面臨嚴苛的考驗，然而在每一個面向上，巴拉林實施責任制的方法，都通過了所有考驗：

1. 它扎根於永恆的人類價值。
2. 它為即興發揮提供充足的空間。
3. 它的路徑避開阻力。
4. 它邀請而非要求領導人重新想像自己的角色。
5. 它把風險與破壞程度縮到最小。

因為前述理由，責任制的跑道才夠長，長到足以達到起飛速度。

和米其林一樣，每一間公司都必須自行規畫組織邁向人本體制的道路。不過，你大可以放心，你不需要眾多顧問或一大堆企業變革方案才能開始。事實上，就如同我們接下來要探討的，這兩者可能都是你最不需要的事物。

第 15 章

從這裡開始

大部分的人對科層體制都是默默忍受。我們對沉重的結構與迂迴的流程忍氣吞聲，而這些事物阻礙了速度、壓抑了自發性，並且趕走了創意。由於錯誤的想法，造成我們集體的不作為。無論是團隊新成員或是經驗豐富的主管，我們都假設我們既沒有辦法、也沒有正當的理由重新發明組織運作的方式。

我們完全相信一個謊言：那些讓人困惑又限制我們的管理結構與制度，只能由金字塔頂層的人，或是他們所任命的人資、企畫、財務與法務人員來改善。問題是，等待科層人員拆除科層體制，好比等待政客把國家利益放在政黨之前，等待社群媒體捍衛大眾的隱私權，或是等待青少年的孩子打掃他們的房間。我們或許等得到，但不該下這樣的賭注。如果你想要打造一個跟員工一樣有能力的組織，你就得做開路先鋒。

問題是，當你不是業主、資深副總裁，或是連區區主管都不是的時候，該如何改變制度？如你所料，第一步是改變你的內心。要改變你的組織，你得先改變自己。我們所有人都得在永恆不變的科層體制裡盡一己之力，採取修正的行動。這代表我們要積極採取高標準的行動、維持莊重，以及力求成長。這不光是一種理念態度，而是激發個人轉變的真誠信念。科層體制或多或少都把我們變成了混帳。覺醒代表的不只是要痛擊「這個制度」，還代表某些被科層體制吞噬掉的人性，我們需要修復靈魂。

戒除科層體制的毒癮

如同前面提過的，在大型組織裡工作的人，有四分之三相信權謀是擊敗別人的祕訣。這種看法可以代表現實情況嗎？在科層體制裡，曲意逢迎真的比能力重要嗎？還是這只是無能者沒能獲得拔擢的藉口呢？無論是哪種情況，問題都出在人們「相信」這是真的，當然想要據此行動。如果你相信只有擅長勾心鬥角的人才會成功，你可能會仿效他們的戰術，就像運動員勉為其難的推斷出用藥是獲得獎牌的唯一方式一樣。

我們也提過，科層體制是一種競賽。它讓角逐者彼此爭奪職位與權力以及隨之而來的報酬。競爭不是什麼壞事，除非獲勝的代價是輸掉某個人的人性。當有才幹、有能力的人離開競技場，科層體制將會開始崩潰；當善良的「異教徒」為了保有自己的正直，以及為了保護在科層體制中一直被貶低的人，而決定放棄在科層體制中獲勝時，科層體制就會開始崩潰。就像哈佛大學教授馬歇爾．岡茨（Marshall Ganz）說的，改變世界的人目標「不是贏得競賽，而是改變規則」。[1]

要學習新競賽，你得先捨棄舊有的規則。如果你是科層體制黑帶，要怎麼改變這些習慣？該如何戒除科層體制的毒癮？不意外的，這看起來會很像其他戒斷療程。借用戒酒無名會的條例會是一個不錯的起點。

戒酒無名會的第四步驟需要「深挖細究，無所畏懼」的列出道德清單，進行誠實、私人的盤點。根據這個精神，任何在組織裡工作的人需要自問：「我是否為了在科層體制裡獲勝而喪失原則？科層體制如何讓我變得愈來愈沒有人性？」

各位可以透過下列的簡單練習，回想上週或上個月以來的行為，然後自問：

1. **我是否曾經狡猾的挖洞給對手跳？**在科層體制裡，權力是零和的。當一個職位開缺，就只有一個人會獲得升遷。在往上爬的鬥爭裡，人們往往會輕視他人的貢獻，或散布針對他人誠信或能力的質疑。

2. **我是否在應該分享權力時抓住不放？**在正式的階層制當中，做出重大決策的人，才能拿到豐厚的回報。主管要為他們的地位比較高找到正當理由，就必須看起來能定奪棘手的事情。這會成為不願分享權力的因素。

3. **我有沒有浮報預算，或是誇大某一個商業專案？**在科層體制裡，資源分配不容變更，而且又很保守，預算通常提前一年編列。所以任何看起來冒險的事，都會被視為不重要。因此，人們往往會索討比需求更多的資源，或是誇大自己的功勞。

4. **我是否曾經虛假的對老闆的某個構想表現出熱情的態度？**在科層體制裡，不同意老闆的意見可能會讓職涯發展受阻。因此，員工經常吞下異議，而不是冒險讓自己看起來不挺老闆。

5. **我是否忽略某個決定造成的人事代價？**如果你的組織偏好只把人當作是資源，你可能不得不做一些為了短期事業利益而犧牲信任與人際資本的決定。

6. **我是否在應該大膽進取時謹慎行事？**在科層體制中，搞砸的懲罰經常比不作為的後果更大。因此人們往往會以謹慎為藉口來捍衛行事的膽怯。

7. **我是否不去對一項會造成反效果的政策提出質疑？**抱怨愚蠢的規定比挑戰一個高階的政策制定

者輕鬆多了。公民不服從絕對不是最安全的選擇，但是除非有人挺身而出，否則制度永遠不會改變。

8. **對於督促部屬成長，我是否做的比我能做的更少？**就像前文提到，有一種假設是「消耗品職缺」塞滿了「消耗品人員」。結果，我們很容易就忽略做著平凡工作的員工，也浪費掉栽培他們成長所帶來的機會。

9. **我是否沒有為創新製造時間與空間，或是錯失機會，沒有支持一個有前景的構想？**擔任創新導師不會有太多可以誇耀的事情發生。創新很花時間，而且最後經常失敗。你很容易想要省事，而不是支持新構想，但結果便是惰性與漸進主義。

10. **我是否犧牲整體業務來偏袒我的團隊？**在科層體制中，和其他單位共享稀缺的資源，只能提供極少的回報。即便對組織整體來說這是局部最佳化，但是只關心地區的表現，經常產生最好的個人成果。

11. **我是否賞罰不公？**在科層體制中，評估績效經常聚焦於個人而非團隊。於是，人們在大難臨頭時變成不沾鍋，得到讚美時又變成魔鬼氈緊黏不放。這種行為會使聲譽失真、獎勵分配錯誤，但在個人主義的組織裡，這是獲勝的方式。

12. **我是否為了效率犧牲價值觀？**科層體制重視成果勝於一切。如果你超越目標，不太會有人問你是抄什麼捷徑。隨著時間過去，重視成果甚於道德的偏差，會使組織對這種行為的道德後果變遲鈍。

請撥出一點時間回答這些問題。找一本日誌或是開啟一個空白表格檔案。你是否能想起你的行為有好幾次更像是科層人員，而非一般人？觸發的原因是什麼？未來要如何減少被觸發的機率？在我們的經驗裡，每週做一次這個練習很有用。如果你認真看待這項任務，你的同事很快就會注意到你的轉變。你會變得更慷慨、體貼、親切，結果就是更能收到成效。

轉型絕非單打獨鬥，你需要負責的夥伴協助。找三到四個信任的同事，告訴他們你渴望成為後科層體制的領導人。跟他們分享你所盤點的清單，邀請他們也這麼做。一起集思廣益思考從科層體制中解放的方法，並安排定期聯繫，以分享大家的進展。

當你準備好的時候，把戒除毒癮的問題發給為你工作的人傳閱。問他們：「你曾經在什麼時候看見我的舉止比較像是科層人員，而不是導師或擁護者？我應該怎麼做才對？」要求大家寫下回饋意見，帶到員工會議。把這些評論傳閱下去，然後要每個人分享一則其他同事貢獻的回饋意見。這個過程要保持匿名，讓每個人的意見都有機會被聽見，而且每個月或每一季都要進行一次這樣的練習。隨著時間過去，團隊成員會獲得勇氣，在看見你不經意回到科層體制的習慣時點醒你。

當你對後科層體制的狀態愈來愈自在，你和支持小組就能開始擴大分享你們的經驗。邀請更多同事加入討論、撰寫部落格，談論你學到的經驗。大部分同事會讚許你的真誠。「我是卡爾，我正在戒斷科層體制。」透過像這樣負起說明的責任，分享你的問題，就是在鼓勵其他人也這麼做。道德勇氣是會接觸傳染的。

有一句出處不一的名言，被認為可能出自溫斯頓．邱吉爾（Winston Churchill）、馬歇爾．麥克魯漢（Marshall McLuhan）或約翰．克金神父（Father John Culkin），它是這麼說的：「我們形塑工具，之後換工具形塑我們。」對每一項人類發明來說，確實是如此，從楔型文字到智慧型手機，從車輪到自動駕駛汽車，從代數到機器學習。150 年前，人類設計出工業規模中科層體制的基本架構，從此，就換由科層體制設計我們的人性。但是，我們並非無可奈何。當我們覺得靈魂遭到吞噬、完整的人性開始腐蝕時，我們可以反擊。這是展開人本體制旅程的第一步。

下放權力

追求人本體制的本質是犧牲。20 世紀初的管理大師瑪麗・帕克・傅麗特（Mary Parker Follett）認為：「界定領導力的不在於權力的行使，而是讓被領導者提高權力感的能力。」這麼指責科層體制的權力販子，已經近乎如同耶穌基督的「為首的，將要殿後」宣言那麼激進。我們在此發現人本主義跳動的心：想要無私的協助他人實現比他們原先所設想更多的成就。

當張瑞敏將海爾公司視為一群神龍騎兵時，他的想法背後正隱含著這樣的精神；這是西南航空頌揚「僕人精神」的原因；這是促使紐克鋼鐵工廠主管宣告「我們重視每一個工作、每一個職位、每一個人，可是擔任主管是最不崇高的工作」的理由。

如果你主管，你無法在沒有下放自身權力的情況下，授權給其他人執行工作。你得把古老的權力貨幣（津貼福利、決策權與賞罰）換成新的貨幣：智慧、慷慨與指導。

如果你想要起步，有一個好方法是問你的部屬：「我做什麼事會讓你們覺得是干擾或是沒有加分？」他們可能害怕坦誠的後果，所以最剛開始會對直接給予回饋意見感到遲疑。如果是這樣，請耐心等候。可能要多試幾次，他們才會卸下心防。

接下來，問他們：「我做什麼事，能讓你做得更好？」如果他們並不清楚你的工作是什麼，讓團隊成員形影不離跟著你工作幾天，就像米其林勒皮廠的奧利佛．杜普蘭（見第 14 章）。

要把管理工作開始下放給部屬團隊有許多方式，以下是幾項建議。

確定方向

1. 要求你的團隊定義共同的使命。給他們時間集思廣益找出問題的答案，例如：「我們的價值主張是什麼？」「該如何衡量我們團隊的成功？」以及「要增加影響力，我們所能做的最重要的事是什麼？」
2. 每個月舉辦一次為時半天的會議，討論業務單位或是全公司層級的策略。要求同事確認他們能做什麼，來支持公司整體的使命。
3. 如果公司有正式的規畫流程，要求同事帶頭定義優先重點事項、設定里程碑，以及編列預算。

建立技能

1. 要求團隊成員確認他們想要打造新技能的領域，是在創意的問題解決方案、財務分析、設計思考，還是在人際關係上。
2. 要求團隊成員詳盡闡述個人的發展計畫，然後以小筆預算支持這些計畫。

3. 全年度支持團隊成員獲取新技能。例如，你可以給大家時間上線上課程、建立工作輪調制度，或是設法成為一個更好的導師。

和其他團隊與部門合作

1. 派遣團隊成員代替你參加主管會議。要確認他們徹底了解狀況，並且具備代表團隊發言的職權。
2. 給予團隊成員時間、機會和其他單位與部門聯絡，像是品管、人資、財務與 IT 部門。把跨單位協調的管理責任下放給部屬。
3. 促進工作輪調，讓員工更能理解需要管理的重要連動環節。

安排工作

1. 給團隊分派工作職務的權力，目標是提升員工參與度與效率。
2. 邀請團隊成員寫下他們理想的職務說明。撥空以團隊的角度來檢討與疊代這些職務說明。
3. 要求團隊主導設定每日或每週的目標，並評估進展。

驅動團隊取得成果

1. 由團隊安排並主持每週或每個月的單位績效討論。讓團隊成員建構議程，蒐集相關資訊、確認需要改善的地方，並詳細闡述行動計畫。

2. 要求團隊成員發展並測試改善的構想，並確保他們有時間與預算做這件事。
3. 主持每個月的創新即興發揮，安排為期一整天的會議，讓團隊有機會處理更大、更策略性的問題。

管理績效

1. 詢問團隊成員他們認為績效目標是否適當。如果不適當，請他們建議替代方案。
2. 促進同事之間的意見回饋。舉辦會議，讓每一位團隊成員都能對其他同事給予有建設性的回饋意見。
3. 邀請團隊成員發展監測團隊健康狀況的每月調查。問卷可以調查員工參與度、效率、協調性與增加的價值。

分享資訊

1. 主持每一季的討論會，讓團隊成員有機會跟平常不會碰到的內部、外部顧客直接互動。
2. 詢問團隊成員，額外的財務或營運資訊對他們來說否有用，然後盡力提供資訊給他們。
3. 協助第一線團隊成員更加了解業務單位或公司領導人用以判斷組織有效性的策略權衡與調查方式。

這些改變全都得花費時間，所以別不耐煩。你會想起貝特朗・巴拉林給了他的 38 個示範團隊一年的時間，讓他們根據新的職務角色成長。

當你開始下放職權，邀請一些同事響應，別忘了定期讓團隊湊在一塊分享經驗。千萬別以為你必須單打獨鬥對抗科層體制。

像駭客一樣思考

你無法用巨大破壞球或一管炸藥拆毀科層體制。不，科層體制必須一磚一瓦慢慢拆除。戒除對科層體制的癮頭與下放權力是第一步，然後呢？顯然只有改變你和你的團隊還不夠，你終究得改變組織所進行的核心流程，例如規畫、資源配置、專案管理、產品研發、績效評估、升遷、薪酬、聘雇與培訓等。這些流程每一項都必須以人本體制為最高原則來重新打造。

像人類這種有機生物，或是充滿生氣的城市這種複雜系統，不是由上而下建立起來的。他們必須經過不斷摸索與嘗試錯誤，由下而上組合起來。沒有一小群高階主管或顧問可以具備足夠的的想像力或智慧，設計出機能完善的後科層世外桃源。要是早就有數十間公司轉型為人本體制，大家一定會看出差異，但是情況並非如此。打造人本體制沒有逐步的操作步驟。這不像是把 IT 的系統移到雲端、把人資入口網站轉成自助式，或是把專案經理的頭銜改成「敏捷大師」那麼單純。

人本體制很顯然遙遙遠離現狀。但是在打造它的過程裡，我們得小心，別在科層體制噹啷作響的機器裡掀起軒然大波。方法必須兼具革命與演進；即使我們渴望達到的目標很激進，但手段要務實。在實務上，這代表要進行大量實驗；拜實驗之賜，人類測試這麼多古怪構想也不會把一切都炸毀。在把第一位太空人送上外太空之前，我們先發射了一、兩隻猴子做測試。新藥上市之前，我們先拿老鼠測試。幸好在人本體制的狀況裡，不必拿動物進行試驗，當然，除非把我們也算進去。

要解決複雜又新奇的挑戰（例如碳捕集或自動駕駛汽車）需要做很多實驗，建立人本體制也一樣。巴拉林在米其林展開數十個、而不是只有一、兩個實驗，不是偶然。

如果你是團隊領導人、中階主管，甚至是副總裁，很容易會認為應該由別人來帶頭破壞科層體制。但要是別人不這麼做呢？好消息是，人人都可以是管理的叛徒，每一個團隊都可以化身實驗室。

祕訣是像駭客一樣思考；這裡說的駭客不是竊取信用卡資料的那種人，而是會在 GitHub 上發表絕妙程式的那種人。駭客不會枯等別人來問，也不會想：「那是別人的問題。」他們反而自動自發，無論有沒有收穫，他們做事的方法就像早已獲得允許一般。「駭客」一詞最初在 1990 年代開始引人注目，當時被視為叛逆程式設計師的標籤，他們藉由產生社群共同創作的免費軟體，致力於暗中破壞微軟與其他軟體巨頭的霸權。世界最知名的駭客李納斯・托沃茲（Linus Torvalds）在 1991 年發表第一版的 Linux，並邀請其他駭客繼續改進。如今，Linux 已經吸引 1 萬 6,000 人共襄盛舉，共編寫出 2,600 萬行原始碼。

這些反叛的駭客有沒有可能在管理上造就他們在軟體上充滿戲劇張力的影響力呢？可以，但前提是他們得同意投入駭客精神。開放程式碼的經典專著《殿堂與市集》（*The Cathedral and the Bazaar*）作者艾力克・雷蒙（Eric Raymond），認為有五個信念能定義駭客：[2]

1. **這世界充滿等待解決的迷人問題：**要成為駭客，你得從解決問題、磨練技能與運用智慧中，獲得基本的快感。你也得培養一種對自身學習能力的完全信賴，相信自己或許對於需要解決的問題並非全盤了解，但只要處理過局部問題並從中學習，你的所學將足以解決下一個局部問題。接著就這麼繼續進行下去，直到大功告成。

2. **沒有一個問題得解決兩次：**要表現得像個駭客，你得認為其他駭客的思考時間很寶貴，寶貴到你分享資訊、解決問題，然後發送解決方案，幾乎是一種道義責任，好讓其他駭客可以解決新問題，而非不斷處理舊問題。

3. **無聊沉悶（以及科層體制）是有罪的：**駭客（以及一般的創意人）永遠都不該無聊，或是必須乏味的做著反覆愚蠢的工作，因為一旦發生這種情況，代表他們不是在做他們唯一能做的事，也就是解決新問題。這種浪費糟蹋了每一個人。因此，無聊沉悶不但令人不快，還是真正的罪惡。

4. **自由是美德：**駭客天生就反對服從權力。一旦有人能對你下指令，就能阻止你沉醉於正在解決的問題。再加上獨裁者思維的運作方式通常會讓你發現某些蠢到嚇人的理由。因此，無論在哪裡發現獨裁的態度，就得反對到底，免得讓它扼殺你與其他駭客。

5. **態度無法取代能力：**要成為駭客，你得培養出上述的一些態度。但是單憑這些態度並不會讓你變成駭客，就像光有態度也無法讓你成為金牌運動員或搖滾巨星一樣。成為駭客需要動腦、練習、專注與賣力工作。所以，你得學習抱持懷疑的態度，尊敬每一種能力。

如果這些就是你的信念，恭喜！你是一名駭客。但實際上你要駭進什麼？什麼時候行動？一個管理駭客看起來是什麼樣子？以下是一些範例。

霍桑實驗

最知名的管理駭客事件，發生在 1920 年代的西部電器公司（Western Electric）霍桑工廠裡，當時它還是 AT&T 公司的製造部門。這項研究由美國國家研究委員會（National Research Council）主辦、北美照明工程協會（Illuminating Engineering Society）協辦，設立的用意是要鼓勵企業投資人工照明。最初實驗的本意是檢測一項假設：在職場中如果有更好的照明，產出將會提升，實驗是在兩個測試室中進行。在第一間測試室裡，照明程度會逐漸提升，而在第二間測試室裡，照明則是逐漸減弱。出乎意料的是，兩間測試室的產出跟工廠其他區域相比，都有所提升。這樣看起來，單是注意人們的一舉一動，就會提升他們的表現。這個出乎意料的結果吸引一支由艾爾頓．梅堯（Elton Mayo）帶領的哈佛研究團隊來到工廠。接下來數年他們進行更多實驗，希望更加了解職場中的激勵因素。這項研究奠定了人際關係變動的基礎，也是第一次嘗試將工作人性化，儘管這樣的努力不夠完整。

下列是一些更近期的駭客事件。

便宜的群眾募資

我們有個客戶是年輕的電子商務團隊，他們受到根據市場做決策的前景啟發，打造一個測試內部群眾募資可行性的實驗。團隊成員認為，前景可期的構想經常受到忽視，因為它們不符合當前的優先事項，或者因為是由資淺的同事提出。在研究過 Kickstarter 與 Indiegogo 等群眾募資網站後，團隊好奇要是給每位員工每年 1,000 美元投資同事開發出來的案子，會發生什麼事。儘管這項假設很簡單，群眾募資將協助推動原本不會獲得資源的點子，但是該如何測試這個概念依然是一大問題。要是每位員工都發放 1,000 美元，那得花好幾百萬美元，而且建立線上市集也需要 IT、財務與人資的支援。

團隊的結論是，進行小型的局部實驗會更輕鬆。在經過一番遊說後，公司電子商務的大主管同意進行小型的試驗。這個單位裡每一個人（約 60 人）都拿到 150 美元的投資金，並受邀在一個超大白板上張貼一頁的提案，用來作為花俏網站的便宜替代品。一有構想提出，員工就能用便利貼貼上評語與投資承諾。每一個構想會有一張每日更新的募資進度柱狀圖。在兩週的測試期間，總共有十個構想提出，當中有六個達到募資目標。大部分勝出的構想都是生產力推進器，例如會議室的放映機，以及常用的簡報模板存放處。

這種簡單快速的實驗驗證了團隊的假設，推動公司打造健全的線上募資平台，要是年輕團隊沒有獲准駭進資源配置的流程，這個提議可能不會成真。

授權公司的出差推銷員

你該怎麼測試比起上對下的規定，公開透明是更有效的控制工具？這是一家全球大藥廠的一群中階主管，在一場由我們同事帶領的工作坊中向自家團隊提出的問題。

第一步是尋找普遍被討厭的舊式政策。如你所料，候選名單很多，但是這間公司令人生厭的出差條例似乎是特別醒目的目標。他們為了出差預算控制在每年大約五億美元，財務部門詳細研擬出令人嘖嘖稱奇的煩人規定。對於出差人選、目的、搭乘哪家航空公司的飛機、能接受哪些服務類別，財務部都有嚴格的指導方針。此外，不只飯店與租車的選擇同樣受限，餐飲費的預算也很有限。就像一位主管抱怨道：「我扛 7,000 萬美元的銷售業績，出差時卻得確認一杯 3 美元的咖啡能不能報帳。」

後來他們仿效公司藥物試驗的方法做實驗，共分成兩組，一組在總部，另一組在某個營運單位。實驗用意是測試增加自治權與透明度後，能否達成：一、簡化出差規畫；二、降低挫折感；以及，三、不提高出差成本。每一組招募 50 人，樣本共計 200 人。實驗組被告知接下來 90 天，他們能自行決定出差的安排，無需行前取得授權，出差後也不會被查帳。不過有一項但書：他們所有的出差花費會發布在網路上，人人都看得到。

實驗結束時，團隊分析結果。報告顯示這兩個實驗組都有超過半數的樣本（74%與87%）認為新流程比舊流程更不浪費時間。更意外的是，45%的參與者說，僅僅是改變規定就大幅提升他們對工作的滿意度。研究人員原本預期出差成本會微幅上揚，也準備主張這是節省流程時值得付出的代價，但是最後，實驗組的出差成本下降，反倒是對照組維持不變。[3]

這個簡單的實驗對於如何挑戰蠢蛋規定提供了一個教訓：別發牢騷，進行駭客任務並搜集一些數據吧。

建立你的駭客任務

要想出你的駭客任務，可以邀請你的團隊進行為期一天的管理即興發揮。如果可能，請同事填寫十個問題的科層體制質量指數調查（請上網站 www.humanocracy.com/BMI 或是參見附錄 A）。這些結果將提供實用的脈絡。

大家齊聚一堂後，請讓團隊指出對組織來說，代價最高昂的科層體制痛點，也就是最破壞適應力、創新與員工參與度的政策或制度。具體而言，要求他們一起完成以下三個問題：

問題 1：弊病

你認為在什麼地方，我們可能罹患了「科層體制硬化症」，包含浪費、爭執、偏狹、獨裁、順從、為個人利益從事政治角力等症狀，或是其他相關的病症？挑一種弊病並準備（盡量具體的）說明它如何傷害效率。

在要求他們跟其他成員分享想法之前，給每個人 15 分鐘各自思考問題。在白板上記錄每個人的答案，或是以數位方式留存，投放到螢幕上。花 40 分鐘探討這些看法背後的思維。然後，在最後五分鐘，要求團隊挑一個弊病處理。

問題 2：流程與政策

什麼管理政策或流程，包括規畫、目標設定、編列預算、人事、職務設計、產品研發、績效管理、聘雇、升遷、培訓、發展與薪酬等，被團隊認定是最大的問題所在？挑選一個流程並準備說明它如何成為弊病。

再一次，給每個人 15 分鐘準備答案，然後花 40 分鐘分享看法。最後，再花幾分鐘達成協議，挑選出要用哪個流程或辦法進行駭客任務。

問題 3：工作原則

哪一項後科層工作原則，例如業主精神、市場、任人唯才、共同體、開放、實驗或悖論，對於克服這種失序最有幫助？挑選一項工作原則，說明要如何應用它來幫助對抗科層體制的負面影響。

再一次，在分享之前給每個人時間深思。只要人人積極參與討論，就試著匯集一到兩項工作原則，這能幫助矯正科層體制的缺失。

不過，你也可以反過來處理，先問：「人本體制中的哪一項工作原則能夠起到催化作用，協助我們變成一個更具適應力、創意、更願意授權的組織？」然後問：「如果對這些工作原則嚴正以待，那我們該改變哪些流程或辦法？」最後問：「好處是什麼？確切的說，這會如何協助減少科層體制的弊病？」

無論你選擇哪條路徑，目標都是將炮火集中在一個弊病、一個流程，以及一項工作原則。對一支 8 ～ 12 人的團隊來說，這是半天的工作量。午餐後，你們可以開始針對解決方案集思廣益。到了這個時候，你大部分的同事心裡都已經有一個潛在的駭客任務了。給他們 40 分鐘深入思考，究竟要如何把他們挑選的工作原則變得可以操作與執行？

當團隊再度聚集時，給每個人幾分鐘說明他們的駭客方式，並接受小組提問。尋找重疊的駭客任務，或是某個方法只能解決一個大難題的局部問題。一旦所有駭客任務都擺上檯面，讓每個人休息片刻。等大家再次集合，請他們挑選兩到三個駭客任務進一步發展，並自行安排偏好的駭客任務。分組後，讓他們花幾個小時設計實驗。

這個階段的重要問題包括：

1. 我們提出的解決方案，如何只用一句話表示？
2. 我們的駭客任務有哪些關鍵能力？
3. 我們需要測試的假設是什麼？
4. 誰會參與這個實驗？
5. 我們要蒐集什麼數據？
6. 如何確保我們獲得的是有意義的結果？
7. 我們進行實驗需要多少時間？需要什麼資源？

團隊提出的答案應該要能夠以簡便、可共用的模板留存。請參考表 15-1，這是根據前面提到的出差費用做出的總結。

請記住，目標是盡量有效率的測試你所提出的解決方案，而不是要打造防空洞。儘管如此，你還是會想要認真推敲，盡量把風險縮到最小。下列是幾項小提示：

1. **維持簡單**。一次測試一到兩個假設，從最關鍵的假設開始。
2. **只找自願者**。別強迫任何人參與你的實驗。
3. **把它變好玩**。想辦法把實驗遊戲化。
4. **從你工作的地方附近開始**。這會把你需要獲得的批准數量，以及有人叫你停手的風險降到最低。

表15-1　實驗設計模板：以自我管理出差核准流程為例

電梯簡報

我們每年花費超過5億美元的出差費用，卻沒算上拿到批准出差與費用報銷所需的時間。這個流程繁瑣，並暗中破壞我們把每位員工當成企業主對待的意圖。我們想出一個管理差旅費用的新流程，這個流程是以個人責任與同儕控制為基礎。

解決方案提議

我們的解決方案主要的構成元素有：

- 自治權：給予員工「自己批准」出差、以及決定適當花費金額的能力。
- 透明度：在內部網站上分享出差花費（「陽光是最好的消毒劑。」）。

假設

假設1：大部分員工將認為自行批准出差比較簡便，也更符合我們的價值觀。

假設2：部分員工將發現，提高個人決策權與受信任的程度，會很激勵人心。

假設3：總計出差費用，不會大幅增加。

目標群組

從兩個地點挑選兩組員工（每個地點大約100人、）。

測試類型

在每個地點都把群體分成實驗組與對照組進行測試：

- 對照組的出差辦法維持不變。
- 實驗組會被要求低調參與新的費用管理流程。

衡量方式

- 我們會在實驗的開頭與結束時對實驗組進行調查。調查的問題會聚焦在假設1跟假設2。
- 至於假設3，我們會追蹤在實驗過程中，實驗組與對照組的個人與整體花費。

持續期間

3個月：從8月到10月。

所需資源

- 部門主管願意支持進行實驗。
- 透過財務部門取得出差費數據。
- 請IT部門設定內部網頁，以分享更詳細的費用數據。

5. **新舊制並行**。直到你證明新流程有效為止，不要破壞既有流程。
6. **精煉並重新測試**。創造期待，讓這個實驗成為許多實驗當中的第一個實驗。
7. **對弊病保持忠誠**。別愛上你的解決方案，要是方法不成功，去尋找其他可以測試的駭客任務。

只花不到一天的功夫，你的團隊應該就能產生一到兩個前景可期的駭客任務。你不必拿到上頭的批准、預測每一個隱藏的危險、預先思索整套解決方案，或是說服上千人改變他們的工作方式。只要記住駭客精神，從你所在的地方開始，盡可能的改變，讓它煥然一新，然後重複這個過程。（想要獲得更多關於建立駭客任務的協助，請造訪 www.humanocracy.com/hack。）重點是，我們人人都可以出力。愛默生曾說：「永遠都會有兩派，過去派與未來派，建制派與改革派。」人人都得選邊站。你可以抱怨所有科層體制狗屁不通的胡扯，或是拿起鐵鏟開始工作。

不過，你和團隊是否真的能駭進體制裡或許看似令人懷疑，你可能會想：「我們當然能進行局部實驗，但我們真正要改變的是什麼？會有人注意到嗎？這就像是拿花園裡的水管去撲滅五級警報的火災。」我們理解你的質疑，但請與我們同在。最後一章，我們將告訴你如何把行動規模化。

第 16 章

按比例擴大規模

去除科層體制的風氣、下放權力、進行局部實驗等，都是很好的起點，但是只有這些還不夠。最終，你必須為了打造人本體制的挑戰，動員整個組織。要做到這一點，你得像行動派一樣思考。

改變世界的人可不是科層體制下的官僚人員，而是積極的行動派，是像諾貝爾獎得主的巴基斯坦少女馬拉拉．優薩福扎伊（Malala Yousafzai），她在塔利班的暗殺攻擊中倖存下來後，發起一個為女孩擴大教育機會的全球活動；或是像格蕾塔．桑伯格（Greta Thunberg），她也是少女，在瑞典國會外抗議，啟發 125 個國家的百萬年輕人，翹課一天去遊說政府領導人對氣候變遷加速行動。

如果馬拉拉與格蕾塔能動員成千上萬的人，為什麼你不行？沒有比尋求正義更強大的理想了，無論是為了促進性別平等、保護地球，還是解放人類工作時的心靈。

不過，你可能會想知道，要如何從局部行動邁向系統性的改革？要如何把組織推向臨界點？這是個好問題。以下五項「影響力加倍因素」能協助你挑戰重量級對手：

1. 可信度

在大部分組織裡，關於公司重視什麼的說法，以及公司實際上重視什麼的現實之間，有一道難以跨越的鴻溝。人們會質疑胸懷大志的演說也是有原因的。因此，規勸別人之前你要先採取行動，戒除科層體制的毒癮、展開幾個局部實驗，然後才開始徵召其他人加入。

2. 勇氣

在《權力遊戲》（*A Game of Thrones*）一書裡，布蘭登・史塔克（Brandon Stark）問父親：「人在害怕時還能勇敢嗎？」答案是：「人唯有在害怕時才能勇敢。」面對科層體制需要鼓起勇氣，但要記住，在人生裡，我們的成就總是與勇氣成正比。

3. 逆向思考

如果問題已經存在多時，可能無法用傳統思維破解。要尋找正向的突破方式，像紐克鋼鐵與海爾公司那樣，向其他領域借用創意，例如生物學、新創公司，或是眾包。狠狠挑戰你最深層的假設。完成之後，你將提高找到新奇解決方案的機率。

4. 同理

人們不只會懷疑，還會見利忘義，而且總是會提出很好的理由。每個人都會為自己的立場而戰，設法找到自己的利益。

每當請求協助時，大部分的人都會問：「這對我有什麼好處？」要跳脫這個阻礙，你得優先為別人打算。當同事看見你努力理解他們的需求，當你協助他們精心設計他們的實驗，並確保功勞是他們的，他們就會開始信任你。當你顯現出同理心，人們將會與你一起冒險，在你跌倒時拉你一把。

5. 連結

打造共同體是行動派可以做到、也最重要的事。這是最能放大個人努力的因素。渴望嘗試新事物的員工常犯一個錯誤，就是去請老闆批准。他們十之八九會得到制止，或是只有不情不願的支援。這不全是主管的錯，因為人們很難事前得知一項發展不完全的構想，會是出色的構想，還是瘋狂的構想。因為卓越的構想很稀少，大多數主管的「原廠預設值」就是設定為拒絕。所以，不要往上找，你要走出去，和同事談談，並且找出幾位願意協助你建立與進行實驗的同事。主管要拒絕一位懇求者很容易，但要勸退一小群熱切想把事情做得更好、又已經著手開始的游擊隊，就不太容易了。

打造共同的熱情

我們喜歡「駭客行動派」(hacktivist)的說法，這個詞是單純把兩個詞組合起來：駭客(hack)開發事物，行動派

（activist）集結眾人、統領同盟，而駭客行動派兩者都做，他們會動員許多人嘗試新事物。米其林的貝特朗．巴拉林就是個駭客行動派的熟手。現在是時候來認識另一位駭客行動派了。

約克郡出生的海倫．畢文（Helen Bevan）是醫界老手，她在英國國家健保局（NHS）發起運動，致力讓病患獲得更好的照護，這項活動獲得出奇的成功。薪水帳冊上有 170 萬人的英國健保局是世界第三大雇主，而你所想得到的每一種科層體制弊端這裡都有，這也讓畢文的故事更了不起。

2012 年時，畢文為健保局內部的顧問公司創新與改善機構（Institute for Innovation and Improvement）工作。某個秋夜，她和一群實習醫師對話，他們很洩氣，因為科層體制要求逐項查核的工作繁重，而且這些工作似乎變得比照顧病患更重要。健保局裡每一個人都為了由上而下的命令與目標疲於奔命，但是第一線的照顧者特別緊繃，他們在病患的需求，以及科層體制專橫的要求之間拉扯。這些醫師問海倫，要做些什麼事，才能讓病患的體驗受到最多的重視？

這群人開始集思廣益各種選項，最後彙整出來的構想是，邀請健保局裡每一個人指出，可以讓他們改善病患照護的一項具體行動。無論那項行動是什麼，他們都宣誓會貫徹到底。小兒科醫師黛米恩．羅蘭（Damian Roland）回憶道：「我們認為最後會彙整出 6 萬 5,000 個宣誓，從健保局設立以來平均每年 1,000 個。那真是瘋狂，但我們覺得除非顯示出相當的企圖心，不然絕不會有實質的影響。」[1]

這群運動領導人的貢獻始於 2013 年初的草創期，他們同意並且自願投入時間，即便這代表假期都會泡湯。關鍵是，沒有人想過要找資深領導人批准。

「變革日」（Change Day）網站在 2013 年 1 月上線。網站有一支入口影片，其中號召個人或團隊以影片形式記錄他們的宣誓，並且敦促參訪者把連結分享給他人。每一項宣誓都是某一件個人或團隊能做到的事，而且不需要獲得進一步的批准。你可以向自己、也可以對他人宣誓。這項運動的發起團體鼓勵大家把宣誓列印出來，張貼在工作空間。

為了吸引更多人加入，團隊寄出一封電子郵件，從內部溝通管道吸收新成員，並且利用推特與臉書，鼓勵內部影響者活化社群網絡。剛開始幾週，上傳的宣誓稀稀落落，但團隊繼續使勁推廣。到了 2 月 14 日，網站已經收到 5,000 則宣誓。一週後，數字來到 4 萬 3,000 則。當變革日於 3 月中旬結束時，他們總共收到超過 18 萬 9,000 則宣誓，最後一天爆增了 5 萬則宣誓。

上百名醫師參與了一項宣誓，他們在開藥給兒童之前會親自試喝口服藥物，並且與醫院藥房合作，改善特別難喝的藥劑口味。一群實習護理師宣誓，建立一個模擬病房，讓他們體驗病患接受照護時的感受。另一項宣誓來自採購團隊，他們承諾移除醫院與診所的多餘備品，為臨床醫師騰出更多工作空間。

變革日的成功鼓舞團隊在 2014 年進行第二個版本。這一回，難以置信的，共有 80 萬則宣誓湧進網站。再隔年，變革日不再徵集宣誓，而是要求員工針對特定、有難度的工作，分享構想與做法，例如提供失智症患者更好的支援，或是提升產房的體驗。最後，由 60 名從業人員組成的網絡自告奮勇，把評價最高的投稿整理成醫療方案、培訓方案，以及其他工具。

這些努力成果雖然未經批准，但事後證明，變革日是英國國家健保局有史以來最成功的變革新方案。他們影響高達數十萬人，並且重新將病患照護奠定為每一位健保局員工最重要的目標。在畢文看來，同樣重要的是，這些成果讓人相信，由下向上產生變革真的可行。健保局的人員不再自認孤立無援，無法做出改變。就像一位參與的護理師所說：「變革日讓我理解到我是有力量的。這讓我重拾失去的熱情，因為過去我以為我改變不了任何事。」[2]

最終，變革日的影響擴散到英國之外。有 19 個國家，包括澳洲、加拿大、約旦、南非與瑞典等國，都孕育出相同的努力成果。

無論你的目標是實現更好的醫療照護，還是讓工作更人性化，變革日都能教我們很多事。具體而言：

- 人們願意為了值得改變的事情而改變。
- 要開始改變，不必搞得很複雜，或是很花錢。
- 邀請比命令更有吸引力。

- 行動派不會坐等要求批准。
- 科技可以是有力的加速器。
- 你能造就的影響沒有極限。
- 你可以選擇哀號，或者行動。

要在你的組織推動支持人性的改革運動，可以從招募一些幫助你發想活動的同事開始。他們不必是高階領導人，不是主管也沒關係，但他們應該要能充分展現出公司業務或組織結構的剖面圖。

最初，你們的目標是要建立意識與正能量。就像畢文，你可以在線上發布簡單的提問或戰帖，然後透過社群媒體廣傳出去。

你可以利用下列主題作為對話的開端：

奠定基準

張貼科層體制質量指數（參訪網站 www.humanocracy.com/BMI 或參考附錄 A），並要求大家提供文件，證明科層體制如何讓組織失去能力。只要你的樣本數足夠，就把結果分享出去。

診斷症狀

建立線上論壇，要求同事確認妨礙組織變得更有韌性、更創新，以及更能啟發員工的科層體制瓶頸（如政策與流程）有哪些。邀請他們簡短說明這些阻礙如何破壞變革、創新與自發性。

打破舊習

把我們在第 15 章所條列的科層體制行為張貼出來。要求大家挑選一項行為，並討論會誘發與鼓勵這些行為的科層體制系統或流程。要求大家明確宣誓實踐「零科層體制」的生活。

速戰速決

邀請大家推薦一項會讓他們的日常工作增加不必要困難的「愚蠢規定」，或是非必要的科層體制阻礙。並且請他們建議糾正辦法。

迷你駭客任務

張貼一項人本體制的工作原則，並附上簡短說明。邀請大家提供構想，思考如何把這項工作原則化為實際做法，而且又可以放上推特推廣。進行一週後，再換下一項工作原則。請大家為最喜歡的迷你駭客任務按讚，然後要求他們將任務轉化成實驗。

要讓你的同事動起來應該不難。大部分的人都因為科層體制受了滿肚子氣，卻沒有平台可以宣洩，更別說是提供解決方案了。我們有位醫師朋友在大型醫療集團工作，她告訴我們，當她需要 IT 部門協助連上一台沒用過的印表機時，被對方告知多安裝一台印表機，將違反每台印表機最多由八位醫師共用的規定。對方還勸她，唯一的辦法是向印表機委員會提出申請為她破例。要是你的話，你猜猜在線上挑戰這種白癡行為，會讓她多開心。

這類故事多不勝數，卻很少帶動實際作為。員工通常自以為無權改變局面，便在科層體制的枷鎖下默默感到不平。沒有論壇讓他們暢所欲言，也沒辦法統計他們的集體挫折感。結果，領導人以為科層體制的滲透與破壞遠比實際情況輕微。你可以針對這種白癡行為以及不以人為本的科層體制來展開對話、討論對策。你所釋放的能量，將協助組織重新找回初心。

主持一場駭客松

一旦你喚醒了大家，接下來呢？你要如何利用這股挫折感？如何鼓動出數十個、上百個駭客任務？如何多頭並進？儘管巴拉林在米其林穩健的方法身受推崇，但我們相信步調可以再快一點。當你在線上將大家齊聚一堂，並且給予他們正確的工具，你就能大幅加快管理創新的步調與規模。為了進一步說明進行的方法，我們將簡短分享一個研究個案，來自一家市值數十億美元的消費品公司，他們邀請 4,000 多名員工重新想像公司的組織模式。

這間公司已經花了好幾年時間嘗試逆轉營收與獲利的衰退，卻徒勞無功。我們在與高階管理團隊初次對話時，問及問題的根源可能出在公司保守、由上而下的管理實務。在座的人坦言組織裡鮮少支持連續又精練的創新方法，反而比較常施加阻礙。他們問，要做些什麼才能打造支持創新的環境？該如何設計管理流程，好讓流程對創新友善，而不是有害？我們坦言，有少數幾家企業為了創新，系統性的重新設計組織的運作方式。但這項挑戰的艱鉅與複雜程度令人卻步，而且沒有現成的解決方案可以提供。另一方面，我們主張，有幾千名員工渴望協助他們破解程式碼，如果要求他們協助，他們將成群結隊前來協助解決問題。就像開放原始碼的軟體開發者常說：「只要眼球夠多，所有程式錯誤都會無所遁形。」

接下來，他們專門打造了一個平台，主持為期六個月的駭客松，用以追尋一個貌似簡單問題的解答：「我們如何把每一個管理的制度與流程，都連接上支持創新的工作原則？」

第一個任務是辨識出妨礙創意的阻礙。單一次簡單的調查，就得出令人大開眼界的結果。團隊成員將阻礙歸咎於缺乏時間、資源與人員支援。許多人也因為看見組織對短期成果的迷戀，以及科層體制負擔過重的規定與限制，而感到挫折。

這些發現在平台的討論版上激起熱烈對話。例如，許多參與者對於高層不必為創新負責感到洩氣。其他人則分享了特定流程如何阻礙自發性與原創思考的痛苦經驗。

在決定幾個最大阻礙的優先順序後，駭客松轉向針對潛在解決方案集思廣益。接下來幾個月，團隊成員參與七個問體解決的衝刺計畫，每一個都是根據特定人本體制工作原則而建立。在看過一項工作原則介紹短片後，參與者被要求要腦力激盪，思考如何讓這項工作原則適用在公司的管理制度中，包括企劃、資源配置、人才管理、薪酬與職務設計等領域。

在以「市場」為主題進行駭客任務的衝刺時，參與者貢獻的構想包括：在每一項業務建立類似創投的投資池；建立內部證券市場，讓員工們投資剛萌芽的構想；為短期的設計與行銷任務建立內部的「零工經濟」；以及在所有績效考核中納入以市場為基礎的指標，例如產品獲利率，或是淨推薦值（Net Promoter Scores）。

剛開始，大部分的駭客任務幾乎只停留在推特發文的階段而已。此時的目標是盡量產生有前景的構想，評估與詳細規劃是後面的事。截至七個衝刺計畫的尾聲時，這個共同體已經產生超過 5,000 個迷你駭客任務，貢獻數千則評論與按讚數。

支援這項新方案的是一支三人團隊，包括業務開發主管、一位創新專家，以及一位社群媒體專家。無論是在平台上或平台下，他們在推動社群參與度上都起了重要作用。每個地區都招募了參與者自願擔綱「大使」來協助活化當地的交流。他們通常是透過主持每週五下午的駭客松聚會為起點，由部門主管供應披薩與啤酒。

平台上每個人都有一個「駭客評分」，評分指標包括張貼出來的駭客任務與評論數量，以及他們爭取到的追隨者與按讚數。駭客風雲榜很受關注，並且在團體中激起角逐「超級貢獻王」的良性競爭。

在完成這些工作原則後，共同體的下一個任務是確認最有前景的迷你駭客任務。每一位團隊成員都有一週時間再次檢閱他們的迷你駭客任務，並且挑出其中一個進行下一步。接下來兩週，每位駭客都要為幾個隨機挑選的迷你駭客任務評分。針對每一個駭客任務，他們都會問：

1. 它挖掘得夠深嗎？可以處理一個還是多個阻礙？是否能讓我們的創新能力大幅進步？
2. 它可行嗎？是務實的構想嗎？

在同儕檢討流程中會產生上萬個評估結果，每個迷你駭客任務平均大約會獲得 12 則評論。評分前 100 名的迷你駭客任務作者額外有兩週的時間，可以運用類似前一章表 15-1 的模板，把他們的提案擴充為成熟的駭客任務。有鑑於擴充駭客任務的工作量很大，主辦者鼓勵參與者，只要在合情合理的情況下，可以去找提出類似點子的同事合作。

在這兩週的尾聲，更大型的駭客松共同體會再次縮減任務數量。每位參與者有五票可以投給他們最喜歡的駭客任務。目標是把任務總數降到可管理的範圍，好讓實驗能夠快速展開。最後有 16 個駭客任務最受關注，其中包括：

領導力促進系統（Leadership Promoter System, LPS）

- 工作原則：任人唯才
- 駭客任務：引進「領導力促進系統」這項新指標，以衡量管理上所增加的價值。領導力促進系統是從主管的直屬部屬與同事的季度調查而來的，它將會是一個能衡量領導行為的簡單指數，例如在團隊內部鼓勵創新。

現場創業精神（Field Entrepreneurship）

- 工作原則：業主精神
- 駭客任務：授權第一線行銷團隊更大的裁量權，讓他們決定定價、行銷費用與發展顧客參與度相關決策。此外提供團隊層級的損益表作為支援資料。

由你注資（U-Fund-It）

- 工作原則：市場

• 駭客任務：建立一個平台，讓員工能對同事產生的構想進行群眾募資。

經過投票後，16 支獲勝團隊齊聚一堂，親自參與為期兩天的「駭客任務實驗室」。在檢討過這些工作原則的實驗設計後，各團隊著手發展詳細的測試。實驗室活動結束時，每一支團隊都分配到一位高層擔任贊助者，並獲得高達 3 萬美元的預算來支付進行實驗的花費。接下來三個月，每一位團隊成員每一週可以撥出一天用來做跟他們的構想相關的工作。

實驗進行之際，不斷擴大的駭客松共同體也持續忙碌著。每一個實驗在平台上都有專屬網頁，讓測試團隊公布進展、徵求協助。例如，領導力促進系統的組員便針對應該納入評估工具的領導行為，向追隨者網絡徵求建議。許多團隊很快就有所斬獲。由你注資團隊的群眾募資測試在第 15 章已經說明過，這項實驗的設計與執行是在一個月內完成。其他團隊也很快就展開試驗。

當我們寫作到這裡時，許多實驗都已經擴大規模，有些還在疊代，有些已經被放棄。整體而言，這些實驗對成果與企業文化的影響很卓越。儘管制度如此，但創新不再是孤立的活動。組織的營收與獲利的成長在產業趨勢之上，員工參與度分數也提高了。就像執行長提到的，駭客松向每一個人發出訊號，讓他們知道他們「可以針對公司如何經營，進行思考、質疑與實驗。」

就像這個範例給我們的啟示，打造人本體制需要激烈轉變我們對兩項管理概念的想法，分別是「領導力」與「變革」。我們相信這兩項概念都需要重新打造，建立成跟人本體制工作原則相符的樣貌。

領導力的再思考

如果領導人的定義是催化正向改變的人，那麼每一個組織都必須盡其所能找到所有領導人。不幸的是，在大部分組織裡最主要的領導力概念，已經對科層體制的思維退讓到無可救藥的地步。要了解發生原因，我們需要回顧一點歷史。

在工業化的頭幾十年，組織的行政能力短缺。在 1890 年與 1920 年之間，美國製造業從業人員增加了超過一倍，工人數量從 500 萬增加到 1,100 萬，然後，在第二次世界大戰爆發前又增加了 50%。要是沒有一群新誕生的主管，那要由誰來看管這些快速增加的員工？體認到企業的需求，美國的大學跳進來幫忙：賓州大學的華頓商學院在 1881 年成立，哈佛商學院在 1908 年成立，而史丹佛商學研究所則是在 1925 年成立。

當時，管理被視為最難懂、要求又高深的學科，就像今天我們看待基因工程學與資料科學的感覺。當時，人們找不到好方法來彙整管理智慧，甚至沒什麼研究或理論可供學習。到了

20 世紀中葉，企業開始砸錢進行管理訓練。1956 年，奇異在紐約克羅頓維爾（Crotonville）打開它的管理學術名聲。當時的董事長菲利浦．瑞德（Philip D. Reed）說，目標是把奇異變成世界上「管理得最好」的公司。這是個滿懷雄心、值得敬佩的目標。畢竟是管理的神奇力量，把勞力與鋼鐵變成了火車頭、渦輪發電機以及洗衣機。

到了 1977 年，哈佛歷史學家艾爾弗雷德．錢德勒（Alfred Chandler）出版的著作《看得見的手》（*The Visible Hand*），正是他對「管理主義」的頌歌，從此管理不再是神祕或特殊的活動。多虧彼得．杜拉克等人的著作，行政能力的原則與實務已經被徹底編纂成法典，並且廣為流傳。

到了 1980 年代，管理學已經度過全盛時期。管理顧問與商學院需要販售新事物，你也可以說這是產品升級。於是，他們選中「領導力」的議題。他們問顧客，如果有正確的訓練讓你們變成英勇的領導人，為什麼你們還要繼續做個區區的主管呢？給我們一到兩週時間，外加幾千美元，我們會把你變成林肯、史隆（Alfred Sloan）* 與邱吉爾的混合體。

如今，以領導力為主題的商業書比任何主題的商業書都還要多，讓人很容易就忘記了，我們對領導力的迷戀是相對新奇

---

* 譯注：曾長期擔任通用汽車總裁、執行長與董事長，麻省理工的史隆管理學院就是以他的名字命名。

的經驗。杜拉克在 1966 年的經典著作《杜拉克談高效能的五個習慣》(*The Effective Executive*)中,使用「主管」以及類似詞彙共 209 次,但是「領導人」或「領導」這個詞他只使用了 15 次。如今的管理學書籍中,兩者數量應該相反。但是,儘管這個主題無所不在〔如果你用 Google 搜尋「領導力模式」(leadership model),將會得到十億筆搜尋結果〕,還是沒有多少證據顯示我們知道如何培育領導人,也沒有多少證據顯示,大部分聲稱是領導人的人配得上這個頭銜。

史丹佛大學的傑佛瑞.菲佛(Jeffrey Pfeffer)與哈佛大學的芭芭拉.凱勒曼(Barbara Kellerman)等學者認為,傳統的領導力培訓,對那些投資或忍受這些培訓的組織來說,產生的價值微乎其微。[3] 這個結論儘管讓許多人聽起來不太自在,但是並不意外。當大部分領導力培訓全都發生在科層體制的框架之內,還會是什麼結果呢?通常,培訓目標不是協助個人促成變革,而是讓他們為更大的管理職務做好準備。

持平的說,領導力培訓很少只把重點放在行政技能上。在一間卓越商學院為期多週的課程裡,會有幾個單元講 AI、區塊鏈、神經科學、物聯網以及 Z 世代的勞動力。當代的領導力培訓還會注重「軟技能」,宣導「真誠」、「同理」與「正念」的價值。可惜,這些東西在科層體制這樣關起門來競爭的鐵籠戰(cage match)當中沒有什麼用處。一旦回歸職場,畢業生很快就會發現,他們的組織裡幾乎不重視誠實、謙遜或自省,他們也對改變狀況無能為力。

精英主義是另一項限制領導力發展的因素。領導力培訓很容易形成階層。高階管理階層的重點在於「管理組織」；中階管理階層則是「帶領公司業務」，而在比較低階的管理階層則是「帶領你的團隊」。階層制的方法是基於一個可笑的主張：較低階的員工無法超越他們的職務或單位思考。

要讓領導力擺脫階層制，我們還有很長的路要走。最好的例子是：當公司的人談到「領導團隊」時，他們是在說「公司裡能讓神奇的事發生的每一個人」還是「數十個高居金字塔頂端那些所謂的執行副總裁」呢？當然，現實是身在領導團隊的許多人，根本就不算領導人，就巴拉林或畢文的定義來說完全不是。而且，如果團隊的定義是一群無私的人因為共同理念合為一體，他們也不算是一支「團隊」。

能力對於領導任務中十分重要，例如看出機會、激勵同事、質疑既定利益、重新想像商業模式，以及栽培別人，這些都跟階層制毫無瓜葛，在大部分領導力課程中也鮮少受到關注，或是根本無人聞問。

對於所有在社群網絡當中長大的人來說，科層體制的領導模式都很荒謬可笑。在社群網絡裡，領導力是吸引追隨者，而非往上登頂。如果你是數位原住民，你會把權力位階視為天生的獨裁主義，並深深懷疑追求「可以支配他人的權力」的任何一個人。對你來說，領導力不是傲慢的指揮與下令，而是活化一個共同體並且參與其中。對你來說，當一個行動派不是一套戰術，而是你的日常姿態；無論當時手邊的任務為何，這是你讓一切有所不同的方式。信譽、勇氣、逆向思考、同情、連結等，都是你用來翻轉狀況的能力。你也知道，侵蝕真實領導力資本的最快方式，就是用權力與位階逼迫別人。

有鑑於上述種種原因，現在是時候徹底重新思考領導力與領導力發展了。你的組織的確付出很多努力，教導那些有進取心的人成為更好的行政人員，但是它需要投注更多心血，辨識出那些天生有駭客傾向的人並且賦予能力。這是常識。所有執行長都知道，組織的變革得加快速度。而且所有社會史學家都會告訴你，深度的變革多半來自邊緣，也就是那些還有沒被權力引誘、因為夠在意現況而願意親上火線的人。當我們終於拋下迷思，不再認為是顯赫的頭銜讓你成為領導人，以及當人資部門不再迎合公司高層，那麼我們通往領導力的方式，最終才會趕上 21 世紀的現實。

變革的再思考

就像本書的主張，要轉型成人本體制需要激進的變革：在個人裡、在團隊裡，以及在我們組織所進行的核心流程裡。面對這項挑戰，傳統的改革模式完全使不上力。傳統的變革計畫緩慢、累進、笨拙，又會引起不必要的反對，這全部都是科層體制模式下的低劣產物。因為將深切變革的責任分配給一小群核心人物，包括高階主管與他們的顧問。但是，如同我們在第 2 章提過，等到問題或機會大到觸發一個由上而下的變革新方案時，組織已經處在落在後頭苦苦追趕的狀態了。在我們與《哈佛商業評論》合作的調查中，上萬名受訪者裡，只有 10％說他們組織近期的變革計畫「總是」或「大多」與開創新局面有關。當高階主管本身就是變革的瓶頸時，組織將會耗費很多精力在吃敗仗上頭。

由上而下的變革不只錯綜複雜，還會進一步拖累組織。組織架構與流程是迴旋且互相纏繞的，很難只牽一髮不動全身。錯綜複雜的改革意味著，典型的公司要管理重大重組，只能每三到四年來一次。大部分變革計畫依然符合科特．勒溫在 70 年前提出的三階段變革模式：解除管制—變革—再次管制。在勒溫的概念裡，變革是片段的、按部就班的，而不是連續的、新興的。這樣的觀點放在 1940 年代或許說得通，但不適合一個全是間歇性迅速變化、沒有平衡的世界。

在科層體制裡，變革不但緩慢，還很軟弱怕事。當變革的重要性變得無法再忽視，高階主管委員會將會問：「誰做過這個？」他們會找一條好走的路，唯恐製造營運上的混亂，然而當上頭強制實施系統性的變革時，這才是真正的風險。多虧了這種膽怯，公司的變革計畫鮮少改變任何真正值得改變的事物。他們從來不會重新分配權力、裁減公司部門、減少組織階層，或是剷除無意義的規定。

還有一個問題是，中央驅動的變革缺乏精細的資訊。就定義而言，由高層下令執行的變革是一種生硬的手段，不光是因為他們傾向於只用一套改革的處方，還因為這些處方極少納入來自第一線的資訊。在一份大規模的歐洲調查中，約半數非管理職的員工表示組織近期正在經歷一次重大重組，但只有四分之一的受訪者說組織在正式開始重組之前，曾經徵詢過他們的意見。[4] 在大部分變革計畫裡，負責推行計畫的倒霉基層部屬只會搔頭納悶道：「這群蠢貨在想什麼？」

由上而下的變革最後一個缺點是，無法避免反彈。根據麥肯錫管理顧問公司的研究，對變革的抵抗是大規模變革計畫失速的頭號原因。但是，反彈並不是出於企業高層宣稱的理由，他們總說是因為人們恐懼改變。惹惱員工的是皇家的敕令，因為變革是強加的負擔，變革不會改善他們的工作，變革對將軍而言是好差事，對士兵比較像苦差事。

幾年前，我們曾經和某知名科技大公司的行銷大主管談過。在幾位顧問的協助下，他才剛全面檢修過行銷部門的薪酬模式。我們問：「事情進行得怎麼樣呢？」他坦言：「坦白說，有點一團糟。我們沒料到會有這麼多反彈。有些業績最好的人跳船了。」我們問他：「在您正式開始前，曾經公開表明要改革嗎？」「您有徵求回饋意見嗎？」「沒有，」他回答：「那太花時間了。」後來我們冒著不敬的風險提醒他，重要的不是開始推行的時間，而是成功的時間。

簡單來說，科層體制的變革模式，和科層體制的領導力模式一樣，不再發揮應有的作用。根據麥肯錫、波士頓顧問集團與貝恩策略顧問公司（Bain & Company）的獨立研究，所有的變革計畫有 75%不會達成目標。這不太意外。如今，組織比以往面臨更劇烈、艱鉅的挑戰。但是「變革管理」就像「蘇格蘭料理」與「男性的髮髻」依樣相互矛盾。徹底、系統性的變革不可能出自由上而下的設計與部署，除非它先發制人、調理細膩又得到熱切的接納。就連由思想先進的執行長（例如揚．瓦蘭德與張瑞敏）所領導的組織，在精心研擬新的管理模式時，都更像是在「發現與測試」，而非「策畫與實施」。

要把科層體制中對感知與回應的落差縮到最小，必須把改革的責任下放給廣泛的聯合組織。就像海倫．畢文與她的夥伴一般，每一個人得把自己視為潛在的變革領導人。面對新的諸多挑戰，人人都得挺身而出，採取行動，而不是空等高階主管的優先處理項目終於趕上現實的發展。

高階主管必須接受系統性變革的複雜程度，同時忍住衝動，不要詳細研擬強制性很高的變革計畫。要給組織基因換上新電線的問題需要重新分類，並且授權小團隊針對個別的構成要素著手。這是亞馬遜軟體開發團隊使用的方式，效果顯著。

近 20 年前，亞馬遜日益焦慮組織是否有能力超越競爭對手，這促使他們把 IT 組織拆分成上百個微服務（microservice）

團隊。拆分之前，公司內不規則蔓生的電子商務業務軟體，都屬於一個單一又龐大的程式碼資料庫，需要數百名資深工程師來整合公司擴張的研發團隊所生產的程式。如你所料，衝突遍地開花，延期狀況頻繁發生，每一次重大更新都是艱鉅的任務。體認到這個做法無法進行規模化後，亞馬遜把研發工作分配給大量的小型團隊，每一支團隊負責單一項網站元素，像是「購買」鍵。從此，軟體的組成元素將透過大家所知道的「應用程式介面」（APIs）這種標準化的互聯工具來進行整合。這些決策解放了團隊，讓他們可以用自己的步調工作，並且大幅降低管理上的協調需求。如今，亞馬遜的首頁是由數百支團隊各自組合而成。這種模式的成功，促使大量企業仿效亞馬遜，包括網路的中堅分子 Netflix 與 Uber（根據報導，後者有 1,300 支微服務團隊）。[5]

我們的經驗顯示，以分散、小單位的方式來打造人本體制，一樣行得通。我們很容易想像一間大型組織支持數十個並行的管理實驗，就像前幾章描繪的狀況。這是打垮科層體制的方法，不是透過一次在全公司進行的重組，而是經由許許多多的駭客任務去改變。

把變革的責任分散出去，也是贏得誠心承諾的祕訣。高階主管經常說需要員工的贊同，這通常被視為一種溝通的運用。就像波士頓顧問集團一份與變革相關的報告上說：「所有參與者，無論職位或階層，都需要確實理解計畫的合理性與意圖，不管是在驅動組織策略上的角色，或是他們在計畫內的角色與責任上。」[6] 說得好！但是，知道不等於承諾。真心同意與上令下行有別，必須出自參與，而非受到勸服。要欣然接納變革，員工需要幫忙創造它。

要領導人把重大變革的新方案轉交給「群眾」可能有點讓人緊張，但這往往是壓制科層體制捍衛者的唯一方法。一位孤零零的執行長不可能有足夠的時間，獨力勸誘數十個或數百個位高權重的科層體制官僚人員放棄他們的特權，這一點問教宗方濟各（Pope Francis）就知道了。

2013 年 9 月，方濟各就任教宗剛滿六個月時，在一場採訪中譴責他在教會裡看見的傲慢與孤立保守的影響：「教會的首腦經常是自戀者，被他們的弄臣諂媚與取悅。教廷是歷代教宗的痲瘋病。這種以梵蒂岡為中心的眼界，漠視周遭的世界，而我會盡所能改變這一點。」他指責教會「沉迷」於「心胸狹隘的規定」，並警告教會必須改變，否則「會像紙牌屋一樣墮落」。他呼籲教會高階神職人員協助建立一個「不光是由上而下，還要橫向發展的組織」。[7] 從那之後，（在處理性虐待、實施財政責任與簡化中央架構等問題上）的進展一直都很緩慢，緩慢到沒有存在感。2018 年時，教宗方濟各談到，教會的改革就像「拿牙刷清潔埃及的獅身人面像」。[8] 看來即便沒有過失，也得對科層體制屈服。

儘管改變一個有兩千年歷史的組織是特別痛苦的挑戰，我們還是遇見數十位執行長，面臨與教宗相同的挫折感。他們渴望徹底轉變，卻眼睜睜看著科層體制的流沙吞噬他們所計畫的革新。老練的科層體制管僚人員對於會令他們不好過的新方案，有幾百種拖延、閹割或扯後腿的辦法，表面上卻假裝支持。改革派的執行長，需要的是更多拿牙刷的人。

這就是開放平台的力量，它能激發出一個支持改革的聯盟，夠大、夠廣泛到足以反擊那些害怕權力重新分配因而扯你後腿的人。當改革成為公開擬定的目標，並且受到上百、上千人認可時，區區幾個高階主管想要大肆攻擊，就不容易了。

不過，不是每一個問題都需要這種變革的流程。如果你的組織在整合線上與線下的分配系統上很落後，你就不需要全公司的駭客松。除了駭客松以外，還有許多已經驗證過的方法能讓一切有效結合。但是，當你嘗試首創先例，當你嘗試改變某個既複雜又會牽一髮動全身的事物，當你進行的是 DNA 層面的變革，或是當你挑戰的是盤根錯節的利益時，你就會需要下列流程的幫助：

- 對所有人開放。
- 以新的工作原則為依據。
- 明確表現出激進態度。
- 具備高度生產力。
- 同儕監督。

- 實驗性質。
- 無法逃避。

未來幾年，最有效的變革成果將會由社群構成。他們會迫使敵人退到中央，而不是把敵人趕出去，此後，公司裡不會再出現「瀑布式」（cascade）* 這個詞了。

最後幾句話

讓我們回到最初的假定。在世界各地，都有組織因為科層體制而喪失能力，科層體制是慣性的、累進的，並且不以人性為主要考量。這不光是執行長的問題，而是我們所有人的問題。

沉重、僵化的機構濫用社會資源，降低了生產力。他們浪費想像力，抑制自發性，把未來搞得更糟。

高階主管絕望的想要透過孤注一擲的手段，抵銷科層體制讓人變遲鈍的影響。他們大砍投資以榨取短期收益，實施庫藏股來讓股價膨脹，以及收購競爭對手來提升市場力量與政治影響力。但是沒有一種做法對投資人、顧客或公民有好處。然而，付出代價的人，卻是科層體制裡數以百萬計的員工：社會

* 譯注：指的是如瀑布般由上而下傾瀉。

分級的制度剝奪他們獲得新技能、發揮獨創性與擴大影響力的機會。由於他們被剝奪了動力與有利的條件，自然沒有太多機會在工作上提升情感與財務上的回報。

我們能夠做得更好，也必須這麼做。藉由擁抱人本主義的工作原則與實務，我們可以打造出有適應力又有創意的組織，並且與這些充滿熱情的人一起工作。這麼做可以讓我們把科層體制的無能趕出經濟體。它將釋放大量被壓抑的創新；它會賦予每一個組織超越變革的能力，並且在一個看起來完全不會產生科層體制的世界裡獲得成功；以及讓每一位工作者有蓬勃發展的機會。

「解放人類心靈」正是人本體制的承諾，有了膽量與決心，你就能為自己、你的團隊，以及你的組織宣告這項承諾。就像每一個英雄的追尋故事，旅程會崎嶇難行，但終將實現個人抱負。它會測試你，卻也會滋養你的靈魂。因此，如果你渴望為一個對人人加以栽培、循循善誘、讓每個人能做最好的自己的組織工作，現在該是時候放下本書、穿上你的靴子了。

附錄A

科層體制質量指數調查

1. 你的組織共有幾個管理階層？（請從第一線員工計算到執行長、總裁或董事、總經理。）

__ 三個以下：0 分

__ 四個：2.5 分

__ 五個：5 分

__ 六個：7.5 分

__ 七個以上：10 分

2. 你花在「科層體制例行工作」的時間比例有多少？（例如準備報告、得到批示、遵守員工守則與參與檢討會議。）

__ 幾乎沒有：0 分

__ 低於 10%：2.5 分

__ 10 ～ 20%：5 分

__ 20 ～ 30%：7.5 分

30%以上：10 分

3. 科層體制拖延組織決策與行動的程度為何？

__ 幾乎沒有：0 分

__ 輕微：2.5 分

__ 有點嚴重：7.5 分

__ 相當嚴重：10 分

4. 你跟主管或其他領導人的互動，有多大程度是聚焦於內部議題？（例如解決紛爭、確保資源、拿到批准。）

__ 幾乎沒有：0 分

__ 低於 10%：2.5 分

__ 10 ～ 20%：5 分

__ 20 ～ 30%：7.5 分

__ 30%以上：10 分

5. 第一線團隊有多少自主權可以自行安排工作、解決問題與測試新構想？

__ 完全自治：0 分

__ 相當充裕：2.5 分

__ 不多不少：5 分

__ 很少：7.5 分

__ 沒有自治權：10 分

6. 第一線團隊成員有多頻繁參與變革計畫的設計與開發？

__ 總是參與：0 分

__ 經常參與：2.5 分

__ 偶爾參與：7.5 分

__ 從未參與：10 分

7. 在你的組織裡，人們對於不按牌理出牌的構想有什麼反應？

__ 熱烈：0 分

__ 感興趣：2.5 分

__ 漠不關心：5 分

__ 質疑：7.5 分

__ 抵抗：10 分

8. 一般而言，員工要發起一項新專案，並組成一支小團隊、獲得一小筆種子資金，會有多容易？

__ 很容易。我們有開放給所有人的完善方法（例如內部的群眾募資網站）。（0 分）

__ 不容易。儘管能夠實現，但需要對的人脈以及很多勇氣。（5 分）

__ 非常困難。得拚命努力，還得拿到很多簽名批准。（10分）

9. 在你的組織中，政治手段有多常見？

__ 沒看到過：0 分

__ 偶爾看到：5 分

__ 經常看見：10 分

10.在你的組織裡，以政治手腕升遷，而非靠能力升遷的情況有多常發生？

__ 未曾：0 分

__ 很少：2.5 分

__ 偶爾：5 分

__ 經常：7.5 分

__ 幾乎總是：10 分

附錄 B

科層體制階層的估算方法

勞動力與職業混合的估算法

美國勞工統計局（BLS）透過人口動態調查（CPS）與職業類別受雇調查（OES）蒐集詳盡的職業就業數據。人口動態調查是經濟分析裡最廣為使用的數據資料，它是官方統計數據的基礎（例如失業率），並支援大部分勞動力趨勢的研究。人口動態調查是以受訪者自行提報的方式、每個月進行一次的問卷調查。職業類別受雇調查的數據，則是從針對組織進行的年度調查收集而來，不包括非企業的自雇工作者、農業工作者與家事工作者。

我們以 2018 年人口動態調查所評估的 1 億 4,600 萬名美國整體勞工數據為基礎，排除自雇者（共計 1,600 萬名勞工）。主管與行政人員的數字，則是同時使用人口動態調查與職業類別受雇調查的數據來估算。具體而言，我們先分別計算人口動態調查與職業類別受雇調查中，各個相關職業類別占總受雇人數的百分比，將兩份調查的占比數據平分後，套用於整體 1 億

4,600 萬人的勞動力。

我們使用兩項調查混合數據有兩個原因。首先，這兩份調查中主管與行政人員的職業組合明顯不同：在人口動態調查的數據中，主管與行政人員占整體勞動力 22%；而在職業類別受雇調查的數據裡，占比僅有 15%。第二，對於哪一份調查更適合拿來分析勞動力的成分，研究勞動經濟學的學者並沒有共識（就算有，也只是人口動態調查在使用上較為廣泛），所以我們不願優先採用這兩項調查的任何一項。

由於人口動態調查是基於自行提報的數據，所以管理階層可能會受到「職位膨風」的影響。然而，很難估算這個因素對數字產生偏誤的影響程度。

反之，有許多理由可以認定，職業類別受雇調查所評估的主管與行政人員數據，本質上是趨於保守的。負責提供職業數據的高階主管，可能會對組織內管理階層的數量有所保留，例如沒把「團隊領導人」算進管理階層的一部分。我們在科層體制質量指數調查中，看見一些證據都可以指出這種偏移的狀況。在我們的調查中，相較於職位較低的受訪者，高階主管往往會少報他們所屬組織的管理階層數量（在核實受訪者的組織規模時，這種情形會持續存在）。此外，職業類別受雇調查的結果，也與美國勞工統計局針對民營機構的另一份調查「當期就業調查」（CES）不同。當期就業調查每個月都會對具有代表性的樣本機構進行調查，要求機構表明相對於整體受雇人數，管理階層有多少員工，或是有多少人的主要職責是監督。最新的當期就業調查所估算出來的主管與監督人員，在總雇用員工數中的占比，與人口動態調查比較接近。

行政職的估算方式

在此，我們的目標是將非管理職、但身在行政支援部門裡的員工數量量化。我們的估算是以美國勞工統計局所描述的「商業與金融職業」裡的職業類別為依據。這一大類的部分職業，包括會計師與稽核員、法遵高階職員、人力資源工作者、管理分析師、採購代理商，以及培訓與發展專家。我們在評估的數據裡排除了一些我們認為工作內容不太可能以行政為主的職業，例如理算師、保險承銷人員，以及私人理財顧問。我們也沒有納入 IT 支援的相關職業，因為無法區分 IT 專業人員中誰負責帶領團隊、誰負責支援。由於排除掉 IT 相關職業，我們估算的數字很可能低於實際的行政人員總數。

主管與行政人員的薪酬估算方式

我們把平均年薪（數據來自當期就業調查）乘以各種職業類別的人數，以此估算每一種職業類別（主管、督導人員、行政人員與其他員工）的薪酬。結果計算出 1 億 4,600 萬名員工的勞動力，共產出 7 兆 9,000 億美元的收入，這跟美國勞工統計局估算的整體員工薪資為 8 億 4,000 萬美元一致（數據取自 2018 年每季的雇員與薪資普查）。為了估算整體薪酬，我們把薪資增加了 33%，以反映美國勞工統計局所估算的統計數據（出自全國勞動報酬調查）。這讓員工總報酬金額變成 10 兆 6,000 億美元，跟美國經濟分析局（Bureau of Economic Analysis）所估算的 10 兆 9,000 億美元的員工總薪酬一致。但我們懷疑數字被低估了，因為潛在的薪資數據，沒有包含組織提供高階管理階層特別有利可圖的薪酬形式，例如分紅制度，以及公司所補貼的股票選擇權。

注釋

前言　打造適合人、適合未來的組織

1. Gustavo Grullon, Yelena Larkin, and Roni Michaely, "Are US Industries Becoming More Concentrated?," April 2017, *Review of Finance* 23, no. 4 (2019): 697–743, doi:10.1093/rof/rfz007.
2. Bruce A. Blonigen and Justin R. Pierce, "Evidence for the Effects of Mergers on Market Power and Efficiency," National Bureau of Economic Research Working Paper No. 22750, October 2016, http://www.nber.org/papers/w22750.pdf.
3. 關於美國數據的最新分析資料來自Jan De Loecker, Jan Eeckhout, and Gabriel Unger, "The Rise of Market Power and the Macroeconomic Implications," working paper, November 2019, http://www.janeeckhout.com/wp-content/uploads/RMP.pdf. 全球的數據請見De Loecker and Eeckhout, "Global Market Power," National Bureau of Economic Research Working Paper 24768, 2018, https://www.nber.org/papers/w24768.
4. James E. Bessen, "Accounting for Rising Corporate Profits: Intangibles or Regulatory Rents?," Boston University School of Law, Law and Economics Research Paper No. 16-18, November 9, 2016, https://papers.ssrn.com/sol3/papers.cfm?abstractid=2778641.
5. Council of Economic Advisers, *Benefits of Competition and Indicators of Market Power,* Issue Brief, April 2016.

6. Eric Posner and Glen Weyl, "The Real Villain Behind Our Gilded Age," *New York Times,* May 1, 2018, https://www.nytimes.com/2018/05/01/opinion/monopoly-power-new-gilded-age.html.
7. Joe Weisenthal, "Goldman Sachs Forced to Fundamentally Question How Capitalism Is Working," *Sydney Morning Herald*, February 4, 2016, https://www.smh.com.au/business/goldman-sachs-forced-to-fundamentally-question-how-capitalism-is-working-20160204-gmljq0.html.
8. Jay Shambaugh et al., "Thirteen Facts about Wage Growth," Brookings, September 25, 2017, https://www.brookings.edu/research/thirteen-facts-about-wage-growth/.
9. Max Muro, Robert Maxin, and Jacob Whiton, *Automation and Artificial Intelligence*, Brookings Policy Program, January 2019, https://www.brookings.edu/wp-content/uploads/2019/01/2019.01_BrookingsMetro_Automation-AI_Report_Muro-Maxim-Whiton-FINAL-version.pdf.
10. Ljubica Nedelkoska and Glenda Quintini, "Automation, Skills Use and Training," *OECD Social, Employment and Migration* Working Paper No. 202, 2018, https://doi.org/10.1787/2e2f4eea-en; Claire Cain Miller, "A Darker Theme in Obama's Farewell: Automation Can Divide Us," New York Times, January 12, 2017, https://www.nytimes.com/2017/01/12/upshot/in-obamas-farewell-a-warning-on-automations-perils.html; Elon Musk, remarks at the National Governors Association 2017 summer meeting, July 17, 2017.
11. Martha Ross and Nicole Bateman, "Meet the Low-Wage Workforce," Brookings, November 7, 2019, https://www.brookings.edu/research/meet-the-low-wage-workforce/ 這份研究中定義的勞動力數字會比一般數字略低，因為它排除了某些學生、自雇者與一些有疑慮的數據。關於已發展經濟體的低薪趨勢，請見*OECD Employment Outlook 2019: The Future of Work*, https://doi.org/10.1787/9ee00155-en。
12. Carl Frey and Michael Osborne, "The Future of Employment: How Susceptible

Are Jobs to Computerisation," *Technological Forecasting and Social Change* 114 (2017): 254–280.

13. 根據作者對2019年11月的蓋洛普傑出工作實地調查（Gallup Great Jobs Demonstration Survey）做的分析。排除自雇者、契約工與非管理職的雇員（儘管回答為管理職的員工略高一點）。數據是根據蓋洛普建議的人口權重加權計算而成。

第1章 擁抱人性

1. Eric J. Chaisson, *Cosmic Evolution* (Cambridge, MA: Harvard University Press, 2001).
2. "Cisco Visual Networking Index: Forecast and Trends, 2017–2022," white paper, February 27, 2019, https://www.cisco.com/c/en/us/solutions/collateral/service-provider/visual-networking-index-vni/white-paper-c11-741490.html.
3. James Vincent, "Tesla's New AI Chip Isn't a Silver Bullet for Self-Driving Cars," *The Verge*, April 24, 2019, https://www.theverge.com/2019/4/24/18514308/tesla-full-self-driving-computer-chip-autonomy-day-specs.
4. 較低的預估數字來自英特爾，請見https://www.intel.com/content/dam/www/public/us/en/images/iot/guide-to-iot-infographic.png；較高的預估數字來自普林斯頓大學文森．珀爾（Vincent Poor），請見https://www.nsf.gov/awardsearch /showAward?AWD_ID=1702808&HistoricalAwards =false。
5. "Cord-Never and Cord-Cutter Households, 2019–2023," eMarketer report, July 2019.
6. Aaron Pressman, "For the First Time, More Americans Pay for Internet Video Than Cable or Satellite TV," *Fortune*, March 19, 2019, http://fortune.com/2019/03/19/cord-cutting-record-netflix-deloitte/.
7. "GM Share Finally on the Upswing," Automotive News, November 27, 2017, http://www.autonews.com/article/20171127/OEM/171129852/gm-share-up-

final-assembly。2018年至2019年的市占率表現是以通用汽車公司的美國市場市占率數字為比較基礎，請參見：*Statista*, February 2020, https://www.statista.com/statistics/239607/vehicle-sales-market-share-of-general-motors-in-the-united-states/。

8. Andrew J. Hawkins, "GM Will Release at Least 20 All-Electric Cars by 2023," *The Verge*, October 2, 2017, https://www.theverge.com/2017/10/2/16400900/gm-electric-car-hydrogen-fuel-cell-2023.
9. "The Arts and Crafts Consumer-U. S.," Mintel Research, January 2016, https://store.mintel.com/the-arts-and-crafts-consumer-us-january-2016.
10. Gallup, "State of the Global Workforce," 2017.
11. Jim Harter and Amy Adkins, "Employees Want a Lot More from Their Managers, "Gallup.com, April 8, 2015, https://www.gallup.com/workplace/236570/employees-lot-managers.aspx.
12. Amy Adkins, "Only 35 % of U.S. Managers Are Engaged in Their Jobs," Gallup.com, April 2, 2015, http://news.gallup.com/businessjournal/182228/managers-engaged-jobs.aspx.
13. Max Weber, in *Economy and Society*, ed. G. Roth and C. Wittich (Berkeley: University of California Press, 1978), 975.
14. Max Weber, *Weber, Theory of Social and Economic Organization, The Theory of Social and Economic Organization*, trans. A. M. Henderson and Talcott Parsons (New York: Free Press of Glencoe, 1947), 337.

第2章 科層組織的罪狀

1. 關於Atlas組織模式的更多詳情，請參見Max Boisot et al., eds., *Collisions and Collaboration: The Organization of Learning in the ATLAS Experiment at the LHC* (Oxford, UK: Oxford University Press, 2011)。
2. Fred Vogelstein, "Search and Destry," *Fortune*, May 2, 2005, http://archive.

fortune.com/magazines/fortune/fortune_archive/2005/05/02/8258478/index.htm.

3. Austin Carr and Dina Bass, "The Most Valuable Company (for Now) Is Having a Nadellaissance," *Bloomberg Businessweek*, May 2, 2019, https://www.bloomberg.com/news/features/2019-05-02/satya-nadella-remade-microsoft-as-world-s-most-valuable-company.
4. Connie Loizos, "Bill Gates on Making One of the Greatest Mistakes of All Time," Techcrunch, June 22, 2019, https://techcrunch.com/2019/06/22/bill-gates-on-making-one-of-the-greatest-mistakes-of-all-time/.
5. Jason D. Schloetzer, Matteo Tonello, and Gary Larkin, *CEO Succession Practices: 2018 Edition*, Conference Board, October 2018.
6. Lawrence Mishel and Julia Wolfe, *CEO Compensation Has Grown 940□ Since 1978*, Economic Policy Institute Report, August 14, 2019, https://www.epi.org/publication/ceo-compensation-2018/.
7. 舉例來說，請見Ria Marshall and Linda-Eling Lee, "Are CEOs Paid for Performance?," MSCI Research, July 2016; and Weijia Li and Steven Young, "An Analysis of CEO Pay Arrangements and Value Creation for FTSE-350 Companies," UK CFA Society, December 2016.
8. Andrew Toma et al., "Flipping the Odds for Successful Reorganization," Boston Consulting Group, April 2012, https://www.bcg.com/en-us/publications/2012/people-organization-design-flipping-odds-successful-reorganization.aspx.
9. David Barboza, "An iPhone's Journey, from the Factory Floor to the Retail Store," *New York Times*, December 29, 2016, https://www.nytimes.com/2016/12/29/technology/iphone-china-apple-stores.html.
10. Jack Morse, "This College Student Spent His Summer Undercover in a Chinese iPhone Factory," *Mashable*, April 25, 2017, https://mashable.com/2017/04/25/iphone-factory-dejian-zeng-apple-china/.

11. 數據經過每份調查所建議的人口權重進行。歐洲樣本包括歐盟15國（即2003年向東擴張之前的歐盟成員國）的受訪者。
12. 此處引述的晨星員工談話與他們對公司的說法，都來自作者親自訪談的對話內容。
13. "Scientific Management," *The Economist*, February 9, 2009, https://www.economist.com/node/13092819.
14. Frederick Winslow Taylor, *The Principles of Scientific Management* (New York and London: Harper and Brothers, 1911), 83.
15. 出處同上，59。
16. 2018年6月與作者討論的內容。
17. Ken Blanchard and Colleen Barrett, *Lead with LUV: A Different Way to Create Real Success* (London: Pearson Education, 2011), 102–103, Kindle.
18. United Airlines, "United Express Flight 3411 Review and Action Report," April 27, 2018, https://hub.united.com/united-review-action-report-2380196105.html.
19. Bob Bryan, "UNITED CEO: 'This can never, will never happen again on a United Airlines flight,' " *Business Insider*, April 12, 2017, http://www.businessinsider.com/united-airlines-ceo-oscar-munoz-apology-david-dao-good-morning-america-2017-4.

第3章　計算代價

1. Art Kleiner, *The Age of Heretics: A History of the Radical Thinkers Who Reinvented Corporate Management* (San Francisco: Jossey-Bass, 2008), 199, Kindle.
2. "Topeka Pride," The Modern Times Workplace, http://www.moderntimesworkplace.com/DVDCollection/Whole/TopekaPride.pdf.
3. David Olsen and Richard Parker, "Lessons of Dogfood Democracy," *Mother*

Jones, June 1977, 19–20.

4. Brett Frischmann and Evan Selinger, "Robots Have Already Taken over Our Work, but They're Made of Flesh and Bone," *The Guardian*, September 25, 2017, https://www.theguardian.com/commentisfree/2017/sep/25/robots-taken-over-work-jobs-economy.
5. Mike Swift, "Five Silicon Valley Companies Fought Release of Employment Data, and Won," San Jose *Mercury News*, February 11, 2010, https://www.mercurynews.com/2010/02/11/five-silicon-valley-companies-fought-release-of-employment-data-and-won/.
6. "Google's Diversity Record Shows Women and Minorities Left Behind," PBS *News Hour*, May 28, 2014, https://www.pbs.org/newshour/show/google-report-shows-women-and-minorities-left-behind.
7. "Getting to Work on Diversity at Google," *Google Blog*, May 28, 2014, https://googleblog.blogspot.com/2014/05/getting-to-work-on-diversity-at-google.html.
8. 人資預算占整體營運成本比例的數據，請見Bloomberg, *HR Department Benchmark and Analysis*, 2017；人資戰略角色的高階主管調查，請見John Boudreau and Ed Lawler, *Strategic Role of HR,* Center for Effective Organization Publication G14-12, December 2014。
9. 舉例來說，請見Michael Mankins and Richard Steele, "Stop Making Plans; Start Making Decisions," *Harvard Business Review*, January 2006; and Peter Young, "Finance: 2 Reasons Why Managers Hate Budgeting (and What to Do about It)," *Corporate Executive Board Blog*, August 28, 2014, https://web.archive.org/web/20170725175327/https://www.cebglobal.com/blogs/finance-2-reasons-managers-hate-budgeting-and-what-to-do-about-it/.
10. 有大量來自不同國家與部門的研究顯示，採用後科層體制的管理實務（例如讓團隊自我管理、根據單位獲利的薪酬制度、商業與技術的技能升級，以及資訊公開透明等），不只更加有效、也更有生產力。對於現有文獻的更多評論，請參見：Casey Ichniowski and Kathryn Shaw, "Beyond Incentive Pay: Insiders' Estimates of the Value of Complementary Human Resource Management Practices," Journal of Economic Perspectives 17, no. 1 (Winter 2003): 155–180；也請見 Jeffrey Pfeffer, "Human Resources from an Organizational Behavior Perspective: Some Paradoxes Explained," Journal of Economic Perspectives 21, no. 4 (Fall 2007): 115–134。

11. Bureau of Labor Statistics, "Productivity Change in the Nonfarm Business Sector, 1947–2018," March 8, 2019, https://www.bls.gov/lpc/prodybar.htm.
12. Robert J. Gordon, *The Rise and Fall of American Growth: The U.S. Standard of Living Since the Civil War* (Princeton, NJ: Princeton University Press, 2017), 462–463.
13. *OECD Compendium of Productivity Indicators 2017* (Paris: OECD Publishing, 2017), 42.
14. "Fixing the Foundations: Creating a More Prosperous Nation," UK Treasury, July 2015, https://www.gov.uk/government/uploads/system/uploads/attachmentdata/file/443897/Productivity_Plan_print.pdf.
15. 最接近的類似情況可能是數位技術的應用，包括自動化、移動裝置與數據分析，麥肯錫認為，在2015至2025年的時間框架裡，應該會產生1.2％的生產力成長。請參見：McKinsey Global Institute, "Solving the Productivity Puzzle: The Role of Demand and Promise of Digitization," February 2018。
16. Matthew Herper, "Merck R&D Head Bets Slashing Bureaucracy Will Unlock Innovation," *Forbes*, September 19, 2013, http://www.forbes.com/sites/matthewherper/2013/09/19/merck-rd-head-bets-slashing-bureaucracy-will-unlock-innovation/#2715e4857a0b7cb632911c8a.
17. "Working, Labor, Economy," Studs Terkel Radio Archive, https://studsterkel.wfmt.com/categories/labor.

第4章 紐克鋼鐵：打造人，而不是打造產品

1. 鋼爐的動力通常來自天然氣，透過超高溫的爐子對生鐵強制施加氧氣。迷你鋼鐵廠改用電弧爐，以電為主要動力來源。由巨型電極在鋼爐中產生電弧，溫度可達攝氏三千度。
2. World Steel Association, Nucor Company Filings.
3. Industry employment data from Bureau of Labor Statistics (Primary Metals); company filings.
4. Kenneth Iverson, *Plain Talk: Lessons from a Business Maverick* (Hoboken, NJ: Wiley, 1997), 91.
5. 除非特別提及的狀況，書中引述紐克鋼鐵員工的談話與對公司的說明，都出自兩位作者的親自訪談對話內容。
6. Ernst & Young, "Global Generations 3.0: A Global Study on Trust in the Workplace," 2017.
7. 產業的就業率資料來自美國勞工統計局（Bureau of Labor Statistics）原生金屬產業的數據。
8. Iverson, *Plain Talk*.
9. "The Working Man's Evangelist," Metals Service Center Institute, January 1, 2006.

第5章 海爾公司：人人都是創業家

1. 第5章的內容幾乎都來自作者親自訪談，以及海爾公司所提供的內部文件。
2. 根據作者對海爾公司、其他中國競爭企業以及全球家電製造商所公布的財務數據進行的分析。

第7章 業主精神的力量

1. Arthur Cole, *Business Enterprise in Its Social Setting* (Cambridge, MA: Harvard University Press, 1959), 28.
2. Edmund S. Phelps, *Mass Flourishing: How Grassroots Innovation Created Jobs, Challenge, and Change* (Princeton, NJ: Princeton University Press, 2014).
3. 出處同上，270。
4. 出處同上，241–242。
5. Arthur Cole, "An Approach to the Study of Entrepreneurship," *Journal of Economic History* 6, Supplement (1946), reprinted in Frederick C. Lane and Jelle C. Riemersma, eds., *Enterprises and Secular Change: Readings in Economic History* (Homewood, IL: Richard D. Irwin, 1953), 183–184.
6. Chris Hughes, "It's Time to Break Up Facebook," *New York Times*, May 9, 2019, https://www.nytimes.com/2019/05/09/opinion/sunday/chris-hughes-facebook-zuckerberg.html.
7. Henry Hansman, "Ownership of the Firm," *Journal of Law, Economics, and Organization* 4, no. 2 (Fall 1988): 269.
8. "Expectations vs. Reality: What's It Really Like to Go It Alone?," Vista Print Research Report, January 15, 2018, http://news.vistaprint.com/expectations-vs-reality.
9. Joseph Blasi, Richard Freeman, and Douglas Kruse, "Do Broad-Based Employee Ownership, Profit Sharing and Stock Options Help the Best Firms Do Even Better?," *British Journal of Industrial Relations* 54, no. 1 (March 2016): 55–82.
10. Dirk von Dierendonck and Inge Nuijten, "The Servant Leadership Survey: Development and Validation of a Multidimensional Measure," *Journal of Business and Psychology* 26, no. 3 (September 2011): 249–267.
11. Blasi et al., "Do Broad-Based Employee Ownership, Profit Sharing and Stock

Options Help the Best Firms Do Even Better?"
12. 出處同上。
13. "Employer Costs for Employee Compensation: Historical Listing," Bureau of Labor Statistics, March 2004–September 2019, https://www.bls.gov/web/ecec/ececqrtn.pdf.
14. 估算值來自作者針對2015年歐洲與美國的職場環境調查的分析。歐洲樣本包括歐盟15國（即2003年向東擴張之前的歐盟成員國）的受訪者。
15. Dominic Barton, Dennis Carey, and Ram Charan, "An Agenda for the Talent-First CEO," *McKinsey Quarterly*, March 2018, https://www.mckinsey.com/business-functions/organization/our-insights/an-agenda-for-the-talent-first-ceo.
16. Richard Milne, "Handelsbanken Is Intent on Getting Banking Back to the Future," *Financial Times*, March 19, 2015, https://www.ft.com/content/85640c38-ad2a-11e4-a5c1-00144feab7de.
17. David W. Smith, "Handelsbanken: A Different Kind of Bank," Salt, May 28, 2014, https://www.wearesalt.org/the-swedish-bank-that-is-not-all-money-money-money/.
18. Xavier Huillard, "Expanding without Getting Fat: Managing the Vinci Group," L'École de Paris, Business Life Seminar, January 6, 2017. All the quotes from Xavier Huillard used in this chapter are drawn from this source.
19. Roy Jacques, *Manufacturing the Employee* (London: Sage, 1966), 40.

第8章　市場的力量

1. Margit Molnar and Jiangyuan Lu, *State-Owned Firms Behind China's* Debt (Paris: OECD, 2019).
2. Nicholas Lardy, *The State Strikes Back: The End of Economic Reform in China?* (Washington, DC: Peterson Institute for International Economics, 2019).

3. Alexis C. Madrigal, "Paul Otellini's Intel: Can the Company That Built the Future Survive It?," *Atlantic*, May 16, 2013, https://www.theatlantic.com/technology/archive/2013/05/paul-otellinis-intel-can-the-company-that-built-the-future-survive-it/275825/.
4. Benjamin J. Gillen, Charles R. Plott, and Matthew Shum, "A Pari-mutuel- like Mechanism for Information Aggregation: A Field Test Inside Intel," California Institute of Technology, working paper, November 8, 2015, http://www.its.caltech.edu/~mshum /papers/IAMField.pdf.
5. Adam Mann, "The Power of Prediction Markets," *Nature*, October 18, 2016, https://www.nature.com/news/the-power-of-prediction-markets-1.20820.
6. Joyce Berg, Forrest Nelson, and Thomas Rietz, "Prediction Accuracy in the Long Run," *International Journal of Forecasting* 24, no. 2 (April-June 2008): 285–300.
7. Justin Wolfers and Eric Zitzewitz, "Prediction Markets," *Journal of Economic Perspectives* 18, no. 2 (Spring 2004): 107–126.
8. Shelley Dubois, "Cisco's New Umi: The Answer to a Question Nobody Asked," *Fortune*, October 8, 2010, http://fortune.com/2010/10/08/ciscos-new-umi-the-answer-to-a-question-nobody-asked/.
9. 資源分配相關研究的一份傑出評論，請見：John Busenbark et al., "A Review of the Internal Capital Allocation Literature: Piecing Together the Capital Allocation Puzzle," *Journal of Management* 43, no. 8 (November 2017): 2430–2455。
10. Gary Hamel, "Bringing Silicon Valley Inside," *Harvard Business Review*, September–October 1991, 71–84.
11. David Bardolet, Alex Brown, and Dan Lovallo, "The Effects of Relative Size, Profitability and Growth on Corporate Capital Allocations," J*ournal of Management* 43, no. 8 (November 2017): 2469–2496.
12. Matthias Arrfelt, Robert Wiseman, and G. Tomas Hult, "Looking Backward

Instead of Forward: Aspiration-Driven Influences on the Efficiency of the Capital Allocation Process," *Academy of Management Journal* 56, no. 4 (2013): 1081–1103.

13. Hyun-Han Shin and Rene M. Stulz, "Are Internal Capital Markets Efficient?" *Quarterly Journal of Economics* 133 (1998): 531–552.
14. Markus Glaser, Florencio Lopez-De-Silanes, and Zacharias Sautner, "Opening the Black Box: Internal Capital Markets and Managerial Power," *Journal of Finance* 68, no. 4 (August 2013): 1577–1631.
15. James Ang, Abe DeJong, and Marieke van der Poel, "Does CEOs' Familiarity with Business Segments Affect Their Divestment Decisions?," *Journal of Corporate Finance* 29 (December 2014): 58–74.
16. Julie Wulf, "Influence and Inefficiency in the Internal Capital Market," *Journal of Economic Behavior and Organization* 72, no. 1 (2009): 305–321.
17. David Bardolet, Craig Fox, and Dan Lovallo, "Corporate Capital Allocation: A Behavioral Perspective," *Strategic Management Journal* 32, no. 13 (December 2011): 1454–1483.
18. Stephen Hall, Dan Lovallo, and Reinier Musters, "How to Put Your Money Where Your Strategy Is," *McKinsey Quarterly*, March 2012.
19. Pitchbook/NVCA Venture Monitor, Q4, 2019.
20. Anne Fisher, "How IBM Bypasses Bureaucratic Purgatory," *Fortune*, December 5, 2013, http://fortune.com/2013/12/04/how-ibm-bypasses-bureaucratic-purgatory/.
21. 出處同上。
22. *IfundIT CookBook*, IBM Report, https://ifunditcookbook.mybluemix.net/what.html.
23. Phil Wahba, "Gillette Is Introducing Cheaper Blades to Fend Off Dollar Shave Club and Harry's," *Fortune*, November 29, 2017, http://fortune.com/2017/11/29/gillette-blades-dollar-shave-club-harrys/.

24. Peter Cappelli, "Why We Love to Hate HR and What HR Can Do About It," *Harvard Business Review*, July-August 2015, 54–61; and Ram Charan, Dominic Barton, and Dennis Carey, "People Before Strategy: A New Role for the CHRO," *Harvard Business Review*, July-August 2015, 62–71.

第9章　任人唯才的力量

1. Peter Coy, "The Future of Work," *Business Week*, August 20, 2000, 41–46.
2. P. A. Mabe III and S. G. West, "Validity of Self-Evaluation of Ability: A Review and Meta Analysis," *Journal of Applied Psychology* 67 (1982): 280–286.
3. Cameron Anderson et al., "A Status-Enhancement Account of Overconfidence," *Journal of Personality and Social Psychology* 103, no. 4 (2012): 718–735.
4. Geoff Colvin, "What the Hell Happened to GE?," *Fortune*, June 1, 2018.
5. Marcus Buckingham, "Most HR Data Is Bad Data," *Harvard Business Review*, February 9, 2015, https://hbr.org/2015/02/most-hr-data-is-bad-data.
6. Neha Mahajan and Karen Wynn, "Origins of 'Us' versus 'Them': Prelinguistic Infants Prefer Similar Others," *Cognition* 124 (2012): 227–233.
7. Emily Chang, *Brotopia: Breaking Up the Boys Club of Silicon Valley* (New York: Portfolio/Penguin, 2018).
8. Joe Nocera, "Silicon Valley's Mirror Effect," *New York Times*, December 26, 2014, https://www.nytimes.com/2014/12/27/opinion/joe-nocera-silicon-valleys-mirror-effect.html.
9. F. David Schoorman, "Escalation Bias in Performance Appraisals: An Unintended Consequence of Supervisor Participation in Hiring Decisions," *Journal of Applied Psychology* 73, no. 1 (1988): 58–62.
10. Kathryn Tyler, "Undeserved Promotions," *HR Magazine* 57, no. 6 (June 2012): 79.

11. Dana Wilkie, "Is the Annual Performance Review Dead?," Society for Human Resources Management, August 19, 2015, https://www.shrm.org/resourcesandtools/hr-topics/employee-relations/pages/performance-reviews-are-dead.aspx.
12. Dacher Keltner, *The Paradox of Power: How We Gain and Lose Influence* (New York: Penguin Books, 2016)；也請見Nathanael Fast et al., "Power and Overconfidence in Decision-Making," *Organizational Behavior and Human Decision Processes* 117, no. 2 (March 2012): 249–260。
13. Laszlo Bock, Work Rules!: Insights from Inside Google That Will Transform How You Live and Lead (New York: Grand Central Publishing, 2015), 108–109, Kindle.
14. 橋水最大的基金Pure Alpha在金融危機期間的表現特別亮眼，不過近年的績效有好有壞。
15. Raymond Dalio, *Principles: Life and Work* (New York: Simon & Schuster, 2017), 36, Kindle.
16. Rob Copeland and Bradley Hope, "Schism Atop Bridgewater, the World's Largest Hedge Fund," *Wall Street Journal*, February 5, 2016, https://www.wsj.com/articles/schism-at-the-top-of-worlds-largest-hedge-fund-1454695374.
17. Dalio, *Principles: Life and Work*, 422.
18. 出處同上，371。
19. Raymond Dalio, "How to Build a Company Where the Best Ideas Win," 2017 TED Conference Presentation, https://www.ted.com/talks/ray_dalio_how_to_build_a_company_where_the_best_ideas_win/transcript?language=en#t-837607.
20. Dalio, *Principles: Life and Work*, 308.
21. Bock, *Work Rules!*, 241.
22. Nicholas Carson, "A Google Programmer 'Blew Off' a $500,000 Salary at a Startup—Because He's Already Making $3 Million Every Year," *Business*

Insider, January 10, 2014, https://www.businessinsider.com/a-google-programmer-blew-off-a-500000-salary-at-startup-because-hes-already-making-3-million-every-year-2014-1.

23. Eric Schmidt and Jonathan Rosenberg, How Google Works (New York: Grand Central Publishing, 2014), 126–127.

第10章　共同體的力量

1. 舉例來說，請見N. K. Humphrey, "The Social Function of Intellect," in *Growing Points in Ethology*, P. P. G. Bateson and R. A. Hinde, eds. (Cambridge, UK: Cambridge University Press, 1976), 303–317; and Roy F. Baumeister and E. J. Masicampo, "Conscious Thought Is for Facilitating Social and Cultural Interactions: How Mental Simulations Serve the Animal-Culture Interface," *Psychological Review* 117, no. 3 (July 2010): 945–971.
2. 請見Julianne Holt-Lunstad, Timothy B. Smith, and J. B. Layton, "Social Relationships and Mortality Risk: A Meta-Analytic Review," *PLoS Medicine* 7, no. 7 (2010): 1–20；也請見Julianne Holt-Lunstad et al., "Loneliness and Social Isolation as Risk Factors for Mortality: A Meta-Analytic Review," *Perspectives on Psychological Science* 10, no. 2 (2015): 227–237。
3. Alexis de Tocqueville, *Democracy in America*, Harvey C. Mansfield and Delba Winthrop, eds. (Chicago: University of Chicago Press, 2000).
4. 對於影響戒酒無名會成員行為不同因素的相關重要性綜合研究，請參見：John F. Kelly et al., "Determining the Relative Importance of the Mechanisms of Behavior Change within Alcoholics Anonymous: A Multiple Mediator Analysis," *Addiction* 107, no. 2 (February 2012): 289–299。
5. 舉例來說，請見Kimberly S. Walitzer, Kurt H. Dermen, and Christopher Barrick, "Facilitating Involvement in Alcoholics Anonymous During Outpatient Treatment: A Randomized Clinical Trial," *Addiction* 104, no. 3 (March 2009):

391–401, https://www.ncbi.nlm.nih.gov/pmc/articles/PMC2802221/; or Michael Gross, "Alcoholics Anonymous: Still Sober After 75 Years," American *Journal of Public Health* 100, no. 12 (December 2010): 2361–2363。
6. Gross, "Alcoholics Anonymous."
7. 這一段在約翰・卡尼亞（John Kania）與馬克・卡拉梅（Mark Kramer）的報告中有詳細說明，請參見："Collective Impact," *Stanford Social Innovation Review*, Winter 2011, 36–41, https://ssir.org/articles/entry/collectiveimpact#。
8. David Brooks, "A Really Good Thing Happening in America," *New York Times*, October 3, 2018, https://www.nytimes.com/2018/10/08/opinion/collective-impact-community-civic-architecture.html.
9. David Bornstein, "Coming Together to Give Schools a Boost," *New York Times Blogs*, March 7, 2011, https://opinionator.blogs.nytimes.com/2011/03/07/coming-together-to-give-schools-a-boost/
10. 出處同上。
11. John Kania and Mark Kramer, "Embracing Emergence: How Collective Impact Addresses Complexity," *Stanford Social Innovation Review*, January 21, 2013, https://ssir.org/articles/entry/social_progress_through_collective_impact.
12. 根據美國運輸統計局（US Bureau of Transportation Statistics）報表P 1.2提供的淨收入以及營業收入數據（以2018年經通膨調整的美元價值計算）。這部分的資料十分仰賴茱蒂・吉泰爾（Jody Gittell）關於「關聯式協調」（relational coordination）的相關先鋒著作，特別請參見Jody Hoffer Gittell, *The Southwest Airlines Way: Using the Power of Relationships to Achieve High Performance* (New York: McGraw-Hill, 2003)。
13. P. E. Moskovitz, "Original Disruptor Southwest Airlines Survives on Ruthless Business Savvy," *Skift*, September 5, 2018, https://skift.com/2018/09/05/original-disruptor-southwest-airlines-survives-on-ruthless-business-savvy/.
14. Robin Grugal, "Decide upon Your True Dreams and Goals: Corporate Culture

Is the Key," Investor's Business Daily, April 15, 2003.

15. Gittell, *The Southwest Airlines Way*, 340, Kindle.
16. Herb Keller in the foreword to Ken Blanchard and Colleen Barrett, *Lead with Luv: A Different Way to Create Real Success* (Upper Saddle River, NJ: Pearson Education, 2011), 105, Kindle.
17. Bill Taylor, "GSD&M, Southwest Airlines, and the Power of Ideas," Harvard Business Review online, September 5, 2007, https://hbr.org/2007/09/gsdm-southwest-airlines-and-th.
18. Joseph Guinto, "A Look at Southwest Airlines 50 Years Later," *Dallas Magazine*, May 2017, https://www.dmagazine.com/publications/d-ceo/2017/may/southwest-airlines-50-year-anniversary-love-field-dallas/.
19. Gittell, *The Southwest Airlines Way*, 729, Kindle.
20. Jeremy Hope, Peter Bunce, and Franz Roosli, The Leader's Dilemma (London: John Wiley & Sons, 2011), 97–98.
21. Gittell, The Southwest Airlines Way, 2415, Kindle.
22. Dan Reed, "Herb Kelleher: Comedian, Clown, Well-Connected Lawyer and a Uniquely Successful Business Leader," *Forbes*, January 4, 2019, https://www.forbes.com/sites/danielreed/2019/01/04/comedian-clown-brilliant-well-connected-lawyer-but-mostly-a-uniquely-successful-business-leader/#468d4147ee1b.
23. B. O'Brian, "Flying on the Cheap," *Wall Street Journal*, October 26, 1992, A1.
24. Hervé Mathe, *Innovation at Southwest Airlines: Reinventing the Business Model* (Cergy, France: ESSEC Publishing, 2015), Kindle.
25. 出處同上。
26. 出處同上。
27. Ken Iverson, *Plain Talk: Lessons from a Business Maverick* (New York: John Wiley and Sons, 1998), 176–177, Kindle.
28. Gittell, *The Southwest Airlines Way*, 726 and 738, Kindle.

29. 出處同上，772與763頁。
30. Katrina Brooker, "Herb Kelleher: The Chairman of the Board Looks Back, *Fortune*, May 28, 2001.
31. Gallup, *State of the American Workplace*, 2017, 118.
32. 兩位作者與盧克・史東在2019年9月的通信內容。
33. Colleen Barrett on Southwest Culture, Southwest Airlines Community Site, May 5, 2015, https://www.southwestaircommunity.com/t5/Southwest-Stories/Colleen-Barrett-on-Southwest-Culture/ba-p/46053.
34. Hans Morgenthau, "Love and Power," Commentary 33 (1962): 247–251; Roy Baumeister and Mark Leary, "The Need to Belong: Desire for Personal Attachments as a Fundamental Human Motivation," *Psychological Bulletin* 117, no. 3 (1995): 497–529.
35. Gittell, *The Southwest Airlines Way*, 2089, Kindle.
36. Kevin Freiberg and Jackie Freiberg, "20 Reasons Why Herb Kelleher Was One of the Most Beloved Leaders of Our Time," *Forbes*, January 4, 2019, https://www.forbes.com/sites/kevinandjackiefreiberg/2019/01/04/20-reasons-why-herb-kelleher-was-one-of-the-most-beloved-leaders-of-our-time/#60079e5bb311.
37. Gallup, *State of the American Workplace*, 118.
38. Southwest Airlines, 1996 Annual Report.
39. 出自作者於2018年1月在紐克鋼鐵總部的訪談。

第11章　開放的力量

1. Gus Lubin, "Queens Has More Languages Than Anywhere in the World—Here's Where They're Found," *Business Insider*, February 15, 2017, https://www.businessinsider.com/queens-languages-map-2017-2.
2. Christian Hernandez Gallardo, "London's Diversity Is One of the Strongest

Attributes of Its Tech Ecosystem," *Guardian*, June 22, 2015, https://www.theguardian.com/media-network/2015/jun/22/london-diversity-tech-ecosystem-entrepreneurs.

3. Center for American Entrepreneurship, "The Rise of the Startup City," http://www.startupsusa.org/global-startup-cities/.
4. Douglas Hockstad et al., eds., "AUTM US Licensing Activity Survey: 2017, A Survey Report of Technology Licensing (and Related) Activity for US Academic and Non-profit Institutions and Technology Investment Firms," AUTM, https://autm.net/AUTM/media/SurveyReportsPDF/AUTM_2017_US_Licensing_Survey_no_appendix.pdf.
5. Wal-Mart Store No. 8 home page, https://www.storeno8.com/about.
6. Henry Chesbrough, "The Future of Open Innovation," *Research Technology Management*, November–December 2017, 34.
7. Kevin J. Boudreau and Karim Lakhani, "Using the Crowd as an Innovation Partner," *Harvard Business Review*, April 2013, https://hbr.org/2013/04/using-the-crowd-as-an-innovation-partner.
8. Jason Aycock, "NBC Reveals Netflix Data, Says Service Isn't Consistent' Threat," Seeking Alpha, January 14, 2016, https://seekingalpha.com/news/3032896-nbc-reveals-netflix-data-says-service-consistent-threat.
9. "Nearly Half the World Lives on Less than $5.50 a Day," World Bank press release, October 17, 2018, https://www.worldbank.org/en/news/press-release/2018/10/17/nearly-half-the-world-lives-on-less-than-550-a-day.
10. 出自賈伯斯2005年6月在史丹佛大學的畢業演講，https://news.stanford.edu/news/2005/june15/jobs-061505.html。
11. Thomas S. Kuhn, *The Structure of Scientific Revolutions* (Chicago: University of Chicago Press, 1970), 90.
12. Shunry Suzuki, *Zen Mind, Beginner's Mind* (Boston: Shambhala Publications, 2006), 1.

13. Lars Bo Jeppesen and Karim R. Lakhani, "Marginality and Problem-Solving Effectiveness in Broadcast Search," *Organization Science* 21, no. 5 (September–October 2010): 1016–1033.
14. Aravind Eyecare System, *Activity Report 2017–2018*, 5, http://online.pubhtml5.com/idml/copn/#p =1.
15. "2019: China to Surpass US in Total Retail Sales," eMarketer report, January 23,2019, https://www.emarketer.com/newsroom/index.php/2019-china-to-surpass-us-in-total-retail-sales/；也請見Kai-Fu Lee and Jonathan Woetzel, "China as a Digital World Power," *Acuity Magazine*, December 2, 2018, https://www.acuitymag.com/business/china-as-a-digital-world-power。
16. Cheng Ting-fang, "Apple: A Semiconductor Superpower in the Making," *Nikkei Asian Review*, September 29, 2017, https://asia.nikkei.com/Asia300/Apple-A-semiconductor-superpower-in-the-making.
17. "The Strategy Crisis: Insights from the Strategy Profiler," *Strategy&*, 2019, https://www.strategyand.pwc.com/media/file/The-Strategy-Crisis.pdf.
18. Guido Jouret, "Inside Cisco's Search for the Next Big Idea," *Harvard Business Review*, September 2009.
19. 思科 2019 年度全球問題解決者挑戰賽，請見https://cisco.innovationchallenge.com/cisco-global-problem-solver-challenge-2019/overview。
20. Jouret, "Inside Cisco's Search for the Next Big Idea."
21. 出自兩位作者在2019年與錫安・阿姆斯壯的訪談。
22. 出自兩位作者在2019年與馬克・金恩的訪談。

第12章　實驗的力量

1. 根據兩位作者對2019年11月的蓋洛普傑出工作實地調查（Gallup Great Jobs Demonstration Survey）所做的分析。排除自雇者、契約工與非管理職的員工（儘管回答為管理職的員工略高一點）。數據是根據蓋洛普建議的人口權重加權計算而成。

2. “The Most Innovative Companies 2018,” Boston Consulting Group.
3. “Venture Capital Funnel Shows Odds of Becoming a Unicorn Are About 1%,” *CB Insight Research Brief*, September 6, 2018.
4. Peter Diamandis, “Culture and Experimentation—with Uber’s Chief Product Officer,” Medium, April 10, 2016, https://medium.com/abundance-insights/culture-experimentation-with-uber-s-chief-product-officer-520dc22cfcb4.
5. Greg Linden, “Early Amazon: Shopping Cart Recommendations,” *Geeking with Greg Blog*, April 25, 2006, http://glinden.blogspot.com/2006/04/early-amazon-shopping-cart.html.
6. “How Big Companies Can Innovate,” McKinsey & Company White Paper, February 2015, https://www.mckinsey.com/business-functions/strategy-and-corporate-finance/our-insights/how-big-companies-can-innovate.
7. Jeff Zias, “Snap and File: An Innovation Story Behind Intuit’s TurboTax Mobile App,” LinkedIn post, April 14, 2016, https://www.linkedin.com/pulse/snap-file-innovation-story-behind-intuits-TurboTax-mobile-jeff-zias/.
8. Brad Smith, “Intuit’s CEO on Building a Design Driven Company,” *Harvard Business Review*, January–February 2015.
9. Shikhar Ghosh, Joseph Fuller, and Michael Roberts, “Intuit: Turbo Tax PersonalPro— A Tale of Two Entrepreneurs,” Harvard Business School Case Study 9-816-048, March 2016.
10. Intuit Investor Day Presentations, 2015 and 2016.
11. Scott Cook interview with Michael Chui, McKinsey & Co., https://www.mckinsey.com/business-functions/strategy-and-corporate-finance/our-insights/how-big-companies-can-innovate.
12. Scott Cook, “Accounting for Intuit’s Success,” Stanford University Lecture, November 4, 2015, https://stvp-static-prod.s3.amazonaws.com/uploads/sites/2/2015/11/3594.pdf.

13. Suzanne Pellican, "How Intuit Applied Design Thinking," O'Reilly Design Conference, 2016.
14. Hugh Molotsi and Jeff Zias, *The Intrapreneur's Journey: Empowering Employees to Drive Growth* (Lean Startup Co., 2018), 823–824, Kindle.
15. Ghosh et al., "Intuit: Turbo Tax PersonalPro."
16. Bennett Blank, "Lessons on Innovation from Intuit," June 12, 2017, https://innov8rs.co/news/make-innovation-part-everyones-job-cisco-ge-adobe-intuit-intrapreneurship/.

第13章　悖論的力量

1. Roger Scruton, "Conservatism," https://www.roger-scruton.com/images/pdfs/Conservatism-POV-1.pdf.
2. *The Complete Works of Ralph Waldo Emerson*, vol. II (London: Bell and Daldy, 1866), 266.
3. Charles Simeon, quoted in H. C. G. Moule, *Charles Simeon* (London, 1956), 77–78.
4. G. K. Chesterton, *Complete Works of G. K. Chesterton* (Hastings, UK: Delphi Classics, 2014), Kindle.
5. James March, "Exploration and Exploitation in Organizational Learning," *Organization Science* 2 (1991): 71–87.
6. 前十大藥品研發支出金額資料來源：標準普爾智匯金融資料庫（S&P's CapitalIQ data set），全球研發的投資總額資料來源："Total Global Spending on Pharmaceutical Research and Development from 2010 to 2024," *Statista*, https://www-statista-com.lbs.idm.oclc.org/statistics/309466/global-r-and-d-expenditure-for-pharmaceuticals/。
7. *HBM New Drug Approval Report: Analysis of FDA Drug Approvals in 2018*, 17.

8. Pedro Cuatrecasas, "Drug Discovery in Jeopardy," *Journal of Clinical Investigation* 116, no. 11 (2006): 2837–2842.
9. 在英國金融市場，小型與利基型銀行擁有滿意度最高的顧客；EPSI, 2019, http://www.epsi-rating.com/wp-content/uploads/2016/07/EPSI-Rating-UK-Banking-2018.pdf。
10. Jan Wallander, *Decentralization—Why and How to Make It Work* (Stockholm: SNS Forlag, 2003), 42.
11. 出處同上，87。
12. Amar Bhide, Dennis Campbell, and Kristin Stack, "Handelsbanken: May 2002," Case 116–119 (Boston: Harvard Business School, July 1, 2016), 5.
13. Nassim Nicholas Taleb and Gregory F. Treverton, "The Calm Before the Storm," *Foreign Affairs*, January/February 2015, https://www.foreignaffairs.com/articles/africa/calm-storm.
14. Richard Milne, "Handelsbanken Is Intent on Getting Banking Back to the Future," *Financial Times*, March 20, 2015, https://www.ft.com/content/85640c38-ad2a-11e4-a5c1-00144feab7de.
15. 瑞典商業銀行的交易部，會向分行收取墊支給分行借方的費用；這些成本的高低，有部分是由分行的貸款組合決定。例如，由於利率風險更高，所以有大量30年期固定利率貸款的分行，資金成本會高於有大量10年期浮動利率房貸的分行。分行帳冊上的具體貸款也會造成資本支出，因為高風險貸款的數量愈多，用來撥付給權益資本以防止潛在損失的成本就愈高。（譯注：這是為了滿足資本適足率，即銀行自有資本相對於風險性資產的比率。）儘管不是所有資金成本都由分行掌控（這些成本反映出許多不同因素，像是分行資產與負債的整體平衡，以及在兩個不同資本市場間融資缺口的成本），瑞典商業銀行的做法是根據分行的貸款組合與銀行實際的融資成本，來分配融資與資金成本，這個做法在金融產業並不多見。更多詳情請見：Kroner Niels, A *Blueprint for Better Banking: Svenska Handelsbanken and a Proven Model for Post-*

Crash Banking (Petersfield, UK: Harriman House, 2009), 106–107, Kindle。

16. Caroline Teh, *Researching Stewardship, Göteborg University School of Business, Economics and Law* (Göteborg, Sweden: BAS Publishing), 2016, 101.
17. Lindsay R. Murray and Theresa Libby, "Svenska Handelsbanken: Controlling a Radically Decentralized Organization without Budgets," *Issues in Accounting Education* 22, no. 4 (November 2007): 631.
18. Teh, *Researching Stewardship*, 102.
19. Jeremy Hope and Robin Fraser, *Beyond Budgeting: How Managers Can Break Free from the Annual Performance Trap* (Boston: Harvard Business School Press, 2003), 134.

第14章　米其林：把頭幾個步驟走對

1. 出自米其林2011年至2016年製造部主管多明尼克・弗卡（Dominique Foucard）。
2. 除非額外註明出處，本章關於米其林員工針對公司的說法與敘述，皆出自兩位作者的訪談內容。
3. "Michelin demain en France et à Clermont-Ferrand: le nouveau président Florent Menegaux se confie," *La Montagne*, May 17, 2019, https://www.lamontagne.fr/clermont-ferrand-63000/actualites/michelin-demain-en-france-et-a-clermont-ferrand-le-nouveau-president-florent-menegaux-se-confie13561532/.

第15章　從這裡開始

1. Marshall Ganz, "Leading Change: Leadership, Organization, and Social Movements," https://www.researchgate.net/publication/266883943_Leading_

Change_Leadership_Organization_and_Social_Movements.
2. 摘自 Eric Steven Raymond, *The Cathedral and the Bazaar* (Sebastopol, CA: O'Reilly Media, 2001), 197–199。
3. Paul Lambert, "Roche: From Oversight to Insight," Management Innovation eXchange, December 23, 2011, https://www.managementexchange.com/story/roche-oversight-insight.

第16章　按比例擴大規模

1. 出自兩位作者在2015年與黛米恩・羅蘭的訪談內容。
2. Liora Moskovitz and Lucia Garcia-Lorenzo, "Changing the NHS a Day at a Time," *Journal of Social and Political Psychology* 4, no. 1 (2016): 196–219, doi:10.5964/jspp. v4i1.532.
3. 舉例來說，請見 Barbara Kellerman, *The End of Leadership* (New York: HarperCollins, 2012)；也請見 Jeffrey Pfeffer, *Leadership BS: Fixing Workplaces and Careers One Truth at a Time,* (New York: HarperBusiness, 2015)。
4. 根據作者對2015年歐洲職場環境調查的分析為基礎。歐洲樣本包括原始的歐盟15國（即2003年向東擴張之前的歐盟成員國）的受訪者，受訪者皆來自員工超過250人的大型組織，並且在職至少三年以上（調查問題中，包括詢問受訪者三年內是否經歷過重大企業重組）。數據根據調查建議的人口權重加權計算。
5. Amit Yadav, "Why Companies Like Netflix, Uber, and Amazon Are Moving Towards Microservices," TechSur, January 10, 2018, https://techsur.solutions/why-companies-like-netflix-uber-and-amazon-are-moving-towards-microservices/.
6. Peter Tollman et al., "Getting Smart About Change Management," Boston Consulting Group, January 5, 2017, https://www.bcg.com/en-us/

publications/2017/change-management-getting-smart-about-change-management.aspx.

7. Scott Neuman, "Pope Francis Says the Court Is the 'Leprosy of the Papacy,' " National Public Radio, October 1, 2013, https://www.npr.org/sections/thetwo-way/2013/10/01/228200595/francis-says-the-court-is-the-leprosy-of-the-papacy.
8. Ed Condon, "Pope Francis's Bold Reforms Have Been Frustrated. How Did This Happen?," *Catholic Herald*, February 2, 2018, https://catholicherald.co.uk/commentandblogs/2018/02/02/pope-franciss-bold-reforms-have-been-frustrated-how-did-this-happen/.

謝辭

本書反映出許多人的構想與貢獻。我們深深感謝波莉・巴拉瑞（Polly LaBarre），她和我們密切共事，一起開發與應用最後幾章所描繪的駭客管理方法論。我們的管理實驗室同事布魯斯・史都華（Bruce Stewart）與馬修・哈默爾（Matthew Hamel）對於幫助我們以非傳統方式進行大規模組織變革也貢獻良多。

儘管書中許多概念在全球許多組織中都進行過實地測試，但我們特別感謝馬克・金恩與安琪拉・阿倫茲，他們提供真實世界的實驗室，讓我們測試一些較為激進的構想，協助我們更加理解權力與管理創新的限制。

本書有許多地方都反映出領導人的善意，他們分享組織以人為中心的工作原則與實務，並為我們聯繫第一線同事，以進行更深度的對話。有鑑於這些貢獻，我們希望能對以下組織與個人表示感謝：

歐洲核子研究組織（CERN）的超環面儀器計畫：馬庫斯・諾柏格（Markus Nordberg）與馬奇歐・奈西（Marzio Nessi）。鄰里照護：尤斯・德布洛克。奇異航空（At GE Aviation）：麥可．華格納（Michael Wagner）。海爾公司：姬廣強（Ji Guangqiang，音譯）、路凱林、吳勇、王建與張瑞敏。米其林：貝特朗．巴拉林、勞倫．卡龐蒂、尚諾埃．戈爾斯（Jean-Noel Gorce）、米歇爾．吉永、雅洛斯瓦夫．米夏拉克與克利斯汀．提爾羅夫。晨星公司：保羅．格林、道格．基爾帕特里克（Doug Kirkpatrick）與克里斯．魯弗。紐克鋼鐵：約翰．費瑞奧拉、詹姆士．弗里亞斯（James Frias）、唐諾萬．馬克思（Donovan Marks）、凱薩琳．米勒（Katherine Miller）、瑪麗艾美莉．史雷特與（Thad Solomon）。西南航空：艾蜜莉．山謬思（Emily Samuels）與茱莉．韋伯（Julie Weber）。瑞典商業銀行：安德斯．鮑文與理查．溫德（Richard Winder）。英國國家健保局：海倫．畢文。戈爾公司：蜜雪兒．奧古斯丁（Michelle Augustine）、泰瑞．凱利（Terri Kelly）與傑森．（Jason Eads）。

本書中許多構想都曾經給倫敦商學院（London Business School）高階主管課程的參與者預先檢視。我們很感激他們提供的洞見與鼓勵。

我們的老同事葛蕾絲．黎姆（Grace Reim）這三年來花了大半時間，在我們寫作本書時積極介入，而她世界級的專案管理技能事後證明是無價的貢獻。生效顧問集團（Implement Consulting Group）的史蒂．艾伯森（Stig Albertsen）、卡崔娜．馬肖（Katrina Marshall）與蘇珊．薩爾茲布倫納（Susan

Salzbrenner）是非常好的研究貢獻者，以及整個寫作過程的思考夥伴。

感謝我的作家經紀人克莉絲蒂·弗萊徹（Christy Fletcher），讓這本書得以出版，也謝謝馬克·佛堤（Mark Fortier）讓這本書廣為人知。

最後，我們感謝哈佛商業評論出版社總編輯亞迪·伊格納西斯（Adi Ignatius）給予我們機會跟他一流的工作人員共事，首先是我們的編輯傑夫·科侯（Jeff Kehoe）。我們真的很感謝傑夫對這本書架構與內容的指導，以及他堅定的支持與鼓勵。其他值得致敬的工作人員包括妮可·托瑞（Nicole Torres）、妍·沃林克（Jen Waring）與茱莉·戴佛（Julie Devoll），以及全社的行銷與宣傳團隊。

寫作是件苦差事，不光對作者而言很苦，對他們的家人也是。我們深深感謝我們的伴侶與孩子，這些年來對於我們研究與寫作本書的耐心與支持。

儘管成就本書的功勞必須廣為分享，但本書的任何缺失，責任都在我們身上。

作者簡介

蓋瑞・哈默爾（Gary Hamel）

倫敦商學院策略暨創業訪問教授。為《哈佛商業評論》（*Harvard Business Review*）寫過20餘篇文章，並在哈佛商業評論出版社出版五本著作，包括受指定為亞馬遜商業類年度選書的《管理大未來》（*The Future of Management*）。此外，《華爾街日報》（*Wall Street Journal*）將哈默爾評為全球最具影響力的商業思想家，《金融時報》（*Financial Times*）則稱讚他「在管理上的創新，無人能出其右」。他以顧問身分輔導數十家全球最受重視的企業，提升他們創新與策略更新的能力。他是世界聲譽卓著的研討會固定講者，也是策略管理學會（Strategic Management Society）的一員。他與米凱爾・薩尼尼一起創辦了管理實驗室（the Management Lab），這是一個建立技術與方法，以進行突破性管理創新的組織。現居北加州。

米凱爾・薩尼尼（Michele Zanini）

管理實驗室的共同創辦人。與哈默爾一起協助將具備前瞻思考的組織，變成更有適應力、更創新與更愉快的職場。曾在麥肯錫管理顧問公司（McKinsey & Company）擔任合夥人，他是公司組織、策略與金融服務實務領域的領導者。曾在蘭德智庫（RAND Corporation）擔任政策分析師長達五年，並主持關於恐怖分子與其他叛亂團體的開創性研究，探討他們如何利用資訊時代的技術，以敏捷的網絡執行任務。薩尼尼的研究成果受到《哈佛商業評論》、《金融時報》與《華爾街日報》的特別報導。他擁有哈佛大學甘迺迪政府學院，以及帕地蘭德研究所（Pardee RAND Graduate School）的學位。現居波士頓。

國家圖書館出版品預行編目（CIP）資料

人本體制：策略大師哈默爾激發創造力的組織革命／蓋瑞．哈默爾（Gary Hamel）、米凱爾．薩尼尼（Michele Zanini）著；周詩婷譯. 一第一版. 一臺北市：遠見天下文化出版股份有限公司，2021.09
464 面；14.8×21 公分. --（財經企管；BCB745）

譯自：Humanocracy: Creating Organizations As Amazing As the People Inside Them

ISBN 978-986-525-292-2（精裝）

1. 企業組織 2. 組織管理 3. 組織文化

494.2　　110014723

財經企管 BCB745

人本體制
策略大師哈默爾激發創造力的組織革命
Humanocracy: Creating Organizations as Amazing as the People Inside Them

作者 —— 蓋瑞・哈默爾　Gary Hamel
米凱爾・薩尼尼　Michele Zanini
譯者 —— 周詩婷

總編輯 —— 吳佩穎
書系主編 —— 蘇鵬元
責任編輯 —— 王映茹
封面設計 —— 謝佳穎

出版人 —— 遠見天下文化出版股份有限公司
創辦人 —— 高希均、王力行
遠見・天下文化・事業群　董事長 —— 高希均
事業群發行人／CEO —— 王力行
天下文化社長 —— 林天來
天下文化總經理 —— 林芳燕
國際事務開發部兼版權中心總監 —— 潘欣
法律顧問 —— 理律法律事務所陳長文律師
著作權顧問 —— 魏啟翔律師
社址 —— 臺北市 104 松江路 93 巷 1 號
讀者服務專線 —— 02-2662-0012 ｜傳真 —— 02-2662-0007；02-2662-0009
電子郵件信箱 —— cwpc@cwgv.com.tw
直接郵撥帳號 —— 1326703-6 號　遠見天下文化出版股份有限公司

電腦排版 —— bear 工作室
製版廠 —— 中原造像股份有限公司
印刷廠 —— 中原造像股份有限公司
裝訂廠 —— 中原造像股份有限公司
登記證 —— 局版台業字第 2517 號
總經銷 —— 大和書報圖書股份有限公司｜電話 —— 02-8990-2588
出版日期 —— 2021 年 9 月 30 日第一版第一次印行

定價 —— 600 元
ISBN —— 978-986-525-292-2
書號 —— BCB745
天下文化官網 —— bookzone.cwgv.com.tw